机械制造技术

主　编　王　辉　　刘茂福
副主编　胡　钢　　贺　剑　　荣祖兰
　　　　蒋兴方
参　编　高玉芝　　朱　艳　　李玲云
　　　　丁虹元　　赵　昕　　茅迎春
主　审　叶久新

北京理工大学出版社
BEIJING INSTITUTE OF TECHNOLOGY PRESS

内容摘要

本书是根据高职高专人才培养目标，参照教育部高职高专教育"机械制造基础"课程教学的基本要求，并考虑目前高职高专教育的生源情况而编写的。

本书共分 8 章，主要介绍了金属工艺学的基本知识、金属切削机床及切削加工、机械加工工艺规程的制定、装配工艺基础、机床夹具设计基础、机械加工的零件质量和先进制造技术等内容。

本书可作为高职高专机电及模具类专业必修课程的教材，也可以供有关工程技术人员参考使用。

版权专有　侵权必究

图书在版编目（CIP）数据

机械制造技术/王辉，刘茂福主编．—北京：北京理工大学出版社，2023.8 重印

ISBN 978－7－5640－3416－0

Ⅰ．①机…　Ⅱ．①王…②刘…　Ⅲ．①机械制造工艺－高等学校：技术学校－教材　Ⅳ．①TH16

中国版本图书馆 CIP 数据核字（2010）第 138875 号

出版发行 /	北京理工大学出版社
社　　址 /	北京市海淀区中关村南大街 5 号
邮　　编 /	100081
电　　话 /	（010）68914775（办公室）　68944990（批销中心）　68911084（读者服务部）
网　　址 /	http：//www.bitpress.com.cn
经　　销 /	全国各地新华书店
印　　刷 /	北京虎彩文化传播有限公司
开　　本 /	710 毫米×1000 毫米　1/16
印　　张 /	19.5
字　　数 /	364 千字
版　　次 /	2023 年 8 月第 1 版第 16 次印刷
定　　价 /	49.80 元

责任校对 / 张慧峰
责任校对 / 陈玉梅
责任印制 / 边心超

图书出现印装质量问题，本社负责调换

前　言

本书是根据教育部制定的《高职高专教育基础课程教学基本要求》和《高职高专教育专业人才培养目标及规格》，以及当前教学改革发展的要求编写。本书从高职高专教育培养应用型人才的总目标出发，遵循"以应用为目的，以实用、够用为度"的原则，将原来的《金属切削刀具与原理》、《金属切削机床》、《机械制造工艺学》、《机床夹具设计》等课程以能力为中心进行了重新整合。本书介绍的内容既是机械类专业的重要技术基础，又是可独立应用的技术。在编写本书时力图处理好这两者之间的关系，但作为教材不可能面面俱到。读者若在生产中应用本书介绍内容时，还应参考相关的技术手册。

本书遵循"以掌握概念、强化应用、培养技能为重点"的原则，以培养生产一线技术应用型人才的需要为出发点，将课程内容的组织和实际技能的训练有机地融合在一起，培养学生建立工程概念，掌握机械制造的基础知识及分析工程问题的基本方法和机械制造的基本操作技能，为学习后续课程和从事机械制造、模具设计与制造等相关岗位的工作奠定必要的基础。

全书共分8章，第1章绪论，第2章金属切削原理，第3章金属切削机床与加工，第4章机械加工工艺规程，第5章零件的安装与夹具，第6章装配工艺基础，第7章机械加工质量技术分析和第8章先进制造技术等内容。

本书由湖南电子科技职业学院王辉、湖南省机电职业技术学院刘茂福担任主编，湖南电子科技职业学院胡钢、湖北随州职业技术学院贺剑、湖南长沙职业技术学院荣祖兰、湖南交通职业技术学院蒋兴方担任副主编，参加编写的还有：唐山职业技术学院机电工程系高玉芝，湖南电子科技职业学院朱艳、李玲云、丁虹元、赵昕以及湖南利达有限公司高级工程师茅迎春。

本书由湖南省机电类评审专家、湖南省模具学会理事长、湖南电子科技职业学院机电工程系主任叶久新教授担任主审。

本书可作为高职高专机电及模具专业必修课教材，也可以供有关工程技术人员参考。

由于编者水平有限，书中难免有欠妥之处，欢迎广大教师和读者批评指正。

编　者

目 录

第1章 绪论 (1)
   1.1 制造业与机械制造技术 (1)
   1.2 机械制造及其企业结构 (1)
   1.3 机械制造（冷加工）学科的范畴、研究内容及特点 (3)
   1.4 机械制造技术的发展概况 (3)
   1.5 本课程的内容和学习要求及方法 (4)
   实训 (5)

第2章 金属切削原理 (6)
   2.1 切削运动和切削要素 (6)
   2.2 刀具切削部分的基本定义 (9)
   2.3 切削层的几何参数及切削形式简介 (16)
   2.4 刀具材料 (18)
   2.5 金属切削过程 (23)
   2.6 切削热与切削温度 (26)
   2.7 切削力与其影响因素 (32)
   2.8 刀具合理几何参数与切削用量的选择 (34)
   2.9 切削液 (41)
   实训 (43)

第3章 金属切削机床与加工方法 (47)
   3.1 金属切削机床概述 (47)
   3.2 车床与车削加工 (53)
   3.3 铣床、刨床与面加工 (74)
   3.4 钻床、镗床与孔加工 (88)
   3.5 磨削加工 (103)
   3.6 齿轮加工 (120)
   实训 (125)

第4章 机械加工工艺规程 (127)
   4.1 机械工艺概述 (127)
   4.2 机械加工工艺规程的制定 (131)

4.3 零件的工艺分析与毛坯的选择 …………………………………… (134)
4.4 定位基准的选择 …………………………………………………… (141)
4.5 工艺路线的拟定 …………………………………………………… (144)
4.6 加工余量与工艺尺寸及公差的确定 ……………………………… (151)
4.7 典型零件的工艺过程 ……………………………………………… (156)
实训 …………………………………………………………………… (166)

第5章 零件的安装与夹具 ………………………………………………… (169)
5.1 概述 ………………………………………………………………… (169)
5.2 安装与定位 ………………………………………………………… (171)
5.3 工件的夹紧 ………………………………………………………… (180)
5.4 常见机床夹具 ……………………………………………………… (189)
5.5 专用夹具设计方法 ………………………………………………… (215)
实训 …………………………………………………………………… (217)

第6章 装配工艺基础 ……………………………………………………… (221)
6.1 装配精度及装配尺寸链 …………………………………………… (221)
6.2 装配方法 …………………………………………………………… (225)
6.3 装配组织形式及装配工艺规程 …………………………………… (229)
6.4 装配技术 …………………………………………………………… (232)
6.5 常用装配工具 ……………………………………………………… (240)
实训 …………………………………………………………………… (246)

第7章 机械加工质量技术分析 …………………………………………… (249)
7.1 机械加工精度 ……………………………………………………… (249)
7.2 机械加工表面质量 ………………………………………………… (270)
实训 …………………………………………………………………… (281)

第8章 先进制造技术 ……………………………………………………… (284)
8.1 高速加工技术 ……………………………………………………… (284)
8.2 快速原形制造技术 ………………………………………………… (290)
8.3 先进制造模式 ……………………………………………………… (294)
实训 …………………………………………………………………… (302)

参考文献 …………………………………………………………………… (304)

第 1 章

绪 论

1.1 制造业与机械制造技术

制造业为人类创造着辉煌的物质文明。制造业的先进与否是一个国家经济发展的重要标志,制造业的产值在多数国家的国民经济中占有重要的比重。全球性竞争和经济发展趋势将制造业产品生产、分销、成本、效率推向了一个新境界,也不断向制造业提出了新的挑战,无论是国内市场或国际市场,制造业都将面临复杂多变的外部环境。

今天的制造业,已不能从"机械制造"的狭义角度来理解。只要是对各种各样的原材料进行加工处理,生产出为用户所需要的最终产品,它们可以是飞机、汽车、计算机、电子仪器,也可以是服装、鞋帽、食品,这些产品都可以归属于"制造业"。

随着全球制造业之间的竞争日趋激烈,以及全球经济一体化,市场向企业提出了更高的要求,企业要赢得竞争,就要以市场为中心,以用户为中心,要求企业快速及时为用户提供高品质、低价格、具有个性化的产品。

要以最短的产品开发时间(Time)、最优的产品质量(Quality)、最低的价格和成本(Cost)、最佳的服务(Service)(简称"TQCS"),这样才能赢得用户和市场。

制造技术是使原材料变成产品的技术的总称。是国民经济得以发展,也是制造业本身赖以生存的关键基础技术。

1.2 机械制造及其企业结构

1. 机械制造业在国民经济中的地位与任务

机械制造是各种机械、机床、工具、仪器、仪表制造过程的总称。机械制造技术是研究这些机械产品的加工原理、工艺过程和方法以及相应设备的一门工程技术。机械制造业是国民经济的基础和支柱，是向其他各部门提供工具、仪器和各种机械设备的技术装备部。

机械制造业发展水平是衡量一个国家经济实力和科学技术水平重要标志之一。

我国机械工业的主要任务是为国民经济各个部门的发展提供所需的各类先进、高效、节能的新型机电装备；并努力提高质量，保证交货期，积极降低成本，将我国机械加工工业提高到新的水平。

2. 机械制造企业的组成

1) 机械加工工艺系统

机械加工工艺系统是制造企业中处于最底层的一个个加工单元，往往由机床、刀具、夹具和工件四要素组成。

机械加工工艺系统是各个生产车间生产过程中的一个主要组成部分，其整体目标是要求在不同的生产条件下，通过自身的定位装夹机构、运动机构、控制装置以及能量供给等机构，按不同的工艺要求直接将毛坯或原材料加工成形，并保证质量、满足产量和低成本地完成机械加工任务。

现代加工工艺系统一般是由计算机控制的先进自动化加工系统，计算机已成为现代加工工艺系统中不可缺少的组成部分。

2) 机械制造系统

机械制造系统是将毛坯、刀具、夹具、量具和其他辅助物料作为原材料输入，经过存储、运输、加工、检验等环节，最后输出机械加工的成品或半成品的系统。

机械制造系统既可以是一台单独的加工设备，如各种机床、焊接机、数控线切割机，也可以是包括多台加工设备、工具和辅助系统（如搬运设备、工业机器人、自动检测机等）组成的工段或制造单元。一个传统的制造系统通常可以概括地分成三个组成部分：① 机床；② 工具；③ 制造过程。

机械加工工艺系统是机械制造系统的一部分。

3) 生产系统

如果以整个机械制造企业为分析研究对象，要实现企业最有效地生产和经营，不仅要考虑原材料、毛坯制造、机械加工、试车、油漆、装配、包装、运输和保管等各种要素，而且还必须考虑技术情报、经营管理、劳动力调配、资源和能源的利用、环境保护、市场动态、经济政策、社会问题等要素，这就构成了一个企业的生产系统。生产系统是物质流、能量流和信息流的集合，可分为三个阶段，即决策控制阶段、研究开发阶段和产品制造阶段。

1.3 机械制造（冷加工）学科的范畴、研究内容及特点

机械工程是一门有着悠久历史的学科，是国家建设和社会发展的支柱学科之一。机械制造是机械工程的一个分支学科，是一门研究各种机械制造过程和方法的科学。

机械的制造工艺过程通常可区分为热加工工艺过程（包括铸造、塑性加工、焊接、热处理、表面改性等）及冷加工工艺过程。

机械制造（冷加工）工艺过程一般是指零件的机械加工工艺过程和机器的装配工艺过程。零件的机械加工工艺过程是研究如何利用切削的原理使工件成形从而达到预定的设计要求（尺寸精度，形状、位置精度和表面质量要求）。

机器的装配工艺过程是研究如何将零件或部件进行配合和连接，使之成为半成品和成品，并达到要求的装配精度的工艺过程。

1.4 机械制造技术的发展概况

机械制造业是一个历史悠久的产业，它自18世纪初工业革命形成以来，经历了一个漫长的发展过程。

随着现代科学技术的进步，特别是微电子技术和计算机技术的发展，使机械制造这个传统工业焕发了新的活力，增加了新的内涵，使机械制造业无论在加工自动化方面，还是在生产组织、制造精度、制造工艺方法方面都发生了令人瞩目的变化。这就是现代制造技术。现代制造技术更加重视技术与管理的结合，重视制造过程的组织和管理体制的精简及合理化，从而产生了一系列技术与管理相结合的新的生产方式。

近几年来，数控机床和自动换刀各种加工中心已成为当今机床的发展趋势。

在机床数控化过程中，机械部件的成本在机床系统中所占的比重不断下降，模块化、通用化和标准化的数控软件，使用户可以很方便地达到加工目的。同时，机床结构也发生了根本变化。

随着加工设备的不断完善，机械加工工艺也在不断地变革，从而导致机械制造精度不断提高。

近年来新材料不断出现，材料的品种猛增，其强度、硬度、耐热性等不断提高。新材料的迅猛发展对机械加工提出新的挑战。一方面迫使普通机械加工方法要改变刀具材料、改进所用设备；另一方面对于高强度材料、特硬、特脆和其他特殊性能材料的加工，要求应用更多的物理、化学、材料科学的现代知识来开发新的制

造技术。

由此出现了很多特种加工方法，如电火花加工、电解加工、超声波加工、电子束加工、离子束加工以及激光加工等。这些加工方法，突破了传统的金属切削方法，使机械制造工业出现了新的面貌。

我国"十五"大力推进先进制造技术——CAD、CAM、CAPP、CAE、CAQ、ERP、CIMS。

近年来，在我国大力推进先进制造技术的发展与应用，已得到社会的共识，先进制造技术已被列为国家重点科技发展领域，并将企业实施技术改造列为重点，寻求新的制造策略，建立新的包括市场需求、设计、车间制造和分销集成在一起的先进制造系统。

该系统集成了计算机辅助设计（CAD）、计算机辅助制造（CAM）、计算机辅助工艺设计（CAPP）、计算机辅助工程（CAE）、计算机辅助质量管理（CAQ）、企业资源计划（ERP）、物料搬运等单元技术。这些单元技术集成为计算机集成制造系统 CIMS。

1.5　本课程的内容和学习要求及方法

本课程主要介绍机械产品的生产过程及生产活动的组织、机械加工过程及其系统，包括金属切削过程的基本理论及其基本规律，机械加工和装配工艺规程的基本知识及其设计，机械加工精度及表面质量的概念及其控制方法，精密与超精密加工，现代制造技术的发展前沿与发展趋势。

为了使学生既有较强的机械制造技术的知识基础，又有较强的工作适应能力，在以机械制造为主的基础上，扩充了计算机应用、数控以及其他制造业等内容，培养学生的宽口径适应能力，拓宽学生的视野。

通过本课程的学习，要求学生能从技术与经济紧密结合的角度出发，围绕加工质量和交货期这个目标，掌握整个制造系统的规划设计，选择优化和运作监控的基本知识，能在宏观上和全局上对生产活动和生产组织有清楚的认识，而不能仅仅局限于单个工序及其优化的知识。要求掌握机械制造过程中包括传统的和现代在内的各种常用加工方法和制造工艺，以及与之有关的切削机理、加工原理、切削参数的选用、加工质量的分析与控制方法等。其具体要求为：

（1）掌握金属切削的基本规律，并能对加工方法、机床、刀具、夹具及各种切削参数和刀具几何参数进行合理选择，对加工质量进行正确分析；

（2）掌握常用机械加工方法的工作原理、工艺特点、质量保证措施；

（3）掌握机械加工工艺规程（含数控加工）和机器装配工艺规程拟订的基本知识及有关计算方法，具有拟订中等复杂程度零件机械加工工艺规程的能力；

(4) 掌握机械加工精度和表面质量的基本理论和基本知识，初步具备分析解决现场工艺问题的能力；

(5) 了解制造技术和制造模式的发展概况，初步具备对制造系统、制造模式选择决策的能力。

金属切削理论和机械制造工艺理论具有很强的实践性，对初学者来说，会感到有一定的难度。生产哲理与管理模式，没有足够的实践基础也很难准确地把握与理解。因此，在学习本课程时，必须加强实践性环节，即通过生产实习、课程实验、课程设计、电化教学、现场教学及工厂调研等来更好地体会和加深理解所学内容，并在理论与实际的结合中，培养分析和解决实际问题的能力。

实　　训

1. 机械制造工业在国民经济中的地位与作用是什么？
2. 机械制造企业的组成有哪些？
3. 机械制造学科的范畴、研究内容及特点有哪些？
4. 机械制造技术的发展方向是什么？

第 2 章

金属切削原理

金属切削加工的目的：使被加工零件的尺寸精度、形状和位置精度、表面质量达到设计与使用要求。金属切削加工要切除工件上多余的金属，形成已加工表面，必须具备两个基本条件：切削运动（造型运动）和刀具（几何形态）。切削运动（造型运动）的复杂程度将影响机床的结构。刀具的复杂程度将影响刀具刃磨制造的难易程度，同时也会促进刀具材料、刀具制造工艺的发展。而这个过程中会产生切削力、切削变形、切削热等物理现象。研究金属切削的基本理论，掌握金属切削的基本规律，对有效控制金属的切削过程、保证加工精度和表面质量、提高切削效率、降低成本、促进切削加工技术的发展等具有十分重要的指导意义。

2.1 切削运动和切削要素

2.1.1 切削运动和加工表面

在金属切削加工中，为了切除工件上多余的金属，获得合乎要求的形状、尺寸精度和表面质量的工件表面，刀具与工件之间必须做相对运动，通常称此相对运动为切削运动。

以最常见的、典型的外圆车削为例，切削运动是由工件的回转运动（切除多余金属以形成工件新表面的基本运动）和刀具的纵向进给运动组成。在这两个运动合成的切削运动作用下，工件表面的一层金属不断地被车刀切下来并转变成切屑，从而加工出所需要的工件表面。在新表面的形成过程中，工件上有三个依次变化着的表面，如图 2-1 所示。

待加工表面：工件上即将被切除多余金属的表面。

第 2 章 金属切削原理

已加工表面：工件上被刀具切削过，而形成符合一定技术要求的表面。

过渡表面（加工表面）：工件上由切削刃正在切削着的表面，也就是待加工表面和已加工表面之间的过渡表面。

由此可见，在金属切削加工中，刀具的切削刃相对于工件运动的过程，就是工件表面形成的过程。而在这个过程中，切削刃相对于工件的运动轨迹所形成的表面，就是工件上的加工表面和已加工表面。这里有两个要素：一是切削刃；二是切削运动（图 2-2）。不同的形状的切削刃与不同的切削运动组合，即可形成各种工件表面。

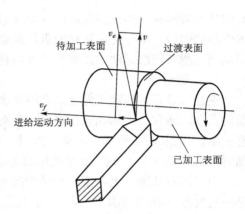

图 2-1 车削运动和工件的表面

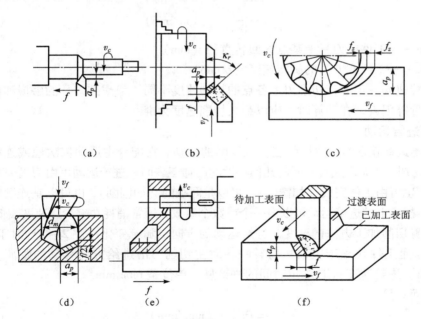

图 2-2 各种切削加工的切削运动

(a) 车外圆；(b) 车端面；(c) 铣平面；(d) 钻孔；(e) 镗孔；(f) 刨平面

2.1.2 主运动、进给运动、合成运动与切削用量

在机床上实现工件表面的切削加工时，刀具和工件的相对运动有多种形式，如直线运动或回转运动等。这些运动有的是由刀具单独完成的（如钻孔、拉孔等），

有的是由刀具和工件分别完成的（如车外圆、铣平面等）。但是，按他们在切削过程中起的作用，可分为主运动和进给运动两类。这两类运动向量之和，称为合成切削运动。所有切削运动的速度及其方向都是相对于工件定义的。

1. 主运动

主运动是直接切除工件上多余的金属层，使之转换为切屑，从而形成工件新表面的运动。通常，主运动速度最高、消耗切削功率最大。在切削运动中，主运动只有一个。如图2-2所示，车削工件时工件的旋转、钻孔和铣削时刀具的回转、刨削时刀具（或工件）的往复直线运动等都是主运动。

由于刀具切削刃上各点的运动情况不一定相同，研究问题时，应选取切削刃上某一适宜点（称为切削刃选定点）。先将该点的运动研究清楚，再研究整个切削刃就比较容易了。

切削刃上选定点相对于工件的瞬时运动方向称为主运动方向，主运动的瞬时速度称为切削速度。对于车削，切削速度 v_c 可由下列公式计算：

$$v_c = \frac{\pi d n}{1\,000} \quad (\text{m/min}) \tag{2-1}$$

式中：d——工件或刀具上某点的回转直径（mm）；

n——工件或刀具的旋转速度（r/min）。

在转速 n 一定时，切削刃上各点的切削速度不同。考虑到刀具的磨损和已加工表面质量等因素，在计算时，应以最大切削速度为准。

2. 进给运动

进给运动就是不断把切削层投入切削的运动。它配合主运动依次地或连续不断地切除切屑，从而形成具有所需几何特性的已加工表面。进给运动可由刀具完成（如车削），也可由工件完成（如铣削），可以是间歇的（如刨削），也可以是连续的（如车削）。机床上的进给运动可以由一个或数个组成，通常消耗功率少、速度较低。

随着切削加工方法的改变，进给运动的方向也随着变化（图2-2）对于车削，进给量 f 是工件（车床主轴）每转一转时主切削刃沿进给方向移动的距离，单位是 mm/r。进给速度 v_f 是单位时间的进给量，单位是 mm/min。

显而易见

$$v_f = fn \quad (\text{mm/min}) \tag{2-2}$$

式中：f——每转进给量（mm/min）；

n——工件转速（r/min）。

对于多刃刀具，还规定每个刀齿的进给量 a_f，即后一个刀齿相对前一个刀齿的进给量，单位是 mm/z。

显然

$$v_f = fn = nza_f \tag{2-3}$$

式中：z——多刃刀具的刀齿数；
　　　a_f——每齿进给量（mm/z）。

对于主运动为往复直线运动的加工（如刨削等），虽然不规定进给速度，但需要规定间歇进给量，单位为 mm/（d. str）。

3. 合成切削运动与合成切削运动速度

有些切削加工的主运动和进给运动是同时进行的（如车削、铣削等）。因此，刀具切削刃上任意一点与工件表面间的相对切削运动，就是主运动与进给运动的合成切削运动。合成切削运动的速度向量 v_e 应为主运动的速度向量 v 加进给运动的速度向量 v_f 之和，即

$$v_e = v + v_f \tag{2-4}$$

4. 背吃刀量 a_p

对于外圆切削（图 2-2（a））和平面刨削（图 2-2（f））而言，背吃刀量 a_p 等于已加工表面与待加工表面之间的垂直距离，单位为 mm。它直接影响主切削刃的工作长度，反映了切削负荷的大小。

背吃刀量可由以下公式计算：

车外圆时

$$a_p = \frac{d_w - d_m}{2} \quad (\text{mm}) \tag{2-5}$$

钻孔时

$$a_p = \frac{d_m}{2} \quad (\text{mm}) \tag{2-6}$$

式中：d_w——待加工表面直径（mm）；
　　　d_m——已加工表面直径（mm）。

在生产中，我们把切削速度 v_c、进给量 f 和背吃刀量 a_p 统称为切削用量三要素。

5. 金属切除率 Z_w

金属切除率 Z_w 是指单位时间内切下工件材料的体积。它是衡量切削效率高低的重要指标之一。它可由下公式计算：

$$Z_w = 1\,000\, v_c a_p f \quad (\text{mm}^3/\text{min}) \tag{2-7}$$

由上式可知，切削用量三要素 v_c、f、a_p 的大小直接影响到金属切除率 Z_w，从而影响切削加工的生产率。

2.2　刀具切削部分的基本定义

金属切削加工的刀具种类繁多、形式各异，但就刀具切削部分的几何参数而言则可看成是外圆车刀刀头的演变。从各种复杂刀具或多齿刀具中，取一个小刀齿，

它们的几何形状都近似一把外圆车刀的刀头，如图2-3所示。

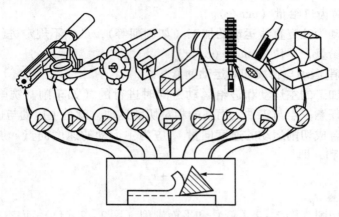

图2-3 各种刀具切削部分形状

国际标准化组织（ISO）在确定金属切削刀具的工作部分几何形状的一般术语时，以外圆车刀切削部分为基础。而这些基本定义对其他刀具也具有普遍意义。

2.2.1 车刀切削部分的组成

车刀切削部分由前刀面、主后刀面、副后刀面、主切削刃、副切削刃和刀尖组成（图2-4）。

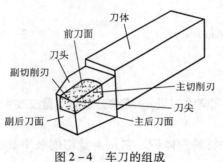

图2-4 车刀的组成

（1）前刀面 A_γ。刀具上切屑流过的表面，称为前刀面。

（2）主后刀面 A_α。刀具上与工件上的加工表面相对着并且相互作用的表面，称为主后刀面。

（3）副后刀面 A_α'。刀具上与工件上的已加工表面相对着并且相互作用的表面，称为副后刀面。

（4）主切削刃 s。刀具上前刀面与主后刀面的交线称为主切削刃。

（5）副切削刃 s'。刀具上前刀面与副后刀面的交线称为副切削刃。

（6）刀尖。主切削刃与副切削刃的交点称为刀尖。刀尖实际是一小段曲线或直线，称修圆刀尖和倒角刀尖。

不同类型的刀具，其刀面、切削刃的数量不完全相同。

2.2.2 定义刀具角度的参考系

刀具角度是为刀具设计、制造、刃磨和测量时所使用的几何参数，它们是确定刀具切削部分几何形状（各表面空间位置）的重要参数。用以确定刀具几何角度的参考坐标系有两类：一类称为标注参考坐标系（或称静态参考系），它是刀具设计计算、绘图标注、制造刃磨及测量时用来确定刀刃、刀面空间几何角度的定位基准，用它定义的角度称为刀具标准角度（或静态角度）；另一类称为工作参考系（或动态参考系），它是确定刀具切削刃，刀具在切削运动中相对工件的几何位置的基准，用它定义的角度称为刀具的工作角度。

下面以外圆车刀为例来说明标注参考系及刀具标注角度的定义。

1. 标注参考系的假定条件

在建立标注参考系时，须先假定刀具处于某种状态条件下工作，并据以确定刀具标注角度的参考系。假定条件如下：

（1）假定运动条件。假定进给速度很小，即可令 $v_c = v_e$，也就是以主运动向量 v_c 代替合成运动向量 v_e。

（2）假定安装条件。假定刀具的安装基准面垂直于切削速度方向。同时，规定刀杆的中心线同进给方向垂直。

2. 刀具标注角度的参考系

由于多数加工表面都不是平面，而且主切削刃上每点的切削速度各不相同，所以要建立坐标系。坐标系平面用字母 P 和下角标组成复合符号标记。

（1）基面（P_r）。通过切削刃选定的点，垂直于主运动 v_c 方向的平面称为基面 P_r。它应与刀具的定位基准平面平行。因此对车刀来说，基面就是包括切削刃选定点，并与刀杆底部的面平行（图2-5）。

（2）切削平面（P_s）。通过切削刃上选定点，垂直于基面并与主切削刃相切的平面（图2-5）。基面与切削平面及正交平面组合，构成刀具标注角度参考系。

（3）正交平面及其参考系。正交平面（主剖面）P_o 是通过刀具切削刃选定点并垂直于主切削刃在基面上的投影，即同时垂直于基面 P_r 和切削平面 P_s 的平面。由图2-5可见，$P_r - P_s - P_o$ 组成一个正交的参考系，称为正交平面参考系。这是目前生产中最常见的刀具标注角度参考系。其他参考系有

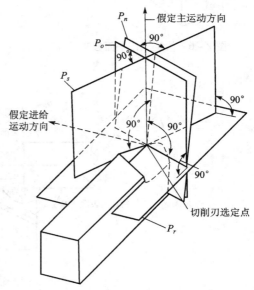

图2-5 正交平面与法线平面参考系

法平面（P_n）参考系（图2-5）、假定工作平面（P_f）参考系（图2-6）等。当主切削刃包含在基面内时，正交平面 P_o 和法平面 P_n 重合（图2-7）。

应该指出，上述刀具各标注角度参考系均适合用于切削刃选定点取在主切削刃上时的情况。若选定点取在副切削刃上，则所定义的是副切削刃标注参考坐标系平面。此时，应在相应的符号右上角加标"'"，以示区别，并在坐标系面名称之前冠之"副切削刃"。

3. 刀具的标注角度

如图2-8所示，在正交平面内标注的角度有以下几种：

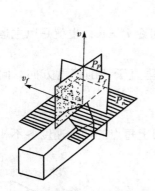
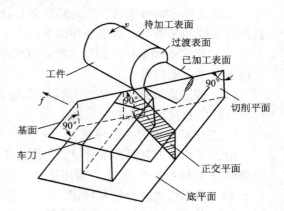

图2-6 假定工作平面参考系

图2-7 主切削刃在基面里时车刀的坐标平面关系

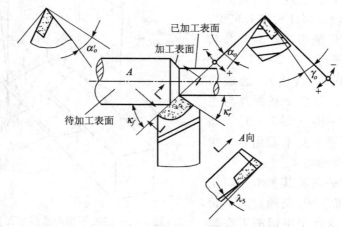

图2-8 正交平面参考系标注角度

前角 γ_o 是指前刀面与基面之间的夹角。前刀面与基面平行时为零；刀尖位于前刀面最高点时，前角为正；刀尖位于前刀面最低点时，前角为负（图2-9）。前角对刀具切削性能影响很大。

后角 α_o 是指后刀面与切削平面之间的夹角。刀尖位于后刀面最前点时,后角为正;刀尖位于后刀面最后点时,后角为负。后角的主要作用是减少后刀面与过渡表面之间的摩擦。

楔角 β_o 是前刀面与后刀面之间的夹角。

前角、后角和楔角三者的关系为:

$$\gamma_o + \alpha_o + \beta_o = 90° \qquad (2-8)$$

在基面内标注的角度有以下几种。

主偏角 κ_r 为主切削刃在基面内的投影和假定进给方向的夹角。主偏角一般在 $0° \sim 90°$。

副偏角 κ_r' 为副切削刃在基面上的投影与假定进给方向的夹角。

刀尖角 ε_r 为主切削平面与副切削平面的夹角。

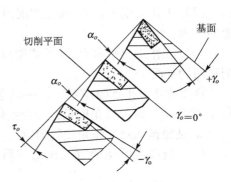

图 2-9 前角的正负

主偏角、副偏角和刀尖角三者之间的关系为

$$\kappa_r + \kappa_r' + \varepsilon_r = 180° \qquad (2-9)$$

在切削平面内测量的角度是刃倾角 λ_s。

刃倾角 λ_s 是指主切削刃与基面之间的夹角。切削刃与基面平行时,λ_s 为零;刀尖位于刀刃最高点时,λ_s 为正;刀尖位于刀刃最低点时,λ_s 为负。如图 2-10 所示。

在副正交平面内标注的角度有副后角 α_o',是指副后刀面与副切削平面之间的夹角。

图 2-10 刃倾角的正负

2.2.3 刀具的工作角度

刀具的标注角度是在假定运动条件和假定安装条件情况下定义得出的。实际上,在切削加工中,由于进给运动的影响,刀具相对于工件安装位置发生变化时,会使刀具的实际切削角度发生变化。刀具在工作参考系中确定的角度称为刀具工作角度。研究刀具工作角度的变化趋势,对刀具的设计、改进、革新有重要的指导意义。

1. 刀具工作参考系

与静态系统中正交平面参考系建立的定义和程序相似,不同点就在于它以合成

切削速度 v_e 或刀具安装位置条件来确定工作参考系的基面 P_{re}。

由于工作基面的变化,将带来工作切削平面 P_{se} 的变化,从而导致工作前角 γ_{oe}、工作后角 α_{oe} 的变化。

(1) 工作基面 P_{re} 通过切削刃上的参考点,垂直于合成切削速度方向的平面。

(2) 工作切削平面 P_{se} 通过切削刃上的参考点,与切削刃相切且垂直于工作基面的平面。

(3) 工作正交平面 P_{oe} 通过切削刃上的参考点,同时垂直于工作基面、工作切削平面的平面。

在工作正交平面参考系中,一般考核刀具工作角度(γ_{oe}、α_{oe}、κ_{re}、κ'_{re}、α'_{oe}、λ_{se})的变化,对刀具角度设计补偿量以及对切削加工过程的影响情况。

2. 进给运动对工作角度的影响

(1) 横向进给运动对工作前、后角的影响。车端面或切断时,车刀沿横向进给,主运动方向与合成运动方向的夹角为 μ($\tan \mu = \dfrac{v_f}{v_c} = \dfrac{f}{\pi d}$),切削轨迹为阿基米德螺旋线,如图 2-11 所示。这时工作基面 P_{re} 和工作切削平面 P_{se} 相对于标注坐标系都要偏转一个附加的角度 μ,使车刀的工作前角 γ_{oe} 增大和工作后角 α_{oe} 减少,分别为

$$\gamma_{oe} = \gamma_o + \mu; \alpha_{oe} = \alpha_o - \mu \quad (2-10)$$

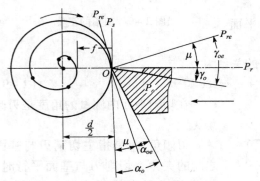

图 2-11 横向进给运动对工作角度的影响

(2) 纵向进给运动对工作角度的影响。车外圆或车螺纹时,如图 2-12 所示,合成运动方向与主运动方向之间的夹角为 μ_f(螺旋升角),这时工作基面 P_{re} 和工作切削平面 P_{se} 相对于标注坐标系都要偏转一个附加的角度 μ,使车刀的工作前角 γ_{oe} 增大和工作后角 α_{oe} 减少,分别为 $\gamma_{oe} = \gamma_o + \mu$,$\alpha_{oe} = \alpha_o - \mu$;

$$\tan \mu = \tan \mu_f \sin \kappa_r = \dfrac{f \sin \kappa_r}{\pi d} \quad (2-11)$$

一般车削时,进给量比工件直径小很多,故角度 μ 很小,对车刀工作角度的影响很小,可忽略不计。但在车削(切断、车螺纹、车丝杠)、镗孔、铣削等加工中,通常因刀具工作角度的变化,对工件已加工表面质量或切削性能造成不利影响。车削右旋螺纹时,车刀左侧刃后角应大些,右侧刃后角应小些。或者使用可转角度刀架将刀具倾斜一个 μ 角安装,使左右两侧刃工作前后角相同。

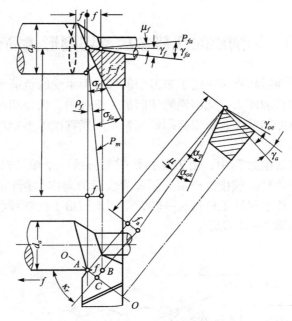

图 2-12 纵向进给运动对工作角度的影响

3. 刀具安装对工作角度的影响

(1) 刀尖安装高低对工作前、后角的影响。用刃倾角 $\lambda_s = 0°$ 车刀车削外圆时,由于车刀的刀尖高于工件中心,使其基面和切削平面的位置发生变化,工作前角 γ_{oe} 增大,而工作后角 α_{oe} 减小。若切削刃低于工件中心,则工作角度的变化情况正好相反。加工内表面时,情况与加工外表面相反。如图 2-13 所示。

(2) 刀杆安装偏斜对工作主、副偏角的影响。当刀杆中心线与进给运动方向不垂直且逆时针转动 θ 角时,工作主偏角将增大,工作副偏角将减小。如图 2-14 所示。

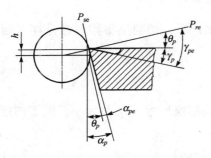

图 2-13 刀刃安装高度对工作角度的影响

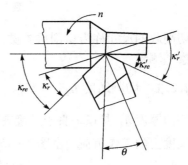

图 2-14 刀刃安装偏斜对工作角度的影响

2.3 切削层的几何参数及切削形式简介

切削层的尺寸和形状直接决定了车刀切削部分所承受的负荷大小及切屑的形状和尺寸。不论何种切削加工,能够说明切削加工机理的,仍是切削层截面的力学性能所决定的真实厚度和宽度,所以必须研究切削层横截面的形状与参数。它们的名称、定义及说明如下。

切削层是指在切削过程中,由刀具在切削部分的一个单一动作(或指切削部分切过工件的一个单程,或指只产生一圈过渡表面的动作)所切除的工件材料层。以车削外圆为例,切削层即工件每转一转,主切削刃沿工件轴线移动 f 距离所切下来的一层金属。如图 2 – 15 所示。

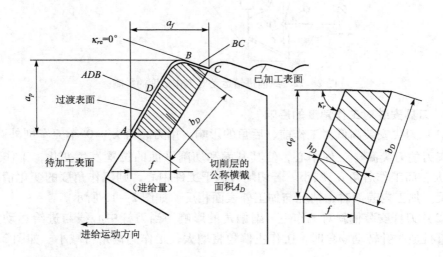

图 2 – 15 切削层参数

切削层的尺寸称为切削层参数。为了简化计算,切削层参数通常是在基面 p_r 内观察和测量。

2.3.1 切削厚度 h_D

切削厚度 h_D 是指垂直于过渡表面度量的切削层尺寸。h_D 的大小反映了切削刃单位长度上的工作负荷。由图 2 – 15 可知。

$$h_D = f\sin \kappa_r \quad (\text{mm}) \quad (2-12)$$

2.3.2 切削宽度 b_D

切削宽度 b_D 即切削层宽度。它是沿着主切削刃在基面上的投影所测量的切削层尺寸。b_D 的大小反映了切削刃参加切削的长度。b_D 和 a_p 之间存在下列关系：

$$b_D = \frac{a_p}{\sin \kappa_r} \quad (\text{mm}) \quad (2-13)$$

从式（2-12）和式（2-13）可知，影响切削厚度 h_D 的因素是 f 和主偏角 κ_r；影响切削宽度 b_D 的因素是切削深度 a_p 和主偏角 κ_r。当进给量 f 和切削深度 a_p 一定时，主偏角 κ_r 越大，切削厚度 h_D 也越大，但切削宽度 b_D 越小；当 $\kappa_r = 90°$ 时，$h_D = f$，$b_D = a_p$。

曲线形切削刃工作时，切削层各点的切削厚度是变化的，越接近刀尖切削厚度越小。

2.3.3 切削面积 A_D

切削面积 A_D 是指在切削层尺寸平面（基面）里度量的横截面积。

$$A_D = h_D b_D = a_p f \quad (\text{mm}^2) \quad (2-14)$$

由式子 2-14 可知，切削面积 A_D 与切削深度 a_p 和进给量 f 有直接的关系。在切削中，切削参数的选择对工件加工质量、生产率和切削过程有着重要的影响。

2.3.4 切削形式简介

1. 直角切削和斜角切削简介

切削刃与主运动方向垂直的切削称为正切削（或直角切削）。否则称为斜切削（或斜角切削）。因此，刃倾角 λ_s 不等于零的刀具均属于斜角切削。

图 2-16 所示为刨削的正切削（(a) 图）和斜切削（(b) 图）。

2. 自由切削和非自由切削

只有一条直线刃进行切削的情况称为自由切削。如宽刃刨刀和直齿圆柱铣刀加工窄平面，在车床上进行倒角和纵车管材的端面等均为自由切削。

由非直线形刀刃进行切削（如刀

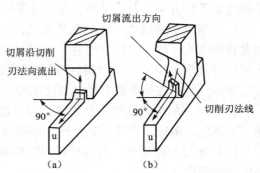

图 2-16 正切削和斜切削
(a) 正切削；(b) 斜切削

刃形状为折线或曲线，主副刀刃同时参加工作）均称为非自由切削。

自由切削时，切削刃上各点切屑流动方向大致相同，切屑变形简单；非自由切削时，切削刃上各点切屑流动方向相互干扰，切屑变形较复杂。实际生产中多为非自由切削，而在实验研究中，为简化起见，通常采用自由切削。

2.4 刀具材料

刀具材料是指刀具切削部分的材料。金属切削过程除了要求刀具具有适当的几何参数外，还要求刀具材料对工件要有良好的切削性能。刀具切削性能的优劣，不仅取决于刀具切削部分的几何参数，还取决于刀具切削部分所选配的刀具材料。金属切削过程中的加工质量、加工效率、加工成本，在很大程度上取决于刀具材料的合理选择。因此，材料、结构和几何形状是构成刀具切削性能评估的三要素。

2.4.1 刀具材料应具备的性能

切削过程中，刀具切削部分是在很大的切削力、较高的切削温度及剧烈摩擦等条件下工作的，同时，由于切削余量和工件材质不均匀或切削时形不成理想切屑，还伴随冲击和振动，因此对刀具切削部分的材料提出了以下基本要求。

(1) 足够的硬度和耐磨性。硬度是刀具材料最基本的性能。刀具材料的硬度必须高于工件材料的硬度，以便刀具切入工件。在常温下刀具材料的硬度应在 60 HRC 以上。耐磨性是刀具材料抵抗磨损的能力，在剧烈的摩擦下刀具磨损要小。一般来说，材料的硬度越高，耐磨性越好。刀具材料含有耐磨的合金碳化物越多、晶粒越细、分布越均匀，则耐磨性越好。

(2) 足够的强度和韧性。切削时刀具要承受较大的切削力、冲击和振动，为了避免崩刃和折断，刀具材料应具有足够的强度和韧性。

(3) 较高的耐热性。耐热性是指刀具材料在高温下保持足够的硬度、耐磨性、强度和韧性的性能（又称红硬性）。通常把材料在高温下仍保持高硬度的能力称为热硬性（高温硬度）。刀具材料的高温硬度越高，耐热性越好，允许的切削速度越高。所以，耐热性是衡量刀具材料性能的主要指标。

(4) 较好的工艺性能。为了便于刀具加工制造，刀具材料要有良好的工艺性能。如热轧、锻造、焊接、热处理、切削和磨削加工等性能。

(5) 较好的传热性。刀具材料的传热系数大，有利于将切削区的热量传出去，降低切削温度。

(6) 经济性。刀具材料的发展立足于本国资源，选用时要注意经济效益，力求价格低廉。

应当指出，上述几项性能之间可能相互矛盾。没有一种刀具材料能具备所有性能最佳指标，而是各有所长。所以对刀具材料应合理选择使用。

2.4.2 常用刀具材料

刀具材料有高速钢、硬质合金、工具钢、陶瓷、立方氮化硼和金刚石等。目前，在生产中所用的刀具材料主要有高速钢和硬质合金两类。碳素工具钢、合金工具钢因耐热性差，仅用于手工或切削速度较低的工具。

1. 高速钢

高速钢又名风钢或锋钢，意思是淬火时即使在空气中冷却也能硬化，并且很锋利。它是一种成分复杂的合金钢，含有钨（W）、钼（Mo）、铬（Cr）、钒（V）等碳化物形成元素。合金元素总量达 10%～25%。它在高速切削产生高热情况下（约500℃）仍能保持高的硬度，HRC 能在 60 以上。这就是高速钢最主要的特性——红硬性。而碳素工具钢经淬火和低温回火后，在室温下虽有很高的硬度，但当温度高于200℃时，硬度便急剧下降，在500℃硬度已降到与退火状态相似的程度，完全丧失了切削金属的能力，这就限制了碳素工具钢制作切削工具使用。而高速钢由于红硬性好，弥补了碳素工具钢的致命缺点，可以用来制造切削工具。

高速钢的热处理工艺较为复杂，必须经过退火、淬火、回火等一系列过程。退火的目的是消除应力，降低硬度，使显微组织均匀，便于淬火。退火温度一般为860℃～880℃。淬火时由于它的导热性差一般分两阶段进行。先在 800℃～850℃预热（以免引起大的热应力），然后迅速加热到淬火温度 1 190℃～1 290℃（不同牌号实际使用时温度有区别），然后油冷或空冷或充气体冷却。工厂均采用盐炉加热，现真空炉使用也相当广泛。淬火后因内部组织还保留一部分（约30%）残余奥氏体没有转变成马氏体，影响了高速钢的性能。为使残余奥氏体转变，进一步提高硬度和耐磨性，一般要进行 2～3 次回火，回火温度560℃，每次保温 1 小时。

（1）生产制造方法：通常采用电炉生产，近来曾采用粉末冶金方法生产高速钢，使碳化物呈极细小的颗粒均匀地分布在基体上，提高了使用寿命。

（2）用途：用于制造各种切削工具。如车刀、钻头、滚刀、机用锯条及要求高的模具等。

高速钢按切削性能可分为普通高速钢和高性能高速钢。常见的几种高速钢的力学性能见表 2-1。

（1）普通高速钢是切削硬度在 250～280 HBS 以下的大部分结构钢和铸铁的基本刀具材料，切削普通钢材时的切削速度一般不高于 40～60 m/min。

表 2-1 常用高速钢的性能比较

类型	牌号		淬、回火硬度/HRC	抗弯强度/MPa	冲击韧性/(MJ·m^{-2})	600℃下的硬度/HRC
	中国牌号	相似 ISO 牌号				
普通高速钢	W18Cr4V	HS18-0-1	62~65	3 430	0.29	50.5
	W6Mo5Cr4V2	HS6-5-2	63~66	3 500~4 000	0.30~0.40	47~48
高性能高速钢	W6Mo5Cr4V3	HS6-5-3	65~67	3 200	0.25	51.7
	W6Mo5Cr4V2Co5	HS6-5-2-5	65~66	3 000	0.3	54
	W10Mo4Cr4V3Co10	HS10-4-3-10	67~69	2 350		55.5
	W2Mo9Cr4V2Co8	HS2-9-2-8	66~68	2 700~3 800	0.23~0.35	55
	W7Mo4Cr4V2Co5	HS7-4-2-5	66~68	2 500~3 000	0.23~0.35	54
	W12Cr4VCo5	HS12-0-1-5	66~68	3 000	0.25	54
	W6Mo5Cr4V2Al		66~69	3 000~4 100	0.25~0.30	55~56
	W10Mo4Cr4VAl		68~69	3 010	0.2	54.2

（2）高性能高速钢是在普通高速钢的基础上增加一些含碳量、含钒量并添加钴、铝等合金元素，进一步提高耐热性和耐磨性。这类高速钢刀具约为普通高速钢的 1.5~3 倍，适用于加工不锈钢、耐热钢、钛合金及高强度等难加工材料。

2. 硬质合金

硬质合金是以高硬度难熔金属的碳化物（WC、TiC）微米级粉末为主要成分，以钴（Co）或镍（Ni）、钼（Mo）为黏结剂，在真空炉或氢气还原炉中烧结而成的粉末冶金制品。硬质合金的常温硬度可高达（86~93 HRA，相当于 69~81 HRC）；热硬性好（可达 900℃~1 000℃，保持 60 HRC）；耐磨性好。硬质合金刀具比高速钢切削速度高 4~7 倍，刀具寿命高 5~80 倍。制造模具、量具，寿命比合金工具钢高 20~150 倍。可切削 50 HRC 左右的硬质材料。但硬质合金脆性大，不能进行切削加工，难以制成形状复杂的整体刀具，因而常制成不同形状的刀片，采用焊接、黏接、机械夹持等方法安装在刀体或模体上使用。ISO 把切削用硬质合金分为三类：K 类、P 类和 M 类。其牌号如表 2-2 所示。

① 钨钴类硬质合金（K 类）。其主要成分是碳化钨（WC）和黏结剂钴（Co）。其牌号是由"YG"（"硬、钴"两字汉语拼音字首）和平均含钴量的百分数组成。例如，YG8，表示平均 Co=8%，其余为碳化钨的钨钴类硬质合金。K 类合金主要用于加工铸铁、有色金属及其合金。

② 钨钛钴类硬质合金（P 类）。其主要成分是碳化钨、碳化钛（TiC）及钴。

其牌号由"YT"("硬、钛"两字汉语拼音字首)和碳化钛平均含量组成。例如,YT15,表示平均 TiC=15%,其余为碳化钨和钴含量的钨钛钴类硬质合金。P类合金主要用于加工钢材。

③ 钨钛钽(铌)类硬质合金(M类)。其主要成分是碳化钨、碳化钛、碳化钽(或碳化铌)及钴。这类硬质合金又称通用硬质合金或万能硬质合金。其牌号由"YW"("硬""万"两字汉语拼音字首)加顺序号组成,如YW1。这类硬质合金既可以加工铸铁和有色金属,又可以加工钢材,还可以加工高温合金和不锈钢等难加工材料,有通用硬质合金之称。硬质合金的合理选择如表2-3所示。

表2-2 切削用硬质合金的牌号与用途分组代号

用途分组代号	硬质合金牌号	用途分组代号	硬质合金牌号	用途分组代号	硬质合金牌号
P01	YT30、YT10	M10	YW1	K01	YG3X
P10	YT15	M20	YW2	K10	YG6X、YG6A
P20	YT14			K20	YG6、YG3N
P30	YT15			K30	YG8N、YG8

表2-3 硬质合金刀具的应用范围

合金牌号现用名称	相当ISO	物理机械性能			推荐用途
		密度 g/cm³	抗弯强度 不低于 kg/mm²	硬度 不低于 HRA	
YT30	P01	9.3~9.7	90	92.5	适用于碳素钢与合金钢工件的精加工、如精车、精镗、精扩等
YT05	P05	12.5~12.9	110	92.5	适用于淬火钢、合金钢和高强度钢的精加工和半精加工
YT15	P10	11.0~11.7	115	91	适用于碳素钢与合金钢,连续切削时的半精车及精车,间断切削时的精车,旋风车丝,连续面的半精铣与精铣,孔的粗扩与精扩

续表

合金牌号现用名称	相当ISO	物理机械性能			推荐用途
		密度 g/cm^3	抗弯强度 不低于 kg/mm^2	硬度 不低于 HRA	
YT14	P20	11.2~12.0	120	90.5	适用于在碳素钢与合金钢加工中,不平整断面和连续切削时的粗车,间断切削的半精车与精车,连续断面的粗铣,铸孔的扩钻与粗扩
YT5	P30	12.5~13.2	140	89.5	适用于碳素钢与合金钢(包括钢锻件,冲压件及铸件的表皮)加工不平整断面与间断切削时的粗车、粗刨、半精刨、非连续面的粗铣及钻孔
YG6X	K10	14.6~15.0	140	91	经生产使用证明,该合金加工冷硬合金铁可获得良好的效果,也适于普通的精加工
YG6	K20	14.6~15.0	145	89.5	适用于铸铁、有色金属及其合金与非金属材料连续切削时的半精车、精车、粗车螺纹,旋风车丝、连续断面的半精铣与精铣,孔的粗扩与精扩
YG8	YG30	14.5~14.9	150	89	适用于铸铁、有色金属及其合金与非金属材料不平整断面和间断切削时的粗车、粗刨、粗铣,一般也用于深孔的钻孔、扩孔

3. 其他刀具材料

1) 陶瓷

用于制作刀具的陶瓷材料主要有两类:氧化铝基陶瓷和氮化硅基陶瓷。陶瓷材料制作的道具硬度可达 90~95 HRA,耐热温度高达 1 200℃~1 450℃,能承受的切削速度比硬质合金还要高,但抗弯强度低,冲击韧性差,目前主要用于半精加工和精加工高硬度、高强度钢及冷硬铸铁等材料。

2）立方氮化硼

立方氮化硼（CBN）是有六方氮化硼经高温高压处理转化而成，其硬度高达 8 000 HV，仅次于金刚石。CBN 是一种新型刀具材料，它可耐 1 300℃～1 500℃ 的高温，热稳定性好；它的化学稳定性也好，即使高达 1 200℃～1 300℃也不与铁产生化学反应。一般用于高硬度、难加工材料的精加工。

3）人造金刚石

人造金刚石是在高温高压下由石墨转化而成，其硬度接近 10 000 HV，可用于加工硬质合金、陶瓷、高硅铝合金等高硬度、高耐磨材料。

2.5 金属切削过程

在金属切削过程中，始终存在着刀具切削工件和工件材料抵抗切削的矛盾，从而产生一系列物理现象，如切削变形、切削力、切削热与切削温度以及有关刀具的磨损与刀具寿命、卷屑与断屑等。研究、掌握并能灵活应用金属切削基本理论，对有效控制切削过程、保证加工精度和表面质量，提高切削效率、降低生产成本，合理改进、设计刀具几何参数，减轻工人的劳动强度等有重要的指导意义。

2.5.1 切削变形

切削金属形成切屑的过程是一个类似于金属材料受挤压作用，产生塑性变形进而产生剪切滑移的变形过程如图 2-17 所示。图 2-17（a）为材料正挤压试验的示意图。试验证明，与作用力 F 大致成 45°的两个近似平面 CB、DA 内剪切应力最大，因而剪切变形首先沿此两个近似平面发生。随 F 的增大，平面 CB、DA 两侧还会产生一系列滑移面，其交线分别集中在 C、D 两点。当剪切力达到材料的剪切屈服强度时，试件沿 CB 面或 DA 面滑移。图 2-17（b）为切削示意图。试件上只有

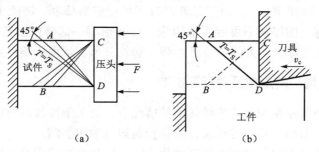

图 2-17 金属的挤压和切削
(a) 挤压；(b) 切削

DA 线以上的金属受到刀具前刀面的挤压。由于母体金属的阻碍,使金属不能沿 CB 面滑移,只能沿 DA 面滑移。

根据切削实验时制作金属切削变形图片,可以绘制如图 2-18 所示的金属切削过程中的滑移线和流线示意图。流线表明被切削金属中的某一点在切削过程中流动的轨迹。切削过程中,切削层金属的变形大致可以划分为三个区域。

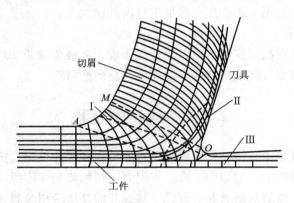

图 2-18　金属切削过程中的滑移线和流线示意图

第一变形区:塑性变形从始滑移面 OA 开始至终滑移面 OM 终束,之间形成 AOM 塑性变形区,由于塑性变形的主要特点是晶格间的剪切滑移,所以 AOM 叫剪切区,也称为第一变形区(图 2-18 的 I 区)。第一变形区是金属切削变形过程中最大的变形区,在这个区域内,金属将产生大量的切削热,并消耗大部分功率。此区域较窄,宽度仅 0.02~0.2 mm。

第二变形区:切屑沿刀具前面排出时会进一步受到前刀面的阻碍,在刀具和切屑界面之间存在强烈的挤压和摩擦,使切屑底部靠近前刀面处的金属发生"纤维化"的二次变形。这部分区域称为第二变形区(图 2-18 的 II 区)

第三变形区:在已加工表面上与刀具后面挤压、摩擦形成的变形区域称为第三变形区(图 2-18 的 III 区)。由于刀具刃口不可能绝对锋利,钝圆半径的存在使切削层参数中公称切削厚度不可能完全切除,会有很小一部分被挤压到已加工表面,与刀具后刀面发生摩擦,并进一步产生弹、塑性变形,从而影响已加工表面质量。

2.5.2　积屑瘤的形成及对加工影响

在一定的切削速度和保持连续切削的情况下,加工塑性材料时,在刀具前刀面常常黏结一块剖面呈三角状的硬块,这块金属被称为积屑瘤。

积屑瘤的产生不但与材料的加工硬化有关,而且也与刀刃前区的温度和压力有关。一般材料的加工硬化性越强,越容易产生积屑瘤;温度与压力太低不会产生积屑瘤，温度太高也不会产生积屑瘤。一般在300℃～380℃切削碳钢易产生积屑瘤。积屑瘤硬度很高，是工件材料硬度的2～3倍，能同刀具一样对金属进行切削。

它对金属切削过程会产生如下影响。

（1）实际刀具前角增大。刀具前角增大可减小切削力，对切削过程有积极的作用。而且，切削瘤的高度H_b越大，实际刀具前角也越大，切削更容易。

（2）实际切削厚度增大。

（3）加工后表面粗糙度增大。

（4）切削刀具的耐用度降低。

显然，积屑瘤有利有弊。粗加工时，对精度和表面质量要求不高，如果积屑瘤能稳定生长，则可以代替刀具进行切削，保护刀具，同时减少变形。精加工时，则应尽量避免积屑瘤的出现。

根据积屑瘤产生的原因可以知道，积屑瘤是切屑与刀具前刀面摩擦，摩擦温度达到一定程度，切屑与前刀面接触层金属发生加工硬化时产生的，因此可以采取以下几个方面的措施来避免积屑瘤的发生。

① 首先从加工前的热处理工艺阶段解决。通过热处理，提高零件材料的硬度，降低材料的加工硬化。

② 调整刀具角度，增大前角，从而减小切屑对刀具前刀面的压力。

③ 使用适当的切削速度切削。一般切削速度$v_c < 3$ m/min 和 $v_c > 40$ m/min 时，不易产生积屑瘤。

④ 或采用较高的切削速度，增加切削温度，因为温度高到一定程度，积屑瘤也不会发生。

⑤ 更换切削液，采用润滑性能更好的切削液，减少切削摩擦。

2.5.3 切屑的类型

由于工件材料以及切削条件的不同，切削变形的程度也就不同，因而所产生的切屑形态也就各不相同。其基本类型如图2-19所示。

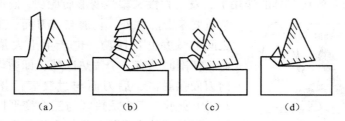

图2-19 切屑的基本类型

(a) 带状切屑；(b) 挤裂切屑；(c) 单元切屑；(d) 崩碎切屑

1. 带状切屑

带状切屑是一种最常见的切屑。它的内表面是光滑的，外表面是毛茸茸的。形如一条连绵不断的带子。一般加工塑性金属材料，当切削厚度较小、切削速度较高、刀具前角较大时，会得到此类切屑。形成这种切屑时切削过程平稳，切削力波动较小，已加工表面粗糙度较小，但带状切屑容易缠绕在刀具或工件上影响加工过程。

2. 挤裂切屑

挤裂切屑是在加工工程塑性材料时较常见的一种切削。其特征是刀屑接触面有裂纹，外表面是锯齿形。这类切屑之所以呈锯齿形，是由于它的第一变形区较宽，在剪切滑移过程中滑移量较大。大多在低速、大进给、切削厚度较大、刀具前角较小时产生。

3. 单元切屑

单元切屑是在加工塑性材料时较少见的一种切屑。切屑呈粒状。在挤裂（节状）切屑产生的前提下，当进一步降低切削速度，增大进给量，减小前角时则出现单元（粒状）切屑。

4. 崩碎切屑

崩碎切屑是加工脆性材料时较常见的一种切屑。通常呈不规则细粒状的切屑。产生这种切屑会使切削过程不平稳，易损坏刀具，使已加工表面粗糙。工件材料越是脆硬、进给量越大则越容易产生这种切屑。

同一加工件，切屑的类型可以随切削条件不同而改变，在生产中，常根据具体情况采取不同的措施来得到需要的切屑，以保证切削加工的顺利进行。

2.6 切削热与切削温度

2.6.1 切削热的产生和传导

被切削的金属在刀具的作用下，发生弹性和塑性变形而耗功，这是切削热的一个重要来源。此外，切屑与前刀面、工件与后刀面之间的摩擦也要耗功，也产生出大量的热量。因此，切削时共有三个发热区域，即剪切面、切屑与前刀面接触区、后刀面与过渡表面接触区，如图2-20所示，三个发热区与三个变形区相对应。所以，切削热的来源就是切屑变形功和前、后刀面的摩擦功。

图2-20 切削热的来源与传导

尽管切削热是切削温度上升的根源，但直接影响切削过程的却是切削温度，切削温度一般指前刀面与切屑接触区域的平均温度。前刀面的平均温度可近似地认为是剪切面的平均温度和前刀面与切屑接触面摩擦温度之和。

2.6.2 影响切削温度的主要因素

根据理论分析和大量的实验研究得知，切削温度主要受切削用量、刀具几何参数、工件材料、刀具磨损和切削液的影响，以下对这几个主要因素加以分析。

1. 切削用量的影响

分析各因素对切削温度的影响，主要应从这些因素对单位时间内产生的热量和传出的热量的影响入手。如果产生的热量大于传出的热量，则这些因素将使切削温度增高；某些因素使传出的热量增大，则这些因素将使切削温度降低。切削速度对切削温度影响最大，随切削速度的提高，切削温度迅速上升。而背吃刀量 a_p 变化时，散热面积和产生的热量亦作相应变化，故 a_p 对切削温度的影响很小。

2. 刀具几何参数的影响

切削温度 θ 随前角 γ_o 的增大而降低。这是因为前角增大时，单位切削力下降，使产生的切削热减少的缘故。但前角大于 18°～20°后，对切削温度的影响减小，这是因为楔角变小而使散热体积减小的缘故。主偏角 κ_r 减小时，使切削宽度 b_D 增大，切削厚度 h_D 减小，故切削温度下降。负倒棱 $b_{\gamma1}$ 在 （0～2）f 范围内变化，刀尖圆弧半径 r_e 在 0～1.5 mm 范围内变化，基本上不影响切削温度。因为负倒棱宽度及刀尖圆弧半径的增大，会使塑性变形区的塑性变形增大，但另一方面这两者都能使刀具的散热条件有所改善，传出的热量也有所增加，两者趋于平衡，所以对切削温度影响很小。

3. 刀具磨损的影响

在后刀面的磨损值达到一定数值后，对切削温度的影响增大；切削速度越高，影响就越显著。合金钢的强度大，导热系数小，所以切削合金钢时刀具磨损对切削温度的影响，就比切碳素钢时大。

4. 切削液的影响

切削液对切削温度的影响，与切削液的导热性能、比热、流量、浇注方式以及本身的温度有很大的关系。从导热性能来看，油类切削液不如乳化液，乳化液不如水基切削液。

2.6.3 切削温度的分布

切削温度的测量比较常用的是自然电偶法，但自然电偶法只能测量出切削温度的平均温度。实际上，切屑、工件和刀具上各点的温度是不相同的。根据人工电偶法等的测量与计算，车刀前刀面上的温度分布如图 2 - 21（b）所示，切屑、工件、刀具在主剖面内的温度分布如图 2-21（a）所示。

根据对图 2-21 的分析，以及对切削温度分布研究，可以归纳出以下一些温度分布的规律：

（1）剪切面上各点温度几乎相同。由此可以推想，剪切面上各点的应力应变规律基本是变化不大的。

（2）前刀面和后刀面上的最高温度都不在刀刃上，而是在离刀刃有一定距离的地方。这是摩擦热沿着刀面不断增加的缘故。

（3）在剪切区域中，垂直剪切面方向上的温度梯度很大。切削速度高时，因热量来不及传出，而导致温度梯度增大。

（4）在切屑靠近前刀面的一层（简称底层）上温度梯度很大，离前刀面 0.1~0.2 mm，温度就可能下降一半。这说明前刀面上的摩擦热集中在切屑的底层。

（5）后刀面的接触长度较小，因此温度的升降是在极短时间内完成的，加工表面受到的是一次热冲击。

（6）工件材料塑性越大，则前刀面上的接触长度越大，切削温度的分布也就较均匀些；反之，工件材料的脆性越大，则最高温度所在的点离刀刃越近。

（7）工件材料的导热系数越低，则刀具的前、后刀面的温度越高。这是一些高温合金和钛合金的切削加工性低的原因。

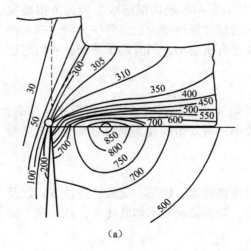
(a)

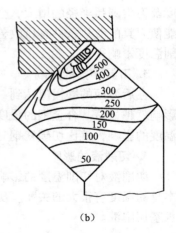
(b)

图 2-21
(a) 刀具、切屑和工件的温度分布；(b) 刀具前刀面上的温度分布
（图中数字指温度，单位为℃）

2.6.4 切削温度对工件、刀具和切削过程的影响

切削温度高是刀具磨损的主要原因,它将限制生产率的提高;切削温度还会使加工精度降低,使已加工表面产生残余应力以及其他缺陷。

(1) 切削温度对工件材料强度和切削力的影响。切削时的温度虽然很高,但是切削温度对工件材料硬度及强度的影响并不很大;剪切区域的应力影响不很明显。

(2) 对刀具材料的影响。适当地提高切削温度,对提高硬质合金的韧性是有利的。

(3) 对工件尺寸精度的影响。特别是加工细长轴、薄壁套以及精密零件时,热变形的影响更要注意。

(4) 利用切削温度自动控制切削速度或进给量。

(5) 利用切削温度与切削力控制刀具磨损。

2.6.5 刀具磨损与刀具耐用度

切削过程中,刀具是在高温高压下工作的。因此,刀具一方面切下切屑,一方面也被磨损。当刀具磨损达到一定值时,工件的表面粗糙度值增大,切屑的形状和颜色发生变化,切削过程发出沉重的声音,并伴有振动。此时,必须对刀具进行修磨或更换新刀。

1. 刀具磨损的形态

刀具磨损是指刀具与工件或切屑的接触面上,刀具材料的微粒被切屑或工件带走的现象 这种磨损现象称为正常磨损。若由于冲击、振动、热效应等原因致使刀具崩刃、碎裂而损坏,称为非正常磨损。刀具的正常磨损形式一般有以下几种:

(1) 前刀面磨损。切削塑性材料时,若切削厚度较大,在刀具前刀面刃口后方会出现月牙洼形的磨损现象(图2-22),月牙洼处是切削温度最高的地方。随着磨损的加剧,月牙洼逐渐加深加宽,当接近刃口时,会使刃口突然崩去。前刀面磨损量的大小,用月牙洼的宽度 KB 和深度 KT 表示。

(2) 后刀面磨损。后刀面磨损指磨损的部位主要发生在后刀面,后刀面磨损后,形成后角等于零度的小棱面。当切削塑性金属时,若切削厚度较小,或切削脆性金属时,由于前刀面上摩擦较小,温度较低,因此磨损主要发生在后刀面。后刀面磨损量的大小是不均匀的。如图2-22所示,在刀尖部分(C 区),其散热条件和强度较差,磨损较大,该磨损量用 VC 表示;在刀刃靠近工件表面处(N 区),由于毛坯的硬皮或加工硬化等原因,磨损也较大,该磨损量用 VN 表示;只有在刀刃中间(B 区)磨损较均匀,此处的磨损量用 VB 表示,其最大磨损量用 VB_{max} 表示。

（3）前后刀面同时磨损。当切削塑性金属时，如果切削厚度适中，则经常会发生前刀面与后刀面同时磨损的磨损形式。

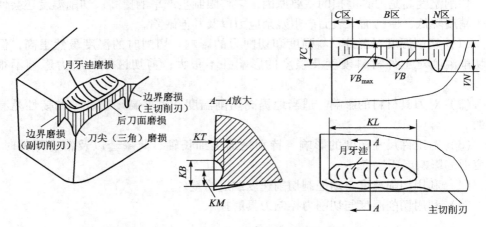

图2-22 刀具的磨损形态

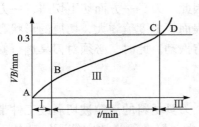

图2-23 刀具磨损的典型曲线

2. 刀具磨损的过程

正常磨损情况下，刀具的磨损量随切削时间的增加而逐渐扩大。国际标准ISO规定以1/2背吃刀量处后刀面的磨损宽度VB为刀具的磨损标准，其典型磨损过程如图2-23所示，大致分为三个阶段。

（1）初期磨损阶段（图示AB阶段）。在刀具开始切削的短时间内磨损较快。这是因为刀具在刃磨后，刀面的表面粗糙度值大，表层组织不耐磨所致。

（2）正常磨损阶段（图示BC阶段）。随着切削时间的增加，磨损量以较均匀的速度加大。这是由于刀具表面高低不平及不耐磨的表层已被磨去，形成一个稳定区域，因而磨损速度较以前缓慢。但磨损量随切削时间而逐渐增加，这一阶段也是刀具工作的有效阶段。

（3）急剧磨损阶段（图示CD阶段）。当刀具磨损量达到一定程度后，由于刀具很钝，摩擦过大，使切削温度迅速升高，刀具磨损加剧，以致刀具失去切削能力。生产中为合理使用刀具并保证加工质量，应在这阶段到来之前就及时重磨刀具或更换新刀。

3. 刀具磨损原因

刀具磨损的原因很复杂，主要有以下几种常见的形式：

（1）机械作用的磨损。工件材料中含有比刀具材料硬度高的硬质点或黏附有积屑瘤碎片，如 TiC、TiN 或 SiO$_2$ 等，就会在刀具表面上刻划，使刀具磨损。在低速切削时，机械摩擦磨损是造成刀具磨损的主要原因。

(2) 黏结磨损。工件或切屑的表面与刀具表面之间的黏结点，因相对运动，刀具一方的微粒被对方带走而造成磨损。黏结磨损与切削温度有关，也与刀具材料及工件材料两者的化学成分有关。

(3) 氧化磨损。在一定的温度条件下（700℃~800℃），刀具、工件和切屑的新生成表面会与氧化合而形成一层氧化膜，若刀具上的氧化膜强度较低，会被工件或切屑擦掉而形成磨损，称为氧化磨损。

(4) 扩散磨损。扩散磨损是指刀具材料中的 Ti、W、Co 等元素，在高温（900℃~1 000℃）时会逐渐扩散到切屑或工件材料中去，工件材料中的 Fe 元素也会扩散到刀具表层里。这样，改变了硬质合金刀具的化学成分，使表层硬度变得脆弱，从而加剧了刀具的磨损。

扩散磨损的速度决定于刀具和工件材料之间是否容易发生化学反应，以及决定于接触面之间的温度。YG 类硬质合金的扩散温度为 850℃~900℃，YT 类硬质合金的扩散温度为 900℃~950℃。

用硬质合金刀具进行切削，低温时以机械磨损为主，温度升高时黏结磨损速度加快，温度升的更高时，氧化磨损与扩散磨损加剧。

(5) 相变磨损。刀具材料因切削温度升高达到相变温度时，使金相组织发生变化，刀具材料表面的马氏体组织转化为托氏体或索氏体组织，硬度降低而造成磨损，称为相变磨损。高速钢刀具在 550℃~600℃时发生相变。

高速钢刀具低温时以机械磨损为主，温度升高时发生黏结磨损，达到相变温度时即形成相变磨损，失去切削能力。

综合上述可知，温度越高，刀具磨损越快，所以温度是刀具磨损的主要原因。

4. 刀具耐用度

所谓刀具耐用度是指刃磨后的刀具从开始切削至达到磨钝标准时，所用的切削时间，用 T 表示，单位为 s（或 min）。在磨损限度确定后，刀具耐用度和磨损速度有关。磨损速度越慢，耐用度越高。在生产实际中，为更方便、快速、准确地判断刀具的磨损情况，一般是以刀具耐用度来间接地反映刀具的磨钝标准。常用刀具的耐用度如表 2-4 所示。

表 2-4 刀具耐用度 T 参考值　　　　　　　　　　　　　　　　　min

刀具类型	刀具耐用度 T	刀具类型	刀具耐用度 T
车、刨、镗刀	60	仿形车刀	120~180
硬质合金可转位车刀	30~45	组合钻床刀具	200~300

刀具类型	刀具耐用度 T	刀具类型	刀具耐用度 T
钻头	80~120	多轴铣床刀具	400~800
硬质合金铣刀	90~180	组合机床、自动机床刀具	240~480
切齿刀具	200~300		

2.7 切削力与其影响因素

切削加工时，工件材料抵抗刀具切削所产生的阻力称为切削力。它与刀具作用在工件上的力大小相等，方向相反。

2.7.1 切削力的来源

切削时作用在刀具上的力来自两个方面，如图 2-24 所示。
① 克服被加工材料对前、后刀面弹性、塑性变形抗力 $F_{n\gamma}$、$F_{n\alpha}$。
② 克服切屑、工件与前、后刀面间的摩擦力 $F_{f\gamma}$、$F_{f\alpha}$。

2.7.2 作用力的分解

作用在刀具上所有的力可合成为合力 F。为便于分析切削力的作用，测量和计算其大小，将合力 F 分解为相互垂直的 F_c、F_f、F_p 三个分力（图 2-25）。

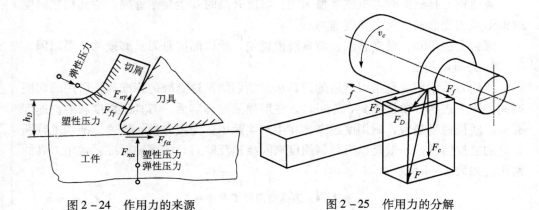

图 2-24 作用力的来源　　　　　图 2-25 作用力的分解

（1）F_c 为主切削力或切向分力。它切于加工表面并垂直基面。它是计算刀具强度，设计机床零、部件和确定机床功率的依据。F_c 是最大的分力，消耗功率也最大，占 95% 左右。

(2) F_f 为进给抗力、轴向分力。它处于基面内并平行于工件轴线与走刀方向相反。它是设计走刀机构强度、计算进给功率的依据。

(3) F_p 为切深抗力、径向分力。它处于基面内并与工件轴线垂直。当工艺系统刚性不足时，它是引起振动的主要因素。

由图 2-25 可知，总切削力 F 与三个分力之间的关系为：

$$F = \sqrt{F_c^2 + F_f^2 + F_p^2} \tag{2-15}$$

2.7.3 切削力、切削功率的计算

(1) 切削力的计算。由于切削过程十分复杂，影响因素较多，生产中常采用经验公式计算，即

$$F_c = \kappa_c A_D = \kappa_c a_p f \tag{2-16}$$

式中：F_c——切削力（N）；

κ_c——切削层单位面积切削力（N/mm²）。

κ_c 与材料、热处理、硬度等因素有关系，其数值可查相关切削手册。

(2) 切削功率的计算。切削功率是三个切削力消耗功率的总和。以外圆车削为例。车外圆时背吃刀量方向速度为零，进给力又很小，它们消耗的功率可不计，其切削功率可按以下公式计算

$$P_m = F_c v_c \tag{2-17}$$

式中：v_c——切削速度（m/s）。

考虑到机床的传动效率，其机床功率 P_c 为

$$P_c \geqslant p_m / \eta \tag{2-18}$$

式中：η——机床传动效率，一般取 0.75~0.85。

2.7.4 影响切削力的因素

1. 工件材料

工件材料的强度和硬度越高，则抗剪强度越高，切削力就越大。工件材料塑性和韧性越高，切屑越不易卷曲，从而使刀具、切屑接触面间摩擦增大，故切削力增大，如 1Cr18Ni9Ti 不锈钢比 45 钢切削时产生的切削力大得多。切削铸铁和其他脆性材料时，塑性变形小，刀具、切屑接触面间摩擦小，故产生的切削力比钢小。

2. 切削用量

(1) 背吃刀量。背吃刀量增大，切削层公称宽度按比例增大，从而使剪切面面积和切屑与前刀面的接触面积都按比例增大，第Ⅰ变形区和第Ⅱ变形区的变形都按比例增大。因而，当背吃刀量增大 1 倍，切削力也增大 1 倍。

(2) 进给量。进给量增大，切削层公称厚度按比例增大，而切削层公称宽度不变。这时，虽剪切面面积按比例增大，但切屑与前刀面的接触未按比例增大，第

Ⅱ变形区的变形未按比例增加。因而，当进给量增大1倍，切削力增加70%~80%。

（3）切削速度。切削时，若不形成积屑瘤，当切削速度增大，则切削力减小。若形成积屑瘤，开始时，随着切削速度的增大，逐渐产生与形成积屑瘤，使实际前角逐渐增大，切削力下降。当积屑瘤高度最高时，切削力最小；随着切削速度的增加，切削温度不断升高，积屑瘤逐渐脱落，使前角减小，切削力又逐渐增加。当积屑瘤完全消失，切削力达到最大值。随后切削力又随切削速度的增大而减小。

3. 刀具几何角度

前角增大，刀具、切屑接触面间摩擦减少，切削变形小，故切削力减小。主偏角对 F_p、F_f 影响较大，对 F_c 影响较小。刃倾角对主切削力影响很小，但对切深抗力 F_p 和进给抗力 F_f 较大。

此外，刀具棱面、刀尖圆弧半径、刀具磨损等对切削力也有影响。

2.8 刀具合理几何参数与切削用量的选择

合理地选择刀具的几何参数与切削用量，对保证质量、提高生产率、降低加工成本有着非常重要的影响。

2.8.1 刀具几何参数的选择

所谓刀具合理几何参数，是指在保证加工质量的前提下，能够满足较高生产率、较低加工成本的刀具几何参数。

1. 前角的选择

增大前角，可减小切削变形，从而减小切削力、切削热，降低切削功率的消耗，还可以抑制积屑瘤和鳞刺的产生，提高加工质量。但增大前角，会使楔角减小、切削刃与刀头强度降低，容易造成崩刃，还会使刀头的散热面积和容热体积减小，使切削区局部温度上升，易造成刀具的磨损，刀具耐用度下降。

选择合理的前角时，在刀具强度允许的情况下，应尽可能取较大的值，具体选择原则如下：① 加工塑性材料时，为减小切削变形，降低切削力和和切削温度，应选较大的前角，加工脆性材料时，为增加刃口强度，应取较小的前角。工件的强度低，硬度低，应选较大的前角，反之，应取较小的前角。用硬质合金刀具切削特硬材料或高强度钢时，应取负前角。② 刀具材料的抗弯强度和冲击韧性较高时，应取较大的前角。如高速钢刀具的前角比硬质合金刀具的前角要大；陶瓷刀具的韧性差，其前角应更小。③ 粗加工、断续切削时，为提高切削刃的强度，应选用较小的前角。精加工时，为使刀具锋利，提高表面加工质量，应选用较大的前角。当机床的功率不足或工艺系统的刚度较低时，应取较大的前角。对于成形刀具和在数控机床、自动线上不宜频繁更换的刀具，为了保证工作的稳定性和刀具耐用度，应选较小的前角或零度前角。

表2-5 硬质合金车刀合理前角、后角的参考值

工件材料种类	合理前角参考值/(°)		合理后角参考值/(°)	
	粗车	精车	粗车	精车
低碳钢	20~25	25~30	8~10	10~12
中碳钢	10~15	15~20	5~7	6~8
合金钢	10~15	15~20	5~7	6~8
淬火钢	-15~-5		8~10	
不锈钢（奥氏体）	15~20	20~25	6~8	8~10
灰铸铁	10~15	5~10	4~6	6~8
铜及铜合金（脆）	10~15	5~10	6~8	6~8
铝及铝合金	30~35	35~40	8~10	10~12
钛合金（$\sigma_b \leq 0.177$ GPa）	5~10		10~15	

注：粗加工用的硬质合金车刀，通常都有负倒棱及负刃倾角。

2. 后角的选择

增大后角，可减小刀具后刀面与已加工表面间的摩擦，减小磨损，还可使切削刃钝圆半径减小，提高刃口锋利程度，改善表面加工质量。但后角过大，将削弱切削刃的强度，减小散热体积使散热条件恶化，降低刀具耐用度。实验证明，合理的后角主要取决于切削厚度。其选择原则如下：

（1）工件的强度、硬度较高时，为增加切削刃的强度，应选较小后角。工件材料的塑性、韧性较大时，为减小刀具后刀面的摩擦，可取较大的后角。加工脆性材料时，切削力集中在刃口附近，应取较小的后角。

（2）粗加工或断续切削时，为了强化切削刃，应选较小的后角。精加工或连续切削时，刀具的磨损主要发生在刀具后刀面，应选用较大的后角。

（3）当工艺系统刚性较差，容易出现振动时，应适当减小后角。在一般条件下，为了提高刀具耐用度，可增大后角，但为了降低重磨费用，对重磨刀具可适当减小后角。

为了使制造、刃磨方便，一般副后角等于主后角。

表2-5为硬质合金车刀合理前角、后角的参考值，高速钢车刀的前角一般比表中的值大5°~10°。

3. 主偏角与副偏角的选择

1）主偏角与副偏角的作用

(1) 减小主偏角和副偏角，可降低残留面积的高度，减小已加工表面的粗糙度值。

(2) 减小主偏角和副偏角，可使刀尖强度提高，散热条件改善，提高刀具耐用度。

(3) 减小主偏角和副偏角，均使径向力增大，容易引起工艺系统的振动，加大工件的加工误差和表面粗糙度值。

2) 主偏角的选择原则与参考值

工艺系统的刚度较好时，主偏角可取小值，如 κ_r = 30°～45°在加工高强度、高硬度的工件时，可取 κ_r = 10°～30°，以增加刀头的强度。当工艺系统的刚度较差或强力切削时，一般取 κ_r = 60°～75°。车削细长轴时，为减小径向力，取 κ_r = 90°～93°。在选择主偏角时，还要视工件形状及加工条件而定，如车削阶梯轴时，可取 κ_r = 90°，用一把车刀车削外圆、端面和倒角时，可取 κ_r = 45°～60°。

3) 副偏角的选择原则与参考值

主要根据工件已加工表面的粗糙度要求和刀具强度来选择，在不引起振动的情况下，尽量取小值。精加工时，取 κ_r' = 5°～10°；粗加工时，取 κ_r' = 10°～15°。当工艺系统刚度较差或从工件中间切入时，可取 κ_r' = 30°～45°。在精车时，可在副切削刃上磨出一段 κ_r' = 0°、长度为 (1.2～1.5)f（进给量）的修光刃，以减小已加工表面的粗糙度值。

总之，对于主、副偏角在一般情况下，只要工艺系统刚度允许，应尽量选取较小的值。

4. 刃倾角的选择

1) 刃倾角的作用

(1) 影响切屑的流出方向（图 2-26）。当 λ_s = 0 时，切屑沿主切削刃垂直方向流出；当 λ_s > 0 时，切屑流向待加工表面；当 λ_s < 0 时，切屑流向已加工表面。

(2) 影响刀尖强度和散热条件（如图 2-27 所示）。当 λ_s < 0 时，切削过程中远离刀尖的切削刃处先接触工件，刀尖可免受冲击，同时，切削层公称横截面积在切入时由小到大，切出时由大到小逐渐变化，因而切削过程比较平稳，大大减小了刀具受到的冲击和崩刃的现象。

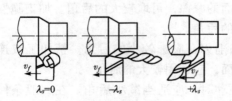

图 2-26 刃倾角对切削流出方向的影响

(3) 影响切削刃的锋利程度。当刃倾角的绝对值增大时，可使刀具的实际前角增大，刃口实际钝圆半径减小，增大切削刃的锋利性。

2) 刃倾角的选择原则与参考值

加工钢件或铸铁件时，粗车取 λ_s = -5°～0°，精车取 λ_s = 0°～5°；有冲击负

荷或断续切削取 $\lambda_s = -15° \sim -5°$。加工高强度钢、淬硬钢或强力切削时，为提高刀头强度取 $\lambda_s = -30° \sim -10°$。微量切削时，为增加切削刃的锋利程度和切薄能力，可取 $\lambda_s = 45° \sim 75°$。当工艺系统刚度较差时，一般不宜采用负刃倾角，以避免径向力的增加。

5. 其他几何参数的选择

1）切削刃区的剖面形式

通常使用的刀具切削刃的刃区形式有锋刃、倒棱、刃带、消振棱和倒圆刃等，如图 2-27 所示。

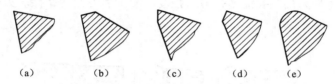

图 2-27 切削刃区的剖面形式
(a) 锋刃；(b) 负倒棱；(c) 刃带；(d) 消振棱；(e) 倒圆刃

刃磨刀具时由前刀面和后刀面直接形成的切削刃，称为锋刃。其特点是刃磨简便、切入阻力小，广泛应用于各种精加工刀具和复杂刀具，但其刃口强度较差。沿切削刃磨出负前角（或零度前角、小的正前角）的窄棱面，称为倒棱。倒棱的作用可增强切削刃，提高刀具耐用度。沿切削刃磨出后角为零度的窄棱面，称为刃带。刃带有支承、导向、稳定和消振作用。对于铰刀、拉刀和铣刀等定尺寸刀具，刃带可使制造、测量方便。沿切削刃磨出负后角的窄棱面，称为消振棱。消振棱可消除切削加工中的低频振动，强化切削刃，提高刀具耐用度。研磨切削刃，使它获得比锋刃的钝圆半径大一些的切削刃钝圆半径，这种刃区形式称为倒圆刃。倒圆刃可提高刀具耐用度，增强切削刃，广泛用于硬质合金可转位刀片。

2）刀面形式和过渡刃

① 前刀面的形式。常见的刀具前刀面形式有平前刀面、带倒棱的前刀面和带断屑槽的前刀面，如图 2-28 所示。平前刀面的特点是形状简单、制造、刃磨方

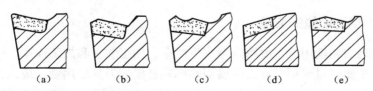

图 2-28 前刀面的形式
(a) 平面形；(b) 带倒棱形；(c) 带断屑槽形；(d) 负前角平面形；(e) 双平面形

便,但不能强制卷屑,多用于成形、复杂和多刃刀具以及精车、加工脆性材料用刀具。由于倒棱可增加刀刃强度,提高刀具耐用度,粗加工刀具常用带倒棱的前刀面。带断屑槽的前刀面是在前刀面上磨有直线或弧形的断屑槽,切屑从前刀面流出时受断屑槽的强制附加变形,能使切屑按要求卷曲折断。前刀面主要用于塑性材料的粗加工及半精加工刀具。

② 后刀面形式。几种常见的后刀面形式如图 2-29 所示。后刀面有平后刀面、带消振棱或刃带的后刀面、双重或三重后刀面。平后刀面形状简单,制造刃磨方便,应用广泛。带消振棱的后刀面用于减小振动;带刃带的后刀面用于定尺寸刀具。双重或三重后刀面主要能增强刀刃强度,减少后刀面的摩擦。刃磨时一般只磨第一后刀面。

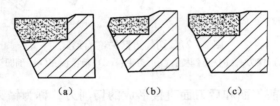

图 2-29 后刀面的形式
(a) 带刃带的后刀面;(b) 带消振棱的后刀面;(c) 双重后刀面

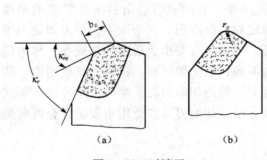

图 2-30 过渡刃
(a) 直线形过渡刃;(b) 圆弧形过渡刃

③ 过渡刃。为增强刀尖强度和散热能力,通常在刀尖处磨出过渡刃。过渡刃的形式主要有两种(图 2-30):直线形过渡刃和圆弧形过渡刃。直线形过渡刃能提高刀尖的强度,改善刀具散热条件,主要用在粗加工刀具上。圆弧形过渡刃不仅可提高刀具耐用度,还能大大减小已加工表面粗糙度,因而常用在精加工刀具。

2.8.2 切削用量的选择

选择合理的切削用量,要综合考虑生产率、加工质量和加工成本。一般地,粗加工时,由于要尽量保证较高的金属切除率和必要的刀具耐用度,应优先选择大的背吃刀量,其次选择较大的进给量。最后根据刀具耐用度,确定合适的切削速度。精加工时,由于要保证工件的加工质量,应选用较小的进给量和背吃刀量,并尽可能选用较高的切削速度。

1. 背吃刀量的选择

粗加工的背吃刀量应根据工件的加工余量确定,在保留半精加工余量的前提下,应尽量用一次走刀就切除全部粗加工余量;当加工余量过大或工艺系统刚性过差时,可分二次走刀。第一次走刀的背吃刀量,一般为总加工余量的2/3~3/4。在加工铸、锻件时,应尽量使背吃刀量大于硬皮层的厚度,以保护刀尖。半精、精加工的切削余量较小,其背吃刀量通常都是一次走刀切除全部余量。

2. 进给量的选择

粗加工时,进给量的选择主要受切削力的限制。在工艺系统刚度和强度良好的情况下,可选用较大的进给量值。表2-6为粗车时进给量的参考值。由于进给量对工件的已加工表面粗糙度值影响很大,一般在半精加工和精加工时,进给量取的都较小。通常按照工件加工表面粗糙度值的要求,根据工件材料、刀尖圆弧半径、切削速度等条件来选择合理的进给量。当切削速度提高,刀尖圆弧半径增大,或刀具磨有修光刃时,可以选择较大的进给量,以提高生产率。

表2-6 硬质合金及高速钢车刀粗车外圆和端面时的进给量

工件材料	车刀刀杆尺寸 $B \times H$ /mm	工件直径 /mm	背吃刀量 /mm				
			≤3	>3~5	>5~8	>8~12	>12
			进给量/$(m \cdot r^{-1})$				
碳素结构钢、合金结构钢	16×25	20	0.3~0.4				
		40	0.4~0.5	0.3~0.4			
		60	0.5~0.7	0.4~0.6	0.3~0.5		
		100	0.6~0.9	0.5~0.7	0.5~0.6	0.4~0.5	
		400	0.8~1.2	0.7~1.0	0.6~0.8	0.5~0.6	
	20×30	20	0.3~0.4				
		40	0.4~0.5	0.3~0.4			
	25×25	60	0.6~0.7	0.5~0.7	0.4~0.6		
		100	0.8~1.0	0.7~0.9	0.5~0.7	0.4~0.7	
		600	1.2~1.4	1.0~1.2	0.8~1.0	0.6~0.9	0.4~0.6
	25×40	60	0.6~0.9	0.5~0.8	0.4~0.7		
		100	0.8~1.2	0.7~1.1	0.6~0.9	0.5~0.8	
		1 000	1.2~1.5	1.1~1.5	0.9~1.2	0.8~1.0	0.7~0.8

续表

工件材料	车刀刀杆尺寸 $B \times H$ /mm	工件直径 /mm	背吃刀量 /mm				
			≤3	>3~5	>5~8	>8~12	>12
			进给量 / (m·r^{-1})				
铸铁及铜合金	16×25	40	0.4~0.5				
		60	0.6~0.8	0.5~0.8	0.4~0.6		
		100	0.8~1.2	0.7~1.0	0.6~0.8	0.5~0.7	
		400	1.0~1.4	1.0~1.2	0.8~1.0	0.6~0.8	
	25×30	40	0.4~0.5				
		60	0.6~0.9	0.5~0.8	0.4~0.7		
	25×25	100	0.9~1.3	0.8~1.2	0.7~1.0	0.5~0.8	
		600	1.2~1.8	1.2~1.6	1.0~1.3	0.9~1.1	0.7~0.9

注：1. 加工断续表面及有冲击的加工时，表内的进给量应乘系数 $K = 0.75 \sim 0.85$。
   2. 加工耐热钢及其合金时，不采用大于 1.0 mm/r 的进给量。
   3. 加工淬硬钢时，表内进给量应乘系数 $K = 0.8$（当材料硬度为 44~56 HRC）或 $K = 0.5$（当硬度为 57~62 HRC 时）。

3. 切削速度的选择

在背吃刀量和进给量选定以后，可在保证刀具合理耐用度的条件下，确定合适的切削速度。粗加工时，背吃刀量和进给量都较大，切削速度受刀具耐用度和机床功率的限制，一般较低。精加工时，背吃刀量和进给量都取得较小，切削速度主要受加工质量和刀具耐用度的限制，一般较高。选择切削速度时，还应考虑工件材料的强度和硬度以及切削加工性等因素。表 2-7 为车削外圆时切削速度的参考值。

表 2-7 硬质合金外圆车刀切削速度参考值

工件材料	热处理状态	$a_p = 0.3 \sim 2$ mm $f = 0.08 \sim 0.3$ mm/r	$a_p = 2 \sim 6$ mm $f = 0.3 \sim 0.6$ mm/r	$a_p = 6 \sim 10$ mm $f = 0.6 \sim 1$ mm/r
		v/ (m·s^{-1})		
低碳钢 易切削钢	热轧	2.33~3.0	1.67~2.0	1.17~1.5
中碳钢	热轧	2.17~2.67	1.5~1.83	1.0~1.33
	调质	1.67~2.171	1.17~1.5	0.83~1.17

续表

工件材料	热处理状态	$a_p = 0.3 \sim 2$ mm $f = 0.08 \sim 0.3$ mm/r	$a_p = 2 \sim 6$ mm $f = 0.3 \sim 0.6$ mm/r	$a_p = 6 \sim 10$ mm $f = 0.6 \sim 1$ mm/r
		$v/$ (m·s^{-1})		
合金结构钢	热轧	1.67~2.17	1.17~1.5	0.83~1.17
	调质	1.33~1.83	0.83~1.17	0.67~1.0
工具钢	退火	1.5~2.0	1.0~1.33	0.83~1.17
不锈钢		1.17~1.33	1.0~1.17	0.83~1.0
灰铸铁	<190 HBS	1.5~2.0	1.0~1.33	0.83~1.17
	190~225 HBS	1.33~1.85	0.83~1.17	0.67~1.0
高锰钢			0.17~0.33	
铜及铜合金		3.33~4.17	2.0~0.30	1.5~2.0
铝及铝合金		5.1~10.0	3.33~6.67	2.5~5.0
铸铝合金		1.67~3.0	1.33~2.5	1.0~1.67

注：切削钢及灰铸铁时刀具耐用度为60~90 min。

2.9 切 削 液

2.9.1 切削液作用

（1）冷却作用。切削液能从切削区域带走大量切削热，使切削温度降低。其冷却性能取决于它的热导率、比热容、汽化热、汽化速度、流量和流速等。

（2）润滑作用。切削液能渗入到刀具与切屑、加工表面之间形成润滑膜或化学吸附膜，减小摩擦。润滑性能取决于切削液的渗透能力、形成润滑膜的能力和强度。

（3）清洗作用。切削液可以冲走切削区域和机床上的细碎切屑和脱落的磨粒，防止划伤已加工表面和导轨。清洗性能取决于切削液的流动性和使用压力。

（4）防锈作用。在切削液中加入防锈剂，可在金属表面形成一层保护膜，起到防锈作用。防锈作用的强弱取决于切削液本身的成分和添加剂的作用。

2.9.2 切削液的添加剂

为改善切削液的性能而加入的一些化学物质,称为切削液的添加剂。常用的添加剂有以下几种。

(1) 油性添加剂。它含有极性分子,能与金属表面形成牢固的吸附膜,主要起润滑作用。常用于低速精加工。常用油性添加剂有动物油、植物油、脂肪酸、胺类、醇类和脂类等。

(2) 极压添加剂。它是含有硫、磷、氯、碘等元素的有机化合物,在高温下与金属表面起化学反应,形成耐较高温度和压力的化学吸附膜,能防止金属界面直接接触,减小摩擦。

(3) 表面活性剂(乳化剂)。它是使矿物油和水乳化而形成稳定乳化液的添加剂。表面活性剂是一种有机化合物,由可溶于水的极性基团和可溶于油的非极性基团组成,可定向地排列并吸附在油水两相界面上,极性端向水,非极性端向油,将水和油连接起来,使油以微小颗粒稳定地分散在水中,形成乳化液。表面活性剂还能吸附在金属表面上,形成润滑膜,起油性添加剂的润滑作用。常用的表面活性剂有石油磺酸钠、油酸钠皂等。

(4) 防锈添加剂。它是一种极性很强的化合物,与金属表面有很强的附着力,吸附在金属表面上形成保护膜,或与金属表面化合形成钝化膜,起到防锈作用。常用的防锈添加剂有碳酸纳、三乙醇胺、石油磺酸钡等。

2.9.3 常用切削液的种类与选用

(1) 水溶液。它的主要成分是水,其中加入防锈添加剂,主要起冷却作用。加入乳化剂和油性添加剂,有一定润滑作用,主要用于磨削。

(2) 乳化液。它是将乳化油(由矿物油和表面活性剂配成)用水稀释而成,用途广泛。低浓度的乳化液具有良好的冷却效果,主要用于普通磨削、粗加工等。高浓度的乳化液,润滑效果较好,主要用于精加工等。

(3) 切削油。它主要是矿物油(如机械油、轻柴油、煤油等),少数采用动植物油或复合油。普通车削、攻丝时,可选用机油。精加工有色金属或铸铁时,可选用煤油。加工螺纹时,可选用植物油。在矿物油中加入一定量的油性添加剂和极压添加剂,能提高高温、高压下的润滑性能,可用于精铣、铰孔、攻螺纹及齿轮加工。

常用切削液的种类和选用见表 2-8。

第 2 章 金属切削原理

表 2-8 切削液的种类及选用

序号	名称	组成	主要用途
1	水溶液	以硝酸钠、碳酸纳等为主溶于水的溶液,用 100~200 倍的水稀释而成	磨削
2	乳化液	① 矿物油很少,主要为表面活性剂的乳化油,用 40~80 倍的水稀释而成,冷却和清洗性能好	车削、钻孔
		② 以矿物油为主,少量表面活性剂的乳化油,用 10~20 倍的水稀释而成,冷却和润滑性能好	车削、攻螺纹
		③ 在乳化液中加入极压添加剂	高速车削、钻孔
3	切削油	① 矿物油(L—AN15 或 L—AN32 全损耗系统用油)单独使用	滚齿、插齿
		② 矿物油加植物油或动物油形成混合油,润滑性能好	精密螺纹车削
		③ 矿物油或混合油中加入极压添加剂形成极压油	高速滚齿、插齿、车螺纹等
4	其他	液态的二氧化碳	主要用于冷却
		二硫化钼 + 硬脂酸 + 石蜡—做成蜡笔,涂于刀具表面	攻螺纹

注:切削钢及灰铸铁时刀具耐用度为 60~90 min。

实 训

一、填空题

1. 刀具材料的种类很多,常用的刀具材料有_____、_____。
2. 刀具的几何角度中,常用的角度有_____、_____、_____、_____、_____和_____六个。
3. 切削用量要素包括_____、_____、_____三个。
4. 由于工件材料和切削条件的不同,所以切屑类型有_____、_____、_____和_____四种。
5. 刀具的磨损有正常磨损的非正常磨损两种。其中正常磨损有_____、

_____和_____三种。

6. 工具钢刀具切削温度超过_____时，金相组织发生变化，硬度明显下降，失去切削能力而使刀具磨损称为_____。

7. 加工脆性材料时，刀具切削力集中在_____附近，宜取_____和_____。

8. 刀具切削部分材料的性能，必须具有_____、_____、_____和_____。

9. 防止积屑瘤形成，切削速度可采用_____或_____。

二、判断题

1. 钨钴类硬质合金（YG）因其韧性、磨削性能和导热性好，主要用于加工脆性材料，有色金属及非金属。（　　）

2. 刀具寿命的长短、切削效率的高低与刀具材料切削性能的优劣有关。（　　）

3. 安装在刀架上的外圆车刀切削刃高于工件中心时，使切削时的前角增大，后角减小。（　　）

4. 刀具磨钝标准 VB 表中，高速钢刀具的 VB 值均大于硬质合金刀具的 VB 值，所以高速钢刀具是耐磨损的。（　　）

5. 刀具几何参数、刀具材料和刀具结构是研究金属切削刀具的三项基本内容。（　　）

6. 由于硬质合金的抗弯强度较低，冲击韧度差，所取前角应小于高速钢刀具的合理前角。（　　）

7. 切屑形成过程是金属切削层在刀具作用力的挤压下，沿着与待加工面近似成45°夹角滑移的过程。（　　）

8. 积屑瘤的产生在精加工时要设法避免，但对粗加工有一定的好处。（　　）

9. 切屑在形成过程中往往塑性和韧性提高，脆性降低，使断屑形成了内在的有利条件。（　　）

10. 一般在切削脆性金属材料和切削厚度较小的塑性金属材料时，所发生的磨损往往在刀具的主后刀面上。（　　）

11. 刀具主切削刃上磨出分屑槽目的是改善切削条件，提高刀具寿命，可以增加切削用量，提高生产效率。（　　）

12. 进给力是纵向进给方向的力，又称轴向力。（　　）

13. 刀具的磨钝出现在切削过程中，是刀具在高温高压下与工件及切屑产生强烈摩擦，失去正常切削能力的现象。（　　）

14. 所谓前刀面磨损就是形成月牙洼的磨损，一般在切削速度较高，切削厚度较大情况下，加工塑性金属材料时引起的。（　　）

15. 刀具材料的硬度越高，强度和韧性越低。（　　）
16. 粗加工磨钝标准是按正常磨损阶段终了时的磨损值来制定的。（　　）
17. 切削铸铁等脆性材料时，切削层首先产生塑性变形，然后产生崩裂的不规则粒状切屑，称为崩碎切屑。（　　）
18. 立方氮化硼是一种超硬材料，其硬度略低于人造金刚石，但不能以正常的切削速度切削淬火等硬度较高的材料。（　　）
19. 加工硬化能提高已加工表面的硬度，强度和耐磨性，在某些零件中可改善使用性能。（　　）
20. 当粗加工、强力切削或承受冲击载荷时，要使刀具寿命延长，必须减少刀具摩擦，所以后角应取大些。（　　）

三、选择题

1. 在中等背吃刀量时，容易形成"C"形切屑的车刀卷屑槽宜采用（　　）。
   A. 外斜式　　　　　B. 平行式　　　　　C. 内斜式
2. 刀具产生积屑瘤的切削速度大致是在（　　）范围内。
   A. 低速　　　　　　B. 中速　　　　　　C. 高速
3. 切削过程中，车刀主偏角 κ_r 增大，切削力 F_c（　　）。
   A. 增大　　　　　　B. 不变　　　　　　C. 减小
4. 高速钢刀具切削温度超过（　　）时工具材料发生金相变化，使刀具迅速磨损，这种现象称为（　　）磨损。
   A. 300~350　扩散　　B. 550~600　相变　　C. 700~800　氧化
5. 当切屑变形最大时，切屑与刀具的摩擦也最大，对刀具来说，传热不容易的区域是在（　　），其切削温度也最高。
   A. 刀尖附近　　　　B. 前刀面　　　　　C. 后刀面
6. 在切削金属材料时，属于正常磨损中最常见的情况是（　　）磨损。
   A. 前刀面　　　　　B. 后刀面　　　　　C. 前后刀面同时
7. 背吃刀量 a_p 增大一倍时，切削力 F_c 也增大一倍；但当进给量 f 增大一倍时，切削力 F_c 约增大（　　）倍。
   A. 0.5　　　　　　　B. 0.8　　　　　　　C. 1.0
8. 切削用量对刀具寿命的影响，主要是通过切削温度的高低来影响的，所以影响刀具寿命最大的是（　　），其次是（　　）。
   A. 背吃刀量　　　　B. 进给量　　　　　C. 切削速度
9. 成形车刀磨损后要刃磨（　　），铲齿铣刀磨损后要刃磨（　　），才能保持其原来要求的廓形精度。
   A. 前刀面　　　　　B. 后刀面　　　　　C. 前、后刀面
10. 一般在中、低速切削塑性金属材料时，刀具在切屑与工件接触压力和切削

温度的作用下会发生（　　）磨损。
　　A. 磨粒　　　　　　　　B. 黏结　　　　　　　　C. 扩散
11. 车削时切削热主要是通过（　　）和（　　）进行传导的。
　　A. 切屑　　　　B. 工件　　　　C. 刀具　　　　D. 周围介质
12. 刀具磨钝标准通常都按后刀面的磨损值制定（　　）值的。
　　A. 月牙洼深度 KT　　B. 后刀面 VB　　C. 月牙洼深度 KB
13. 刀具磨损过程的三个阶段中，作为切削加工应用的是（　　）阶段。
　　A. 初期磨损　　　　B. 正常磨损　　　　C. 急剧磨损
14. 车削细长轴类零件时，为了减小径向力 F_p 的作用，主偏角 κ_r，采用（　　）角度为宜。
　　A. 小于 30°　　　B. 30°~45°　　　C. 45~50°　　　D. 大于 60°
15. 切削塑性较大的金属材料时形成（　　）切屑，切削脆性材料时形成（　　）切屑。
　　A. 带状　　　　B. 挤裂　　　　C. 粒状　　　　D. 崩碎

四、简答题

1. 简述楔角。
2. 简述刀具寿命。
3. 简述切削用量要素。
4. 简述刀尖角。
5. 后角的功用是什么？怎样合理选择？

五、计算题

1. 已知工件材料为钢，需要钻 $\phi 10$ mm 的孔，选择切削速度 $v_c = 3.14$ m/min，进给量 f 为 0.1 mm/r。试求 2 分钟后钻孔的深度为多少？

2. 已知工件材料为 HT200（退火状态），加工前直径为 $\phi 70$ mm，用主偏角为 75°的硬质合金车刀车外圆时，工件的转速为 6 r/s，加工后直径为 $\phi 62$ mm，刀具每秒钟沿工件的轴向移动 2.4 mm，单位切削力 k_c 为 2 000 N/mm^2。求：
　　（1）切削用量三要素；
　　（2）选择合适的刀具材料牌号；
　　（3）计算切削力和切削功率。

第3章

金属切削机床与加工方法

3.1 金属切削机床概述

金属切削机床是机械制造业的主要加工设备,它用切削方法将金属毛坯加工成具有一定形状、尺寸和表面质量的机械零件。由于它是制造机器的机器,所以又称为工作母机或工具机,习惯上称为机床。为了满足不同加工的需求,设计制造了许多品种和规格的机床。每种机床在结构、性能及作用方法上都具有各自的特点,但也存在着一些共同之处。

3.1.1 金属切削机床的分类

按其加工性质和所用的刀具进行分类,将机床分为12大类,包括车床、铣床、钻床、镗床、磨床、齿轮加工机床、螺纹加工机床、刨插床、拉床、特种加工机床、锯床以及其他机床。

此外,根据机床的其他特征还可以进一步分类。

(1) 按照机床工艺范围的宽窄(通用性程度):机床可分为通用机床、专门化机床和专用机床。

通用机床是可以加工多种工件,完成多种工序的使用范围较广的机床,如卧式车床、万能升降台铣床等。通用机床由于功能较多,结构比较复杂,生产率低,因此主要适合单件、小批量生产。

专门化机床是用于加工形状相似而且尺寸不同工件的特定工序机床,如曲轴机床、凸轮机床等。

专用机床是用以加工某些工件的特定工序的机床,如机床主轴箱专用镗床等。它的生产率比较高,机床的自动化程度往往也比较高,所以专用机床通常用于成批及大量生产中。

(2) 按照机床自动化程度的不同：机床可分为手动、机动、半自动和自动机床。

(3) 按照机床重量和尺寸的不同：机床可分为仪表机床、中型机床（一般机床）、大型机床（10 t）、重型机床（大于 30 t）和超重型机床（大于 100 t）。

(4) 按照机床加工精度的不同：机床可分为普通精度机床、精密机床和高精度机床。

(5) 按照机床主要工作部件的多少：机床可分为单轴、多轴机床或单刀、多刀机床等。

随着机床的发展，其分类方法也将不断变化。现代机床正向数控化方向发展，数控机床的功能日趋多样化，工序更加集中。现在的数控机床已经集中了越来越多的传统机床的功能。例如，数控车床在卧式车床功能的基础上，集中了转塔车床、仿形车床、自动车床等多种车床的功能；车削中心在数控车床功能的基础上，又加入了钻、铣、镗等类机床的功能，并对主轴进行伺服控制（C 轴控制）。又如，具有自动换刀功能的镗铣加工中心机床，习惯上称为"加工中心"(Machining Center)，集中了钻、镗、铣等多种类型机床的功能。有的加工中心的主轴既能立式又能卧式，即集中了立式加工中心和卧式加工中心的功能。可见，机床数控化引起了机床传统分类方法的变化。这种变化主要表现在机床品种不是越分越细，而是趋向综合。

3.1.2 机床类型的编制方法

机床的型号是赋予每种机床的一个代号，用以简明地表示机床的类型、通用特性和结构特性、主要技术参数等内容。我国现在最新的机床型号，是按 1994 年颁布的标准 GB/T 15375—1994《金属切削机床型号编制方法》编制的。该标准规定，机床型号由汉语拼音字母和阿拉伯数字按一定的规律组合而成。型号构成如下：

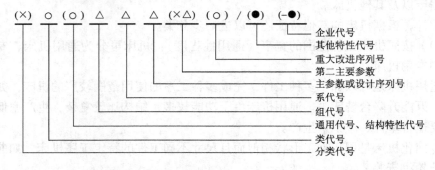

其中：(1) 有"（ ）"的代号或数字，当无内容时则不表示，若有内容则不带括号；

(2) 有"○"符号者，为大写的汉语拼音字母；

(3) 有"△"符号者，为阿拉伯数字；

(4) 有"●"符号者，为大写的汉语拼音字母，或阿拉伯数字，或两者兼有之。

在整个型号规定中,最重要的是:类代号、组代号、主参数以及通用特性代号和结构特性代号。

1. 机床的分类及类代号

机床按工作原理分为车床、钻床、镗床、磨床、齿轮加工机床、螺纹加工机床、铣床、刨插床、拉床、锯床、其他机床 11 类。机床的类代号用大写的汉语拼音字母表示,见表 3-1。必要时每类可分为若干分类,分类代号在类代号之前,作为型号的首位,用阿拉伯数字表示(第一分类代号前的"1"省略),见表 3-1 中的磨床。

表 3-1 机床的类别和分类代号

类别	车床	钻床	镗床	磨床			齿轮加工机床	螺纹加工机床	铣床	刨插床	拉床	锯床	其他机床
代号	C	Z	T	M	2M	3M	Y	S	X	B	L	G	Q
读音	车	钻	镗	磨	二磨	三磨	牙	丝	铣	刨	拉	锯	其

2. 通用特性代号和结构特性代号

这两种特性代号用大写的汉语拼音字母表示,位于类代号之后。

(1) 通用特性代号。通用特性代号有统一的固定含义,在各类机床的型号中表示的意义相同,见表 3-2。当某类机床除有普通型外还有下列某种通用特性时,在类代号之后加通用特性代号予以区分。如果某类机床仅有某种通用特性而无普通形式,通用特性不予表示。当在一个型号中须同时使用二到三个通用特性代号时,一般按重要程度排列顺序。

表 3-2 通用特性代号

通用特性	高精度	精密	自动	半自动	数控	加工中心(自动换刀)	仿形	轻型	加重型	简式或经济型	柔性	数显	高速
代号	G	M	Z	B	K	H	F	Q	Z	J	R	X	S
读音	高	密	自	半	控	换	仿	轻	重	简	柔	显	速

(2) 结构特性代号。对主参数值相同而结构、性能不同的机床,在型号中加结构特性代号予以区分,它在型号中没有统一的含义,只在同类机床中起区分机床结构、性能不同的作用。当型号中已有通用特性代号时,结构特性代号应排在通用特性代号之后。

3. 机床组、系的划分原则及代号

每类机床划分为十个组，每组使用一位阿拉伯数字表示，位于类代号或通用特性代号和结构特性代号之后。每组又划分为十个系（系列），每个系列用一位阿拉伯数字表示，位于组代号之后。车机床的类、组划分见表3-3。

表3-3 金属切削机床类、组划分表

类别	组别	0	1	2	3	4	5	6	7	8	9
车床 C		仪表车床	单轴自动车床	多轴自动半自动车床	回轮转塔车床	曲轴及凸轮轴车床	立式车床	落地及卧式车床	仿形及多刀车床	轮轴辊锭及铲齿车床	其他车床
钻床 Z			坐标镗钻床	深孔钻床	摇臂钻床	台式钻床	立式钻床	卧式钻床	铣钻床	中心孔钻床	其他钻床
镗床 T				深孔镗床		坐标镗床	立式镗床	卧式铣镗床	精镗床	汽车拖拉机修理用镗床	其他镗床
磨床	M	仪表磨床	外圆磨床	内圆磨床	砂轮机	坐标磨床	导轨磨床	刀具刃磨床	平面及端面磨床	曲轴、凸轮轴花键轴及轧辊磨床	工具磨床
	2M		超精机	内圆珩磨机	外圆及其他珩磨机	抛光机	砂带抛光及磨削机床	刀具刃磨及研磨基础	可转位刀片磨削机床	研磨机	其他磨床
	3M		球轴承套圈沟磨床	滚子轴承套圈滚道磨床	轴承套圈超精机		叶片磨削机床	滚子加工机床	钢球加工机床	气门、活塞及活塞环磨削机床	汽车拖拉机修理磨机床
齿轮加工机床 Y		仪表齿轮加工机		锥齿轮加工机	滚齿轮及铣齿机	剃齿及珩齿机		插齿机	花键轴铣床	齿轮磨齿机	其他齿轮加工机	齿轮倒角及检查机

续表

组别类别	0	1	2	3	4	5	6	7	8	9
螺纹加工机床 S				套丝机	攻丝机		螺纹铣床	螺纹磨床	螺纹车床	
铣床 X	仪表铣床	悬臂及滑枕铣床	龙门铣床	平面铣床	仿形铣床	立式升降台铣床	卧式升降台铣床	床身铣床	工具铣床	其他铣床
刨插床 B		悬臂刨床	龙门刨床			插床	牛头刨床		边缘及磨具刨床	其他刨床
拉床 L			侧拉床	卧式外拉床	连续拉床	立式内拉床	卧式内拉床	立式外拉床	键槽、轴瓦及螺纹拉床	其他拉床
锯床 C			砂轮片锯床		卧式带锯床	立式带锯床	圆锯床	弓锯床	锉锯床	
其他机床 Q	其他仪表机床	管子加工机床	木螺钉加工机		刻线机	切断机	多功能机床			

例如：C6 落地及卧式车床
　　　C5 立式车床
其中，C51 单柱立式车床、C52 双柱立式车床

4. 机床主参数代号

机床以什么尺寸作为主参数有统一个规定。主参数代表机床的规格，主参数折算系数代表主参数的折算值，排在组、系代号之后。表3-4列出了常用机床的主参数及其折算系数。

表3-4 机床的主要参数及其折算系数

机床名称	主参数名称	主参数折算系数
普通机床	床身上最大工件回转直径	1/10
自动机床、六角机床	最大棒料直径或最大车削直径	1/1
立式机床	最大车削直径	1/100

续表

机床名称	主参数名称	主参数折算系数
立式钻床、摇臂钻床	最大孔径直径	1/1
卧式镗床	主轴直径	1/10
牛头刨床、插床	最大刨削或插削长度	1/10
龙门刨床	工作台宽度	1/100
卧式及立式升降台铣床	工作台工作面宽度	1/10
龙门铣床	工作台工作面宽度	1/100
外圆磨床、内圆磨床	最大磨削外径或孔径	1/10
平面磨床	工作台工作面的宽度或直径	1/10
砂轮机	最大砂轮直径	1/10
齿轮加工机床	（大多数）最大工件直径	1/10

其中，卧式镗床的主参数是主轴直径；拉床的主参数是额定拉力。

5. 机床型号举例

CA6140 C 车床（类代号）

  A 结构特性代号

  6 组代号（落地及卧式车床）

  1 系代号（普通落地及卧式车床）

主参数（最大加工件回转直径 400 mm）

XKA5032A X 铣床（类代号）

  K 数控（通用特性代号）

  A（结构特性代号）

  50 立式升降台铣床（组系代号）

  32 工作台面宽度 320 mm（主参数）

  A 第一次重大改进（重大改进序号）

MGB1432 M 磨床（类代号）

  G 高精度（通用特性代号）

  B 半自动（通用特性代号）

  14 万能外圆磨床（组系代号）

  32 最大磨削外径 320 mm（主参数）

C2150 ×6

  C 车床（类代号）

  21 多轴棒料自动车床（组系代号）

50 最大棒料直径50 mm（主参数）
6 轴数为6（第二主参数）

3.2 车床与车削加工

车削加工是指在车床上应用刀具与工件作相对切削运动，用以改变毛坯的尺寸和形状等，使之成为零件的加工过程。在切削加工中车工是最常用的一种加工方法。车床占机床总数的一半左右，故在机械加工中具有重要的地位和作用。

3.2.1 车床加工范围

在车床上所使用的刀具主要是车刀，还有钻头、铰刀、丝锥和滚花刀等。车床主要用来加工各种回转表面，如内、外圆柱面；内、外圆锥面；端面；内、外沟槽；内、外螺纹；内、外成形表面；丝杆、钻孔、扩孔、铰孔、镗孔、攻丝、套丝、滚花等。如图3-1所示。

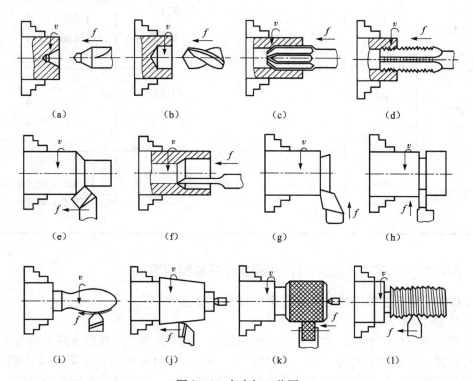

图3-1 车床加工范围
(a) 钻中心孔；(b) 钻孔；(c) 铰孔；(d) 攻螺纹；(e) 车外圆；(f) 镗孔；(g) 车端面；
(h) 切槽；(i) 车成形面；(j) 车锥面；(k) 滚花；(l) 车螺纹

3.2.2 车床加工精度及表面粗糙度

车削加工的尺寸精度较宽,一般可达 IT12~IT7,精车时可达 IT6~IT5。表面粗糙度 Ra(轮廓算术平均高度数值的范围一般是 0.8~6.3 μm)见表 3-5。

表 3-5 常用车削精度与相应表面粗糙度

加工类别	加工精度	相应表面粗糙度值 $Ra/\mu m$	标注代号	表面特征
粗车	IT12 IT11	25~50 12.5	$\sqrt{Ra\,12.5}$	可见明显刀痕 可见刀痕
半精车	IT10 IT9	6.3 3.2	$\sqrt{Ra\,6.3}$ $\sqrt{Ra\,3.2}$	可见加工痕迹 微见加工痕迹
精车	IT8 IT7	1.6 0.8	$\sqrt{Ra\,1.6}$ $\sqrt{Ra\,0.8}$	不见加工痕迹 可辨加工痕迹方向
精细车	IT6 IT5	0.4 0.2	$\sqrt{Ra\,0.4}$ $\sqrt{Ra\,0.4}$	微辨加工痕迹方向 不辨加工痕迹

3.2.3 C6132 型普通车床的主要部件名称和用途

C6132 型普通车床的主要组成部分如图 3-2 所示。

1. 床头箱

床头箱又称主轴箱,内装主轴和变速机构。变速是通过改变设在床头箱外面的手柄位置,可使主轴获得 12 种不同的转速(45~1 980 r/min)。主轴是空心结构,能通过长棒料,棒料能通过主轴孔的最大直径是 29 mm。主轴的右端有外螺纹,用以连接卡盘、拨盘等附件。主轴右端的内表面是莫氏 5 号的锥孔,可插入锥套和顶尖,当采用顶尖并与尾架中的顶尖同时使用安装轴类工件时,其两顶尖之间的最大

第 3 章 金属切削机床与加工方法

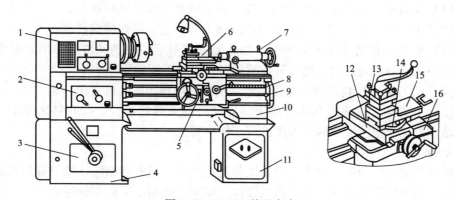

图 3-2 C6132 普通车床

1—床头箱；2—进给箱；3—变速箱；4—前床脚；5—溜板箱；6—刀架；7—尾架；8—丝杠；9—光杠；10—床身；11—后床脚；12—中刀架；13—方刀架；14—转盘；15—小刀架；16—大刀架

距离为 750 mm。床头箱的另一重要作用是将运动传给进给箱，并可改变进给方向。

2. 进给箱

进给箱又称走刀箱，它是进给运动的变速机构。它固定在床头箱下部的床身前侧面。变换进给箱外面的手柄位置，可将床头箱内主轴传递下来的运动，转为进给箱输出的光杆或丝杆获得不同的转速，以改变进给量的大小或车削不同螺距的螺纹。其纵向进给量为 0.06~0.83 mm/r；横向进给量为 0.04~0.78 mm/r；可车削 17 种公制螺纹（螺距为 0.5~9 mm）和 32 种英制螺纹（每英寸 2~38 牙）。

3. 变速箱

变速箱安装在车床前床脚的内腔中，并由电动机（4.5 kW，1 440 r/min）通过联轴器直接驱动变速箱中齿轮传动轴。变速箱外设有两个长的手柄，是分别移动传动轴上的双联滑移齿轮和三联滑移齿轮，可共获 6 种转速，通过皮带传动至床头箱。

4. 溜板箱

溜板箱又称拖板箱，溜板箱是进给运动的操纵机构。它使光杠或丝杠的旋转运动，通过齿轮和齿条或丝杠和开合螺母，推动车刀作进给运动。溜板箱上有三层滑板，当接通光杠时，可使床鞍带动中滑板、小滑板及刀架沿床身导轨作纵向移动；中滑板可带动小滑板及刀架沿床鞍上的导轨作横向移动。故刀架可作纵向或横向直线进给运动。当接通丝杠并闭合开合螺母时可车削螺纹。溜板箱内设有互锁机构，使光杠、丝杠两者不能同时使用。

5. 刀架

它是用来装夹车刀，并可作纵向、横向及斜向运动。刀架是多层结构，它由下列物件组成。

(1) 大刀架。它与溜板箱牢固相连，可沿床身导轨作纵向移动。

(2) 中刀架。它装置在大刀架顶面的横向导轨上，可作横向移动。

(3) 转盘。它固定在中刀架上，松开紧固螺母后，可转动转盘，使它和床身导轨成一个所需要的角度，而后再拧紧螺母，以加工圆锥面等。

(4) 小刀架。它装在转盘上面的燕尾槽内，可作短距离的进给移动。

(5) 方刀架。它固定在小刀架上，可同时装夹四把车刀。松开锁紧手柄，即可转动方刀架，把所需要的车刀更换到工作位置上。

6. 尾架

它用于安装后顶尖，以支持较长工件进行加工，或安装钻头、铰刀等刀具进行孔加工。偏移尾架可以车出长工件的锥体。尾架的结构由下列部分组成。

(1) 套筒。其左端有锥孔，用以安装顶尖或锥柄刀具。套筒在尾架体内的轴向位置可用手轮调节，并可用锁紧手柄固定。将套筒退至极右位置时，即可卸出顶尖或刀具。

(2) 尾架体。它与底座相连，当松开固定螺钉，拧动螺杆可使尾架体在底板上作微量横向移动，以便使前后顶尖对准中心或偏移一定距离车削长锥面。

(3) 底板。它直接安装于床身导轨上，用以支承尾架体。

7. 光杠与丝杠

它将进给箱的运动传至溜板箱。光杠用于一般车削，丝杆用于车螺纹。

8. 床身

它是车床的基础件，用来连接各主要部件并保证各部件在运动时有正确的相对位置。在床身上有供溜板箱和尾架移动用的导轨。

9. 前床脚和后床脚

它是用来支承和连接车床各零部件的基础构件，床脚用地脚螺栓紧固在地基上。车床的变速箱与电动机安装在前床脚内腔中，车床的电气控制系统安装在后床脚内腔中。

3.2.4　C6132 车床主运动传动路线

主运动传动是指从电动机到车床主轴，使主轴带动工件，从而实现主运动，并能满足车床主轴变速和换向的要求（图 3-3）。

主轴的多种转速，是用改变传动比来达到变速的目的。传动比 (i) 是传动轴之间的转速之比。若主动轴的转速为 n_1，被动轴的转速为 n_2，则机床传动比规定为（与机械零件设计中的传动比规定相反）：

$$i = \frac{n_2}{n_1}$$

这样规定是因为机床传动件多且传动路线长，同时可以写出传动链和方便计

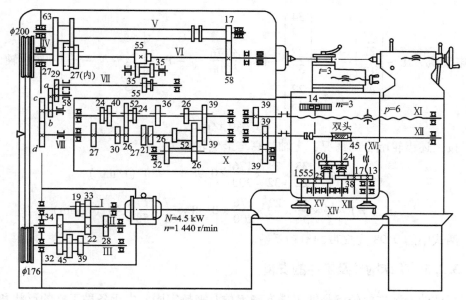

图 3-3 C6132 普通车床传动系统图

算。机床中传动轴之间，可以通过胶带和各种齿轮等来传递运动。现设主动轴上的齿轮齿数为 z_1、被动轴上齿轮齿数为 z_2，则机床传动比可转换为主动齿轮齿数与被动齿轮齿数之比，即：

$$i = \frac{n_2}{n_1} = \frac{z_1}{z_2}$$

若使被动轴获得多种不同的转速，可在传动轴上设置几个固定齿轮或采用双联滑移齿轮等，使两轴之间有多种不同的齿数比来达到。

车床电动机一般为单速电动机，并用联轴器使第一根传动轴（主动轴）同步旋转，若知被动轴的转速，n_2 则可方便求出：

$$n_2 = n_1 \cdot i = n_1 \cdot \frac{z_1}{z_2}$$

依此类推，可计算出任一轴的转速直至最后一根轴，即主轴的转速。当只求主轴最高或最低转速，可用各传动轴的最大传动比（取齿数之比为最大）的连乘积（总传动比 i_{max}）或最小传动比（取齿数之比为最小）的连乘积（总传动比 i_{min}）来加以计算。即：

$$n_{max} = n_1 \cdot i_{max}$$
$$n_{min} = n_1 \cdot i_{min}$$

要求主轴全部 12 种转速，可将各传动轴之间的传动比分别都用上式加以计算得出。在计算主轴转速时，必须先列出主运动传动路线（或称传动系统或称传动链）：

$$电动机 - I - \begin{bmatrix} \frac{33}{22} \\ \frac{19}{34} \end{bmatrix} - II - \begin{bmatrix} \frac{34}{32} \\ \frac{28}{39} \\ \frac{22}{45} \end{bmatrix} - III - \frac{\phi 176}{\phi 200} \cdot \varepsilon - IV - \begin{bmatrix} \frac{27}{27} \\ \frac{27}{63} \end{bmatrix} - V - \frac{17}{58} - VI 主轴$$

$$n = 1\,440 \text{ r/min}$$

按上述齿轮啮合的情况，主轴最高与最低转速为：

$$n_{\max} = 1\,440 \times \frac{33}{22} \times \frac{34}{32} \times \frac{176}{200} \times 0.98 = 1\,980 \text{ (r/min)}$$

$$n_{\min} = 1\,440 \times \frac{19}{34} \times \frac{22}{45} \times \frac{176}{200} \times 0.98 \times \frac{27}{63} \times \frac{17}{58} = 45 \text{ (r/min)}$$

两式中的 0.98 为皮带的滑动系数。

3.2.5 机床附件及工件的安装

工件的安装主要任务是使工件准确定位及夹持牢固。由于各种工件的形状和大小不同，所以有各种不同的安装方法。

1. 三爪卡盘

三爪卡盘是车床最常用的附件。三爪卡盘上的三爪是同时动作的。可以达到自动定心兼夹紧的目的。其装夹工作方便，但定心精度不高（爪遭磨损所致），工件上同轴度要求较高的表面，应尽可能在一次装夹中车出。传递的扭矩也不大，故三爪卡盘适于夹持圆柱形、六角形等中小工件。当安装直径较大的工件时，可使用"反爪"（图3-4（b））。

2. 工件在四爪卡盘上的安装

四爪卡盘也是车床常用的附件（图3-5），四爪卡盘上的四个爪分别通过转动螺杆而实现单动。根据加工的要求，利用划针盘校正后，安装精度比三爪卡盘

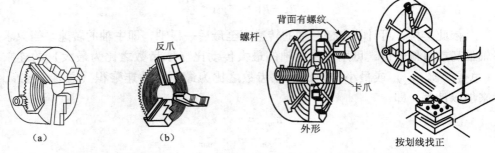

图3-4 三爪卡盘
(a) 正爪；(b) 反爪

图3-5 四爪卡盘装夹工件的方法

第3章 金属切削机床与加工方法

高,四爪卡盘的夹紧力大,适用于夹持较大的圆柱形工件或形状不规则的工件。

3. 顶尖

常用的顶尖有死顶尖和活顶尖两种,如图3-6所示。

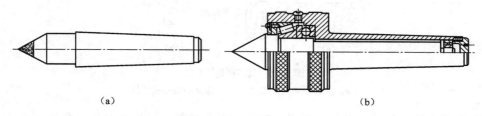

图3-6 顶尖
(a) 死顶尖;(b) 活顶尖

4. 工件在两顶尖之间的安装

较长或加工工序较多的轴类工件,为保证工件同轴度要求,常采用两顶尖的装夹方法,如图3-7所示。工件支承在前后两顶尖间,由卡箍、拨盘带动旋转。前顶尖装在主轴锥孔内,与主轴一起旋转。后顶尖装在尾架锥孔内固定不转。有时亦可用三爪卡盘代替拨盘(图3-8),此时前顶尖用一段钢棒车成,夹在三爪卡盘上,卡盘的卡爪通过鸡心夹头带动工件旋转。

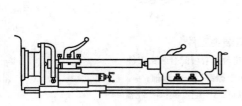

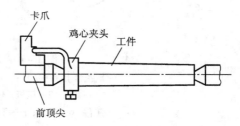

图3-7 用拨盘两顶尖安装工件　　　图3-8 用三爪卡盘代替拨盘安装
　　　两顶尖安装工件

5. 工件在心轴上的安装

精加工盘套类零件时,如孔与外圆的同轴度,以及孔与端面的垂直度要求较高时,工件须在心轴上装夹进行加工(图3-9)。这时应先加工孔,然后以孔定位安装在心轴上,再一起安装在两顶尖上进行外圆和端面的加工。

6. 工件在花盘上的安装

在车削形状不规则或形状复杂的工件时,三爪、四爪卡盘或顶尖都无法装夹,必须用花盘进行装夹(图3-10)。花盘工作面上有许多长短不等的径向导槽,使

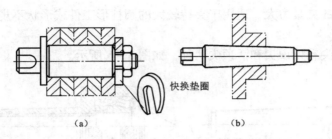

图3-9 心轴装夹工件
（a）圆柱心轴装夹工件；（b）圆锥心轴装夹工件

用时配以角铁、压块、螺栓、螺母、垫块和平衡铁等，可将工件装夹在盘面上。安装时，按工件的划线痕进行找正，同时要注意重心的平衡，防止旋转时产生振动。

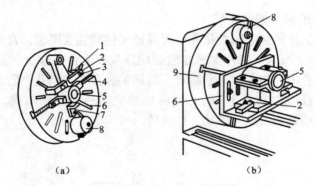

图3-10 花盘装夹工件
（a）花盘上装夹工件；（b）花盘与弯板配合装夹工件
1—垫铁；2—压板；3—压板螺钉；4—T形槽；
5—工件；6—弯板；7—可调螺钉；8—配重铁；9—花盘

7. 中心架和跟刀架的使用

当车削长度为直径20倍以上的细长轴或端面带有深孔的细长工件时，由于工件本身的刚性很差，当受切削力的作用，往往容易产生弯曲变形和振动，容易把工件车成两头细中间粗的腰鼓形。为防止上述现象发生，需要附加辅助支承，即中心架或跟刀架。

中心架主要用于加工有台阶或需要调头车削的细长轴，以及端面和内孔（钻中孔）。中心架固定在床身导轨上的，车削前调整其三个爪与工件轻轻接触，并加上润滑油。如图3-11所示。

对不适宜调头车削的细长轴，不能用中心架支承，而要用跟刀架支承进行车削，以增加工件的刚性，如图3-12所示。

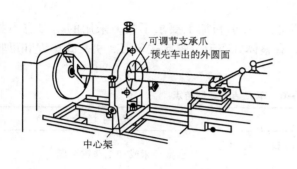 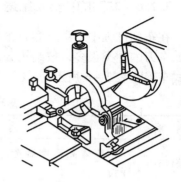

图3-11 用中心架车削外圆、内孔及端面

跟刀架固定在床鞍上，一般有两个支承爪，它可以跟随车刀移动，抵消径向切削力，提高车削细长轴的形状精度和减小表面粗糙度。如图3-13（a）所示为两爪跟刀架，此时车刀给工件的切削抗力使工件贴在跟刀架的两个支承爪上，但由于工件本身的重力以及偶然的弯曲，车削时工件会瞬时离开和接触支承爪，因而产生振动。比较理想的中心架是三爪中心架，如图3-13（b）所示。此时，由三爪和车刀抵住工件，使之上下、左右都不能移动，车削时工件就比较稳定，不易产生振动。

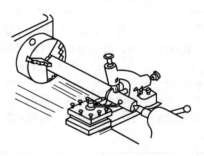

图3-12 用跟刀架车削工件

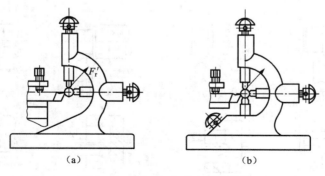

图3-13 跟刀架支承车削细长轴
(a) 两爪跟刀架；(b) 三爪跟刀架

3.2.6 车刀的种类和用途

在车削过程中,由于零件的形状、大小和加工要求不同,采用的车刀也不相同。车刀的种类很多,按结构分,有整体式车刀、焊接式车刀、机夹式车刀和可转位式车刀,表3-6所示。

表3-6 车刀结构类型特点

名 称	特 点	适 用 场 合
整体式	用整体高速钢制造,刃口可磨得较锋利	小型车床或加工非铁金属
焊接式	焊接硬质合金或高速钢刀片,结构紧凑,使用灵活	各类车刀特别是小刀具
机夹式	避免了焊接产生的应力、裂纹等缺陷,刀杆利用率高。刀片可集中刃磨获得所需参数;使用灵活方便	外圆、端面、镗孔、切断、螺纹车刀等
可转位式	避免了焊接刀的缺点,刀片可快换转位;生产率高;断屑稳定;可使用涂层刀片	大中型车床加工外圆、端面、镗孔,特别适用于自动线、数控机床

按途可分为外圆车刀、偏刀、车断刀、扩孔刀、螺纹车刀等,现介绍几种常用车刀(图3-14)。

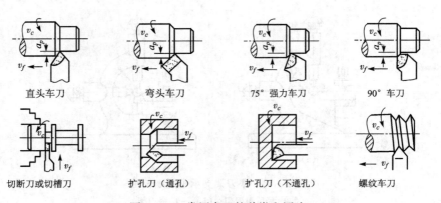

图3-14 常用车刀的种类和用途

1. 外圆车刀

外圆车刀又称尖刀,主要用于车削外圆、平面和倒角。外圆车刀一般有三种形状。

（1）直头尖刀。主偏角与副偏角基本对称，一般在45°左右，前角可在5°~30°之间选用，后角一般为6°~12°。

（2）45°弯头车刀。主要用于车削不带台阶的光轴，它可以车外圆、端面和倒角，使用比较方便，刀头和刀尖部分强度高。

（3）75°强力车刀。主偏角为75°，适用于粗车加工余量大、表面粗糙、有硬皮或形状不规则的零件，它能承受较大的冲击力，刀头强度高，耐用度高。

2. 偏刀

偏刀的主偏角为90°，用来车削工件的端面和台阶，有时也用来车外圆，特别是用来车削细长工件的外圆，可以避免把工件顶弯。偏刀分为左偏刀和右偏刀两种，常用的是右偏刀，它的刀刃向左。

3. 切断刀和切槽刀

切断刀的刀头较长，其刀刃亦狭长，这是为了减少工件材料消耗和切断时能切到中心的缘故。因此，切断刀的刀头长度必须大于工件的半径。

切槽刀与切断刀基本相似，只不过其形状应与槽间一致。

4. 扩孔刀

扩孔刀又称镗孔刀，用来加工内孔。它可以分为通孔刀和不通孔刀两种。通孔刀的主偏角小于90°，一般在45°~75°，副偏角在20°~45°之间，扩孔刀的后角应比外圆车刀稍大，一般为10°~20°。不通孔刀的主偏角应大于90°，刀尖在刀杆的最前端，为了使内孔底面车平，刀尖与刀杆外端距离应小于内孔的半径。

5. 螺纹车刀

螺纹按牙形有三角形、方形和梯形等，相应使用三角形螺纹车刀、方形螺纹车刀和梯形螺纹车刀等。螺纹的种类很多，其中以三角形螺纹应用最广。采用三角形螺纹车刀车削公制螺纹时，其刀尖角必须为60°，前角取零度。

3.2.7 车刀的安装

车削前必须把选好的车刀正确安装在方刀架上，车刀安装的好坏，对操作顺利与加工质量都有很大关系。安装车刀时应注意下列几点（图3-15）。

（1）车刀刀尖应与工件轴线等高。如果车刀装得太高，则车刀的主后面会与工件产生强烈的摩擦；如果装得太低，切削就不顺利，甚至工件会被抬起来，使工件从卡盘上掉下来，或把车刀折断。为了使车刀对准工件轴线，可按床尾架顶尖的高低进行调整。

（2）车刀不能伸出太长。因为刀伸得太长，切削起来容易发生振动，使车出来的工件表面粗糙，甚至会把车刀折断。但也不宜伸出太短，太短会使车削不方便，容易发生刀架与卡盘碰撞。一般伸出长度不超过刀杆高度的一倍半。

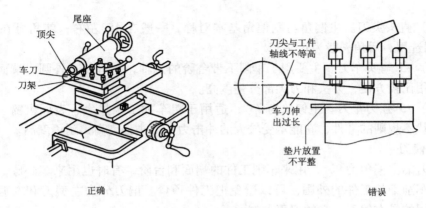

图 3-15 车刀的安装

（3）每次把车刀安装在刀架上时，不可能刚好对准工件轴线，一般会低，因此可用一些厚薄不同的垫片来调整车刀的高低。垫片必须平整，其宽度应与刀杆一样，长度应与刀杆被夹持部分一样，同时应尽可能用少数垫片来代替多数薄垫片的使用，将刀的高低位置调整合适，垫片用得过多会造成车刀在车削时接触刚度变差而影响加工质量。

（4）车刀刀杆应与车床主轴轴线垂直。

（5）车刀位置装正后，应交替拧紧刀架螺丝。

3.2.8 车刀的刃磨

无论硬质合金车刀或高速钢车刀，在使用之前都要根据切削条件所选择的合理切削角度进行刃磨，一把用钝了的车刀，为恢复原有的几何形状和角度，也必须重新刃磨。

常用的磨刀砂轮有氧化铝砂轮（白色）、碳化硅砂轮（绿色）和人造金刚石砂轮。氧化铝砂轮的磨刀韧性好，比较锋利，硬度稍低，用来刃磨高速钢刀具。碳化硅砂轮的磨粒硬度高，切削性能好，刀较脆，用来刃磨硬质合金刀具。人造金刚石砂轮磨粒硬度极高，刀具强度较高，导热性好，自锐性好，除可以刃磨硬质合金刀具外，还可以磨削玻璃、陶瓷等高硬度材料。

车刀的刃磨有机械刃磨和手工刃磨两种。机械刃磨效率高，质量稳定，操作方便，主要用于刃磨标准刀具。手工刃磨比较灵活，对磨刀设备要求不高，这种刃磨方法在一般工厂比较普遍。对于车工来说，手工刃磨是必须要掌握的基本技能。

1. 磨刀步骤（图 3-16）

（1）磨前刀面。把前角和刃倾角磨正确。

（2）磨主后刀面。把主偏角和主后角磨正确。

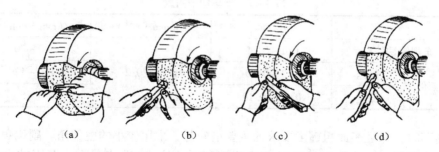

图 3 – 16　刃磨外圆车刀的一般步骤
(a) 磨前刀面；(b) 磨主后刀面；(c) 磨副后刀面；(d) 磨刀尖圆弧

（3）磨副后刀面。把副偏角和副后角磨正确。
（4）磨刀尖圆弧。圆弧半径为 0.5~2 mm。
（5）研磨刀刃。车刀在砂轮上磨好以后，再用油石加些机油研磨车刀的前面及后面，使刀刃锐利和光洁。这样可延长车刀的使用寿命。车刀用钝程度不大时，也可用油石在刀架上修磨。硬质合金车刀可用碳化硅油石修磨。

2. 磨刀注意事项

（1）磨刀时，人应站在砂轮的侧前方，双手握稳车刀，用力要均匀。
（2）刃磨时，将车刀左右移动着磨，否则会使砂轮产生凹槽。
（3）磨硬质合金车刀时，不可把刀头放入水中，以免刀片突然受冷收缩而碎裂。磨高速钢车刀时，要经常冷却，以免失去硬度。

3.2.9　精车和粗车

在车床上加工一个零件，往往要经过许多车削步骤才能完成。为了提高生产效率，保证加工质量，生产中把车削加工分为粗车和精车。如果零件精度要求高还需要磨削时，车削又可分为粗车和半精车。

粗车的目的是尽快地从工件上切去大部分加工余量，使工件接近最后的形状和尺寸。粗车要给精车留有合适的加工余量，而精度和表面粗糙度等技术要求都较低。实践证明，加大切深不仅使生产率提高，而且对车刀的耐用度影响又不大。因此，粗车时要优先选用较大的切深，其次根据可能适当加大进给量，最后选用中等偏低的切削速度。

粗车和精车（或半精车）留的加工余量一般为 0.5~2 mm，加大切深对精车来说并不重要。精车的目的是要保证零件的尺寸精度和表面粗糙度等技术要求，精加工的尺寸精度可达 IT9~IT7，表面粗糙度数值 Ra 达 0.8~1.6 μm。精车的车削用量见表 3–7。其尺寸精度主要是依靠准确地度量、准确地进行刻度并加以试切来保证的。因此，操作时要细心认真。

表3-7 精车切削用量

		a_p/mm	f/(mm·r^{-1})	v/(mm·min^{-1})
车削铸铁件		0.1~0.15	0.05~0.2	60~70
车削钢件	高速	0.3~0.50		100~120
	低速	0.05~0.10		3~5

精车时,保证表面粗糙度要求的主要措施是:采用较小的主偏角、副偏角或刀尖磨有小圆弧,这些措施都会减少残留面积,可使 Ra 数值减少;选用较大的前角,并用油石把车刀的前刀面和后刀面打磨得光一些,亦可使 Ra 数值减少;合理选择切削用量,当选用高的切削速度、较小的切深以及较小的进给量,都有利于减少残留面积减小,从而提高表面质量。

3.2.10 基本车削工作

1. 车外圆

在车削加工中,外圆车削是一个基础,几乎绝大部分的工件都少不了外圆车削这道工序。车外圆时常见的方法有下列几种(图3-17)。

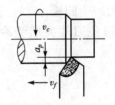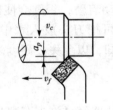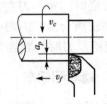

图3-17 车削外圆

(1) 用直头车刀车外圆:这种车刀强度较好,常用于粗车外圆。
(2) 用45°弯头车刀车外圆:适于车削不带台阶的光滑轴。
(3) 用主偏角为90°的偏刀车外圆:适于加工细长工件的外圆。

2. 车端面和台阶

圆柱体两端的平面叫做端面。由直径不同的两个圆柱体相连接的部分叫做台阶。

1) 车端面

车端面常用的刀具有偏刀和弯头车刀两种。

(1) 用右偏刀车端面 [图3-18(a)]。用此右偏刀车端面时,如果是由外向里进刀,则是利用副刀刃在进行切削的,故切削不顺利,表面也车不细,车刀嵌在中间,使切削力向里,因此车刀容易扎入工件而形成凹面;用左偏刀由外向中心车削端面[图3-18(b)]，主切削刃切削，切削条件有所改善；用右偏刀由中心向外车削端面时[图3-18(c)]，由于是利用主切削刃在进行切削，所以切削顺利，也不易产生凹面。

（2）用弯头刀车端面[图3-18(d)]，以主切削刃进行切削则很顺利，如果再提高转速也可车出粗糙度较细的表面。弯头车刀的刀尖角等于90°，刀尖强度要比偏刀大，不仅用于车端面，还可车外圆和倒角等工件。

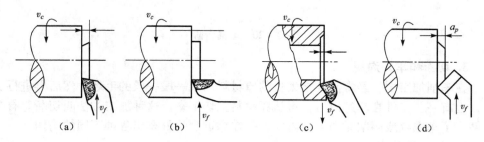

图3-18 车削端面

(a) 用右偏刀由外向内；(b) 用左偏刀由外向内中心；(c) 用右偏刀由中心向外；(d) 用弯刀

2）车台阶

（1）低台阶车削方法。较低的台阶面可用偏刀在车外圆时一次走刀同时车出，车刀的主切削刃要垂直于工件的轴线[图3-19(a)]，可用角尺对刀或以车好的端面来对刀[图3-19(b)]，使主切削刃和端面贴平。

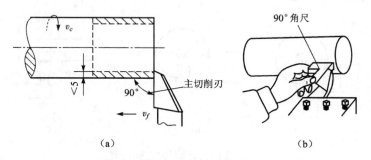

图3-19 车低台阶

(a) 主切销刃与工件轴线垂直；(b) 角尺对刀

（2）高台阶车削方法。车削高于5 mm台阶的工件，因肩部过宽，车削时会引起振动。因此高台阶工件可先用外圆车刀把台阶车成大致形状，然后将偏刀的主切削刃装得与工件端面有5°左右的间隙，分层进行切削（图3-20），但最后一刀必须用横走刀完成，否则会使车出的台阶偏斜。为使台阶长度符合要求，可用刀尖预先刻出线痕，以此作为加工界限。

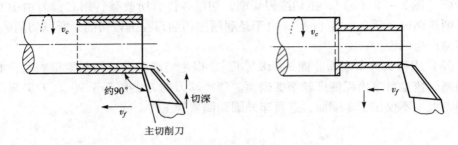

图 3-20 车高台阶

3. 切断和车外沟槽

在车削加工中,经常需要把太长的原材料切成一段一段的毛坯,然后再进行加工,也有一些工件在车好以后,再从原材料上切下来,这种加工方法叫切断。有时工件为了车螺纹或磨削时退刀的需要,须在靠近台阶处车出各种不同的沟槽。

1) 切断刀的安装

(1) 刀尖必须与工件轴线等高,否则不仅不能把工件切下来,而且很容易使切断刀折断[图 3-21 (a)、(b)]。

(2) 切断刀和切槽刀必须与工件轴线垂直,否则车刀的副切削刃与工件两侧面产生摩擦[图 3-21 (c)]。

(3) 切断刀的底平面必须平直,否则会引起副后角的变化,在切断时切刀的某一副后刀面会与工件强烈摩擦。

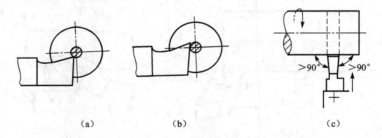

图 3-21 切槽刀的正确位置

(a) 刀尖过低易被压断; (b) 刀尖过高不易切削; (c) 切槽刀的正确位置

2) 切断的方法

(1) 切断直径小于主轴孔的棒料时,可把棒料插在主轴孔中,并用卡盘夹住,切断刀离卡盘的距离应小于工件的直径,否则容易引起振动或将工件抬起来而损坏车刀,如图 3-22 所示。

(2) 切断用两顶尖或一端卡盘夹住;另一端用顶尖顶住的工件时,不可将工件完全切断。

3) 切断时应注意的事项

(1) 切断刀本身的强度很差，很容易折断，所以操作时要特别小心。

(2) 应采用较低的切削速度，较小的进给量。

(3) 调整好车床主轴和刀架滑动部分的间隙。

(4) 切断时还应充分使用冷却液，使排屑顺利。

(5) 快切断时还必须放慢进给速度。

4) 车外沟槽的方法

(1) 车削宽度不大的沟槽，可用刀头宽度等于槽宽的切槽刀一刀车出。

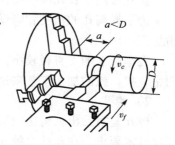

图 3-22 切断

(2) 在车削较宽的沟槽时，应先用外圆车刀的刀尖在工件上刻两条线，把沟槽的宽度和位置确定下来，然后用切槽刀在两条线之间进行粗车，但这时必须在槽的两侧面和槽的底部留下精车余量，最后根据槽宽和槽底进行精车。

4. 钻孔和镗孔

在车床上加工圆柱孔时，可以用钻头、扩孔钻、铰刀和镗刀进行钻孔、扩孔、铰孔和镗孔工作。

1) 钻孔、扩孔和铰孔

在实体材料上加工出孔的工作叫做钻孔，在车床上钻孔（图 3-23），把工件装夹在卡盘上，钻头安装在尾架套筒锥孔内，钻孔前先车平端面，并定出一个中心凹坑，调整好尾架位置并紧固于床身上，然后开动车床，摇动尾架手柄使钻头慢慢进给，注意经常退出钻头，排出切屑。钻钢料要不断注入冷却液。钻孔进给不能过猛，以免折断钻头，一般钻头越小，进给量也越小，但切削速度可加大。钻大孔时，进给量可大些，但切削速度应放慢。当孔将钻穿时，因横刃不参加切削，应减小进给量，否则容易损坏钻头。孔钻通后应把钻头退出后再停车。钻孔的精度较低、表面粗糙，多用于对孔的粗加工。

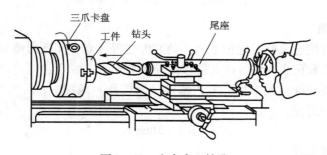

图 3-23 在车床上钻孔

扩孔常用于铰孔前或磨孔前的预加工,常使用扩孔钻作为钻孔后的预精加工。

为了提高孔的精度和降低表面粗糙度,常用铰刀对钻孔或扩孔后的工件再进行精加工。

在车床上加工直径较小,而精度要求较高和表面粗糙度要求较细的孔,通常采用钻、扩、铰的加工工艺来进行。

2）镗孔

镗孔是对钻出、铸出或锻出的孔的进一步加工（图3-24）,以达到图纸上精度等技术要求。在车床上镗孔要比车外圆困难,因镗杆直径比外圆车刀细得多,而且伸出很长,因此往往因刀杆刚性不足而引起振动,所以切深和进给量都要比车外圆时小些,切削速度也要小10%~20%。镗不通孔时,由于排屑困难,所以进给量应更小些。

镗孔刀尽可能选择粗壮的刀杆,刀杆装在刀架上时伸出的长度只要略等于孔的深度即可,这样可减少因刀杆太细而引起的振动。装刀时,刀杆中心线必须与进给方向平行,刀尖应对准中心,精镗或镗小孔时可略为装高一些。

粗镗和精镗时,应采用试切法调整切深。为了防止因刀杆细长而让刀所造成的锥度。当孔径接近最后尺寸时,应用很小的切深重复镗削几次,消除锥度。另外,在镗孔时一定要注意,手柄转动方向与车外圆时相反。

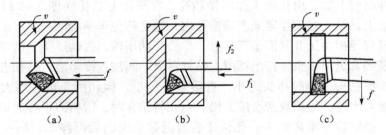

图3-24　镗孔
(a) 镗通孔；(b) 镗盲孔；(c) 切内槽

5. 车圆锥面

圆锥面具有配合紧密、定位准确、装卸方便等优点,并且即使发生磨损,仍能保持精密地定心和配合作用,因此圆锥面应用广泛。

圆锥分为外圆锥（圆锥体）和内圆锥（圆锥孔）两种。

圆锥体大端直径：

$$D = d + 2l\tan\alpha \tag{3-1}$$

圆锥体小端直径：

$$d = D - 2l\tan\alpha \tag{3-2}$$

式中：D——圆锥体大端直径；

d——圆锥体小端直径;
l——锥体部分长度;
α——斜角;
2α——锥角。

锥度:

$$C = \frac{D-d}{l} = 2\tan\alpha \qquad (3-3)$$

斜度:

$$M = \frac{D-d}{2l} = \tan\alpha = \frac{C}{2} \qquad (3-4)$$

式中 C——锥度;
M——斜度。

转动小刀架法车锥面圆锥面的车削方法有很多种,如转动小刀架法车圆锥(图3-25)、偏移尾架法(图3-26)、利用靠模法和样板刀法等,现仅介绍转动小刀架车圆锥。

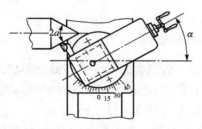

图3-25 转动小刀架法车锥面

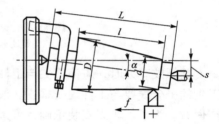

图3-26 偏移尾架法车锥面

车削长度较短和锥度较大的圆锥体和圆锥孔时常采用转动小刀架法,这种方法操作简单,能保证一定的加工精度,所以应用广泛。车床上小刀架转动的角度就是斜角 α。将小拖板转盘上的螺母松开,与基准零线对齐,然后固定转盘上的螺母,摇动小刀架手柄开始车削,使车刀沿着锥面母线移动,即可车出所需要的圆锥面。这种方法的优点是能车出整锥体和圆锥孔,能车角度很大的工件,但只能用手动进刀,劳动强度较大,表面粗糙度也难以控制,且由于受小刀架行程限制,因此只能加工锥面不长的工件。

6. 车螺纹

螺纹的加工方法很多种,在专业生产中,广泛采用滚丝、轧丝及搓丝等一系列先进工艺,但在一般机械厂,尤其在机修工作中,通常采用车削方法加工。

现介绍三角形螺纹的车削。

(1) 螺纹车刀的角度和安装。螺纹车刀的刀尖角直接决定螺纹的牙型角（螺纹一个牙两侧之间的夹角），对公制螺纹其牙型角为60°，它对保证螺纹精度有很大的关系。螺纹车刀的前角对牙型角影响较大［图3－27（a）］，如果车刀的前角大于或小于零度时，所车出螺纹牙型角会大于车刀的刀尖角，前角越大，牙形角的误差也就越大。精度要求较高的螺纹，常取前角为零度。粗车螺纹时为改善切削条件，可取正前角的螺纹车刀。

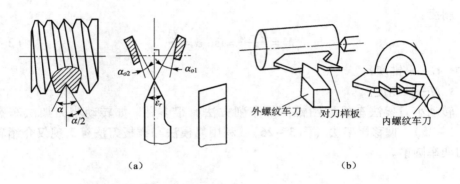

图3－27 三角螺纹车刀与对刀
(a) 三角螺纹车刀；(b) 对刀样板对刀

安装螺纹车刀时，应使刀尖与工件轴线等高，否则会影响螺纹的截面形状，并且刀尖的平分线要与工件轴线垂直。如果车刀装得左右歪斜，车出来的牙形就会偏左或偏右。为了使车刀安装正确，可采用样板对刀［图3－27（b）］。

(2) 螺纹的车削方法。车螺纹前要做好准备工作，首先把工件的螺纹外圆直径按要求车好（比规定要求应小于0.1～0.2 mm），然后在螺纹的长度上车一条标记，作为退刀标记，最后将端面处倒角，装夹好螺纹车刀。其次调整好车床，为了在车床上车出螺纹，必须使车刀在主轴每转一周得到一个等于螺距大小的纵向移动量，因此刀架是用开合螺母通过丝杆来带动的，只要选用不同的配换齿轮或改变进给箱手柄位置，即可改变丝杆的转速，从而车出不同螺距的螺纹。一般车床都有完善的进给箱和挂轮箱，车削标准螺纹时，可以从车床的螺距指示牌中，找出进给箱各操纵手柄应放的位置进行调整。车床调整好后，选择较低的主轴转速，开动车床，合上开合螺母，开正反车数次后，检查丝杆与开合螺母的工作状态是否正常，为使刀具移动较平稳，须消除车床各拖板间隙及丝杆螺母的间隙。车外螺纹操作步骤如图3－28所示。

开车，使车刀与工件轻微接触，记下刻度盘读数，向右退出车刀［图3－28（a）］，合上开合螺母，在工件表面车出一条螺旋线，横向退出车刀，停车［图3－28（b）］。

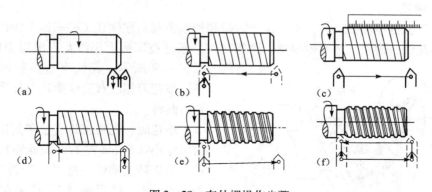

图 3-28 车外螺操作步骤

开反车使车刀退到工件右端，停车，用钢直尺检查螺距是否正确［图 3-28 (c)］。

利用刻度盘调整切削深度，开车切削［图 3-28 (d)］。

车刀将至行程终了时，应做好退刀停车准备，先快速退出车刀，开反车退回刀架［图 3-28 (e)］。

再次横向切入，继续切削，其切削过程的路线如图 3-28 (f) 所示。

在车削时，有时出现乱扣。所谓乱扣就是在第二刀时不是在第一刀的螺纹槽内。为了避免乱扣，可用丝杆螺距除以工件螺距即 P/T，若比值为 N 且为整数倍时，就不会乱扣。若不为整数，就会乱扣。因此在加工前应首先确定是否乱扣，如果不乱扣就可以采用提闸（提开合螺母）的加工方法，即在第一条螺纹槽车好以后，退刀提闸，然后用手将大拖板摇回螺纹头部，再合上开合螺母车第二刀，直至螺纹车好为止。若经计算会产生乱扣时，为避免乱扣，在车削过程和退刀时，应始终保持主轴至刀架的传动系统不变，如中途须拆下刀具刃磨，磨好后应重新对刀。对刀必须在合上开合螺母使刀架移到工件的中间停车进行。此时移动刀架使车刀切削刃与螺纹槽相吻合且工件与主轴的相对位置不能改变。

螺纹车削的特点是刀架纵向移动比较快，因此操作时既要胆大心细，又要思想集中，动作迅速协调。车削螺纹的方法有直进切削法和左右切削法两种。现介绍直进切削法。

直进切削法，是在车削螺纹时车刀的左右两侧都参加切削，每次加深吃刀时，只由刀架作横向进给，直至把螺纹工件车好为止。这种方法操作简单，能保证牙形清晰，且车刀两侧刃所受的轴向切削分力有所抵消。但用这种方法车削时，排出的切屑会绕在一起，造成排屑困难。如果进给量过大，还会产生轧刀现象，把车刀敲坏，把牙形表面去掉一块。由于车刀的受热和受力情况严重，刀尖容易磨损，螺纹表面粗糙度不易保证。直进切削法一般用在车削螺距较小和脆性材料的工件。

7. 滚花

有些机器零件或工具，为了便于握持和外形美观，往往在工件表面上滚出各种不同的花纹，这种工艺叫做滚花。这些花纹一般是在车床上用滚花刀滚压而成的。图 3-29 所示。花纹有直纹和网纹两种，滚花刀相应有直纹滚花刀和网纹滚花刀两种。

滚花时，先将工件直径车到比需要的尺寸小 0.5 mm 左右，表面粗糙度较粗。车床转速要低一些（一般为 200～300 r/min）。然后将滚花刀装在刀架上，使滚花刀轮的表面与工件表面平行接触，滚花刀对着工件轴线开动车床，使工件转动。当滚花刀刚接触工件时，要用较大较猛的压力，使工件表面刻出较深的花纹，否则会把花纹滚乱。这样来回滚压几次，直到花纹滚凸出为止。在滚花过程中，应经常清除滚花刀上的铁屑，以保证滚花质量。此外由于滚花时压力大，所以工件和滚花刀必须装夹牢固，工件不可以伸出太长，如果工件太长，就要用后顶尖顶紧。

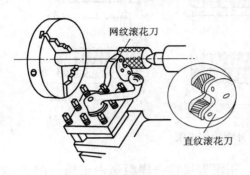

图 3-29　在车床上滚花

3.3　铣床、刨床与面加工

3.3.1　铣削加工概述

1. 铣削加工

利用铣刀的旋转和工件移动来完成零件切削加工的方法。铣削加工在机械零件切削和工具生产中占相当大比重，铣床约占机床总数的 25%，仅次于车床。它的特点是以多齿刀具的旋转为主运动，而进给运动可根据加工要求，通过工作在相互垂直的三个方向中作某一方向运动来实现。

铣削加工的范围很广，可以加工水平面、垂直面、T 形槽、键槽、燕尾槽、螺纹、螺旋槽、分齿零件（齿轮、链轮、棘轮和花键轴等）以及成型面等。铣床的主要工艺范围如图 3-30 所示。

铣削加工可以对工件进行粗加工和半精加工，加工精度可达 IT9～IT7 段，精铣表面粗糙度 Ra 达 3.2～1.6 μm。

铣削加工的特点：

（1）由于铣刀为多刃刀具，故铣削加工生产率高；

（2）断续切削，有冲击。铣削中每个铣刀刀齿逐渐切入切出，形成断续切削，

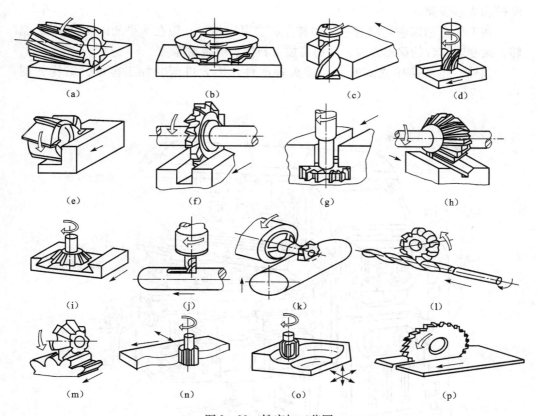

图 3-30 铣床加工范围

(a) 周铣平面；(b) 端铣平面；(c) 铣垂直平面；(d) 铣内凹平面；(e) 铣台阶面；
(f) 铣直槽；(g) 铣 T 形槽；(h) 铣 V 形槽；(i) 铣燕尾槽；(j) 铣键槽；
(k) 铣半圆键槽；(l) 螺旋槽；(m) 铣齿轮；
(n) 铣二维曲面；(o) 铣内凹成形面；(p) 切断

加工中会因此而产生冲击和振动；每个刀齿一圈中只切削一次，一方面刀齿散热较好；另一方面主要是高速铣削时刀齿还受周期性的温度变化；冲击、振动、热应力均对刀具耐用度及工件表面质量产生影响。

(3) 容屑和排屑：由于铣刀是多刃刀具相邻两刀齿之间的空间有限，每个刀齿切下的切屑必须有足够的空间容纳并能顺利排出。

(4) 同一加工表面可以采用不同的铣削方式、不同的刀具。

2. 铣床类型

铣床的种类很多，通常用的铣床基本类型有以下几种。

1) 卧式升降台铣床

万能升降台铣床的主轴为水平布置，属卧式升降台铣床，主要用于铣削平面、沟槽和成形表面。

在工作台和床鞍之间有一层回转盘,它可以相对床鞍在水平面内调整±45°偏转,改变工作台的移动方向,从而可加工斜槽、螺旋槽等。

此外,还可换用立式铣头,插头等附件,扩大机床的加工范围,结构如图3-31所示。

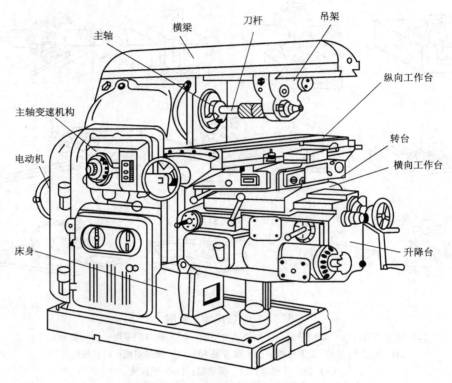

图3-31　卧式万能升降台铣床

2) 立式升降台铣床

立式升降台铣床与卧式升降台铣床的主要区别在于安装铣刀的机床主轴是垂直于工作台面。

除立铣头外其他主要组成部件与卧式升降台铣床相同。铣头可以在垂直平面内调整角度,主轴可沿其轴线方向进给或调整位置。

立式铣床用于加工平面、沟槽、台阶,还可铣削斜面、螺旋面、模具型腔和凸模成形表面等,结构如图3-32所示。

3) 龙门铣床

龙门铣床是一种大型高效率的铣床,它的形状与龙门刨床相似,它有一个龙门式框架,其结构如图3-33所示。

第3章 金属切削机床与加工方法

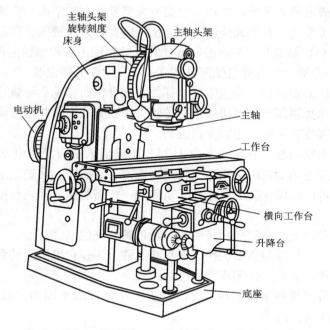

图 3-32 立式升降台铣床

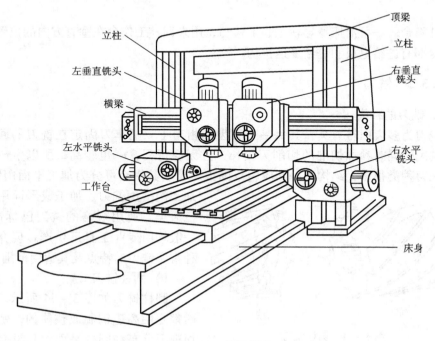

图 3-33 龙门铣床

它适于在成批和大量生产中加工中型或大型零件上的平面和沟槽。

另外还有工作台不升降式铣床、仿形铣床以及有数控铣床、多工序自动换刀铣镗床（加工中心）等有数字程序控制或计算机控制加工各种型面的铣床。

4) X6132 万能卧式升降台铣床（图 3-31）主要部件说明

床身——用来安装和连接铣床其他部件。床身正面有垂直导轨，可引导升降台上、下移动；床身顶部有燕尾槽形水平导轨，用以安装横梁并按需要引导横梁水平移动；床身内部装有主轴和主轴变速机构。

主轴是一根空心轴，前端锥度为 7:24，用以插入铣刀杆。电动机输出的回转运动和动力，经主轴变速机构驱动主轴连同铣刀一起回转，实现主运动。

横梁——可以沿床身顶面燕尾形导轨移动，按需要调节伸长长度，其上可安装挂架。

挂架——用以支撑铣刀杆的另一端，增强铣刀杆的刚度。

工作台——用以安装需要的铣床夹具和工件。工作台可以沿转台上的导轨纵向移动，带动工作台上的工件实现纵向进给运动。

转台——可在横向溜板上转动，以便于工作台在水平面内斜置一个角度（-45°~45°）实现斜向进给。

横向溜板——位于升降台上水平导轨上，可以带动工作台横向移动，实现横向进给。

升降台——可沿床身导轨上、下移动，用来调整工作台在垂直方向的位置。升降台内部有进给电机和进给变速机构。

3.3.2 铣刀

1. 铣刀的种类

铣刀为多齿回转刀具，其每一个刀齿都相当于一把车刀固定在铣刀的回转面上。铣削时同时参加切削的切削刃较长，且无空行程，v_c 也较高，所以生产率较高。铣刀种类很多，结构不一，应用范围很广，按其用途可分为加工平面用铣刀、加工沟槽用铣刀、加工成形面用铣刀三大类。通用规格的铣刀已标准化，一般均由专业工具厂生产。现介绍几种常用铣刀的特点及其适用范围。

1) 圆柱铣刀

圆柱铣刀如图 3-34 所示。它一般都是用高速钢制成整体的，螺旋形切削刃分布在圆柱表面上，没有副切削刃，螺旋形的刀齿切削时是逐渐切

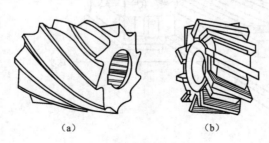

图 3-34 圆柱铣刀
(a) 整体式；(b) 镶齿式

入和脱离工件的,所以切削过程较平稳。圆柱铣刀主要用于卧式铣床上加工宽度小于铣刀长度的狭长平面。

根据加工要求不同,圆柱铣刀有粗齿、细齿之分,粗齿的容屑槽大,用于粗加工,细齿用于精加工。铣刀外径较大时,常制成镶齿的。

2) 面铣刀

面铣刀如图3-35所示,主切削刃分布在圆柱或圆锥表面上,端面切削刃为副切削刃,铣刀的轴线垂直于被加工表面。按刀齿材料可分为高速钢和硬质合金两大类,多制成套式镶齿结构,刀体材料为40Cr。

高速钢面铣刀按国家标准规定,直径 $d = 80 \sim 250$ mm,螺旋角 $\beta = 10°$,刀齿数 $z = 10 \sim 26$。

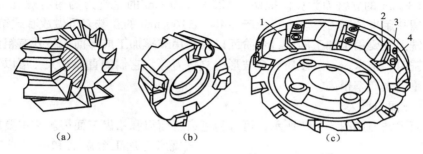

图3-35 面铣刀
(a) 整体式刀片;(b) 镶焊接式硬质合金刀片;(c) 机械夹固式可转位硬质合金刀片

硬质合金面铣刀与高速钢铣刀相比,铣削速度较高、加工表面质量也较好,并可加工带有硬皮和淬硬层的工件,故得到广泛应用。硬质合金面铣刀按刀片和刀齿的安装方式不同,可分为整体式、机夹—焊接式和可转位式三种。

面铣刀主要用在立式铣床或卧式铣床上加工台阶面和平面,特别适合较大平面的加工,主偏角为90°的面铣刀可铣底部较宽的台阶面。用面铣刀加工平面,同时参加切削的刀齿较多,又有副切削刃的修光作用,使加工表面粗糙度值小,因此可以用较大的切削用量,生产率较高,应用广泛。

3) 立铣刀

立铣刀是数控铣削中最常用的一种铣刀,其结构如图3-36所示,圆柱面上的切削刃是主切削刃,端面上

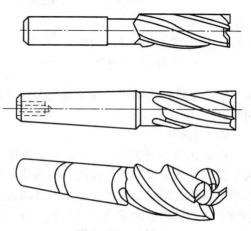

图3-36 立铣刀

分布着副切削刃,主切削刃一般为螺旋齿,这样可以增加切削平稳性,提高加工精度。由于普通立铣刀端面中心处无切削刃,所以立铣刀工作时不能作轴向进给,端面刃主要用来加工与侧面相垂直的底平面。

为了改善切屑卷曲情况,增大容屑空间,防止切屑堵塞,刀齿数比较少,容屑槽圆弧半径则较大。一般粗齿立铣刀齿数 $z=3\sim4$,细齿立铣刀齿数 $z=5\sim8$,套式结构齿数 $z=10\sim20$,容屑槽圆弧半径 $r=2\sim5$ mm。当立铣刀直径较大时,还可制成不等齿距结构,以增强抗振作用,使切削过程平稳。

标准立铣刀的螺旋角 β 为 $40°\sim45°$(粗齿)和 $30°\sim35°$(细齿),套式结构立铣刀的 β 为 $15°\sim25°$。

直径较小的立铣刀,一般制成带柄形式。$\phi2\sim\phi71$ mm 的立铣刀为直柄;$\phi6\sim\phi63$ mm 的立铣刀为莫氏锥柄;$\phi25\sim\phi80$ mm 的立铣刀为带有螺孔的 7∶24 锥柄,螺孔用来拉紧刀具。直径大于 $\phi40\sim\phi160$ mm 的立铣刀可做成套式结构。

立铣刀主要用于加工凹槽,台阶面以及利用靠模加工成形面。另外有粗齿大螺旋角立铣刀、玉米铣刀、硬质合金波形刃立铣刀等,它们的直径较大,可以采用大的进给量,生产率很高。

4)三面刃铣刀

三面刃铣刀如图 3-37 所示,可分为直齿三面刃和错齿三面刃。它主要用在卧式铣床上加工台阶面和一端或二端贯穿的浅沟槽。三面刃铣刀除圆周具有主切削刃外,两侧面也有副切削刃,从而改善了切削条件,提高了切削效率,减小了表面粗糙度值。但重磨后宽度尺寸变化较大,镶齿三面刃铣刀可解决这一个问题。

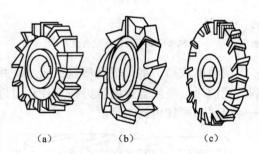

图 3-37 三面刃铣刀
(a)直齿;(b)交错齿;(c)镶齿

5)锯片铣刀

锯片铣刀如图 3-38 所示,锯片铣刀本身很薄,只在圆周上有刀齿,用于切断工件和铣窄槽。为了避免夹刀,其厚度由边缘向中心减薄,使两侧形成副偏角。

6)键槽铣刀

键槽铣刀如图 3-39 所示。它的外形与立铣刀相似,不同的是它在圆周上只有两个螺旋刀齿,其端面刀齿的刀刃延伸至中心,既像立铣刀,又像钻头。因此在铣两端不通的键槽时,可以做适量的轴向进给。它主要用于加工圆头封闭键槽,使用它加工时,要做多次垂直进给和纵向进给才能完成键槽加工。

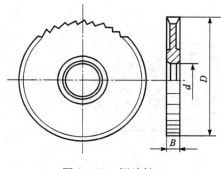
图 3-38 锯片铣刀

图 3-39 键槽铣刀

国家标准规定，直柄键槽铣刀直径 $d = 2 \sim 22$ mm，锥柄键精铣刀直径 $d = 14 \sim 50$ mm。键槽铣刀直径的偏差有 e8 和 d8 两种。键槽铣刀的圆周切削刃仅在靠近端面的一小段长度内发生磨损，重磨时，只需刃磨端面切削刃，因此重磨后铣刀直径不变。

其他还有角度铣刀、成形铣刀、T 形槽铣刀、燕尾槽铣刀、仿形铣用的指形铣刀等，如图 3-40 所示。

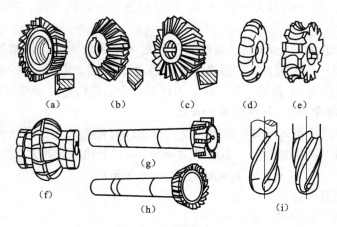

图 3-40 特种铣刀

(a)、(b)、(c) 角度铣刀；(d)、(e)、(f) 成形铣刀；
(g) T 形铣刀；(h) 燕尾槽铣刀；(i) 指状铣刀

2. 铣削用量

铣削时的铣削用量由切削速度 v_c、铣削进给量 f、背吃刀量 a_p（铣削深度）和侧吃刀量 a_e（铣削宽度）四要素组成。其铣削用量如图 3-41 所示。

(1) 切削速度 v_c。切削速度 v_c，即铣刀最大直径处的线速度，可由下式计算：

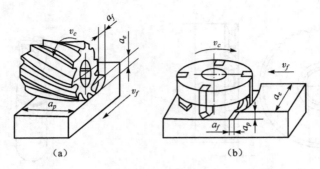

图 3-41 铣削用量
(a) 在卧铣上铣平面；(b) 在立铣上铣平面

$$v_c = \frac{\pi d n}{1\,000} \ (\text{m/min}) \tag{3-5}$$

式中：v_c——切削速度（m/min）；
　　　d——铣刀直径（mm）；
　　　n——铣刀每分钟转数（r/min）。

(2) 铣削进给量 f。铣削时，工件在进给运动方向上相对刀具的移动量即为铣削时的进给量。由于铣刀为多刃刀具，计算时按单位时间不同，有以下三种度量方法。

① 每齿进给量 f_z（mm/z）指铣刀每转过一个刀齿时，工件对铣刀的进给量（即铣刀每转过一个刀齿，工件沿进给方向移动的距离），其单位为 mm/z。

② 每转进给量 f，指铣刀每一转，工件对铣刀的进给量（即铣刀每转，工件沿进给方向移动的距离），其单位为 mm/r。

③ 每分钟进给量 v_f，又称进给速度，指工件对铣刀每分钟进给量（即每分钟工件沿进给方向移动的距离），其单位为 mm/min。上述三者的关系为，

$$v_f = fn = f_z z n \ (\text{mm/min}) \tag{3-6}$$

式中：z——铣刀齿数；
　　　n——铣刀每分钟转速（r/min）。

(3) 背吃刀量（又称铣削深度 a_p）。背吃刀量为平行于铣刀轴线方向测量的切削层尺寸（切削层是指工件上正被刀刃切削着的那层金属），单位为 mm。因周铣与端铣时相对于工件的方位不同，故铣削深度的标示也有所不同。

侧吃刀量（又称铣削宽度 a_e）。侧吃刀量是垂直于铣刀轴线方向测量的切削层尺寸，单位为 mm。

铣削用量选择的原则：通常粗加工是为了保证必要的刀具耐用度，应优先采用较大的侧吃刀量或背吃刀量，其次是加大进给量，最后才是根据刀具耐用度的要求

选择适宜的切削速度,这样选择是因为切削速度对刀具耐用度影响最大,进给量次之,侧吃刀量或背吃刀量影响最小;精加工时为减小工艺系统的弹性变形,必须采用较小的进给量,同时为了抑制积屑瘤的产生。对于硬质合金铣刀应采用较高的切削速度,对高速钢铣刀应采用较低的切削速度,如铣削过程中不产生积屑瘤时,也应采用较大的切削速度。粗铣每齿进给量的推荐,见表3-8。

表3-8 粗铣每齿进给量 f_z 的推荐

刀具		工件材料	推荐进给量 $f_z/(\mathrm{mm}\cdot z^{-1})$
高速钢	圆柱铣刀	钢	0.10~0.50
		铸铁	0.12~0.20
	端铣刀	钢	0.04~0.06
		铸铁	0.15~0.20
	三面刃铣刀	钢	0.04~0.06
		铸铁	0.15~0.25
硬质合金铣刀		钢	0.10~0.20
		铸铁	0.15~0.30

3.3.3 铣削方式

1. 周铣和端铣

用刀齿分布在圆周表面的铣刀而进行铣削的方式叫做周铣,如图3-42所示。

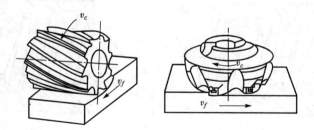

图3-42 周铣和端铣

用刀齿分布在圆柱端面上的铣刀而进行铣削的方式叫做端铣。
与周铣相比,端铣铣平面时较为有利,因为:
(1)端铣刀的副切削刃对已加工表面有修光作用,能使粗糙度降低。周铣的工件表面则有波纹状残留面积。
(2)同时参加切削的端铣刀齿数较多,切削力的变化程度较小,因此工作时振动较周铣小。

（3）端铣刀的主切削刃刚接触工件时，切屑厚度不等于零，使刀刃不易磨损。

（4）端铣刀的刀杆伸出较短，刚性好，刀杆不易变形，可用较大的切削用量。由此可见，端铣法的加工质量较好，生产率较高。所以铣削平面大多采用端铣。但是，周铣对加工各种形面的适应性较广，而有些形面（如成形面等）则不能用端铣。

2. 逆铣和顺铣

周铣有逆铣法和顺铣法之分，如图3-43所示。逆铣时，铣刀的旋转方向与工件的进给方向相反；顺铣时，则铣刀的旋转方向与工件的进给方向相同。逆铣时，切屑的厚度从零开始渐增。实际上，铣刀的刀刃开始接触工件后，将在表面滑行一段距离才真正切入金属。这就使得刀刃容易磨损，并增加加工表面的粗糙度。逆铣时，铣刀对工件有上抬的切削分力，影响工件安装在工作台上的稳固性。

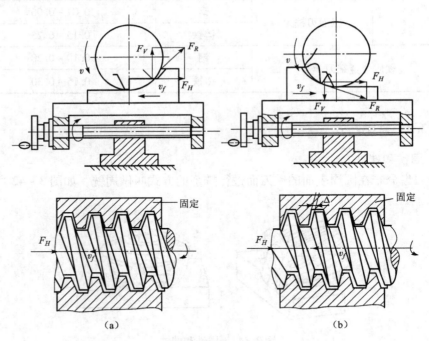

图3-43 顺铣和逆铣
(a) 逆铣；(b) 顺铣

顺铣则没有上述缺点。但是，顺铣时工件的进给会受工作台传动丝杠与螺母之间间隙的影响。因为铣削的水平分力与工件的进给方向相同，铣削力忽大忽小，就会使工作台窜动和进给量不均匀，甚至引起打刀或损坏机床。因此，必须在纵向进给丝杠处有消除间隙的装置才能采用顺铣。但一般铣床上是没有消除丝杠螺母间隙的装置,只能采用逆铣法。另外,对铸锻件表面的粗加工,顺铣因刀齿首先接触黑皮,将加剧刀具的磨损,此时,也是以逆铣为妥。

3.3.4 刨削与插削

1. 刨床与插床

刨床类机床按其结构特征可分为牛头刨床、龙门刨床和插床。

1) 牛头刨床

牛头刨床主要由床身、滑枕、刀架、工作台、横梁等组成,如图 3-44 所示。因其滑枕和刀架形似牛头而得名。

牛头刨床工作时,装有刀架的滑枕 3 由床身内部的摆杆带动,沿床身顶部的导轨作直线往复运动,使刀具实现切削过程的主运动,通过调整变速手柄 5 可以改变滑枕的运动速度,行程长度则可通过滑枕行程调节柄 6 调节。刀具安装在刀架 2 前端的抬刀板上,转动刀架上方的手轮,可使刀架沿滑枕前端的垂直导轨上下移动。刀架还可沿水平轴偏转,用以刨削侧面和斜面。滑枕回程时,抬刀板可将刨刀朝前上方抬起,以免刀具擦伤已加工表面。夹具或工件则安装在工作台 1 上,并可沿横梁 8 上的导轨作间歇的横向移动,实现切削过程的进给运动。横梁 8 还可沿床身的竖直导轨上、下移动,以调整工件与刨刀的相对位置。

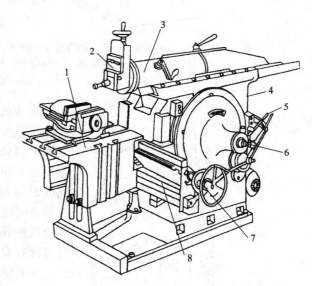

图 3-44 牛头刨床外形图
1—工作台;2—刀架;3—滑枕;4—床身;5—变速手柄;
6—滑枕行程调节柄;7—横向进给手柄;8—横梁

牛头刨床的主参数是最大刨削长度。它适于单件小批生产或机修车间,用来加工中、小型工件。

2) 龙门刨床

图 3-45 为龙门刨床外形图,因它有一个"龙门"式框架而得名。

龙门刨床工作时,工件装夹在工作台 9 上,随工作台沿床身导轨作直线往复运动以实现切削过程的主运动。装在横梁 2 上的立刀架 5、6 可沿横梁导轨作间歇的横向进给运动,用以刨削工件的水平面,立刀架上的溜板还可使刨刀上下移动,作

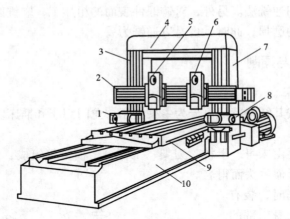

图 3-45 龙门刨床外形图
1，8—侧刀架；2—横梁；3，7—立柱；4—顶梁；
5，6—立刀架；9—工作台；10—床身

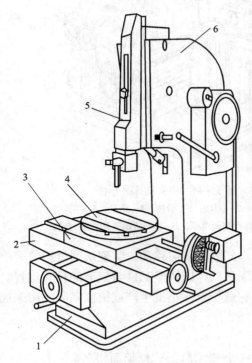

图 3-46 插床外形图
1—床身；2—横滑板；3—纵滑板；4—圆工作台；
5—滑枕；6—立柱

切入运动或刨竖直平面。此外，刀架溜板还能绕水平轴调整至一定的角度位置，以加工斜面。装在左、右立柱上的侧刀架 1 和 8 可沿立柱导轨作垂直方向的间歇进给运动，以刨削工件的竖直平面。横梁还可沿立柱导轨升降，以便根据工件的高度调整刀具的位置。另外，各个刀架都有自动抬刀装置，在工作台回程时，自动将刀板抬起，避免刀具擦伤已加工表面。龙门刨床的主参数是最大刨削宽度。与牛头刨床相比，其形体大、结构复杂、刚性好，传动平稳、工作行程长，主要用来加工大型零件的平面，或同时加工数个中、小型零件，加工精度和生产率都比牛头刨床高。

3）插床

插床实质上是立式刨床，如图 3-46 所示。加工时，滑枕 5 带动刀具沿立柱导轨作直线往复运动，实现切削过程的主运动。工件安装在工作台 4 上，工作台可实现纵向、横向和圆周方向的间歇进给运动。工作台的旋转运动,除了作圆周进给外,还可进行圆周分度。滑枕还可以在垂直平面内相对立柱倾斜0°~8°,以便加工斜槽和斜面。

插床的主参数是最大插削长度,主要用于单件、小批量生产中加工工件的内表面,如方孔、各种多边形孔和键槽等,特别适合加工不通孔或有台阶的内表面。

2. 刨刀与插刀

刨削所用的工具是刨刀,常用的刨刀有平面刨刀、偏刀、角度刀及成形刀等,如图3-47所示。刨刀的几何参数与车刀相似,但是它切入和切出工件时,冲击很大,容易发生"崩刀"或"扎刀"现象。因而刨刀刀杆截面较粗大,以增加刀杆

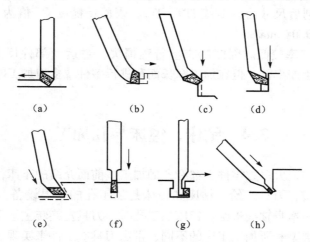

图3-47 常用刨刀及其应用
(a)平面刨刀;(b)台阶偏刀;(c)普通偏刀;(d)台阶偏刀
(e)角度刀;(f)切刀;(g)弯切刀;(h)割槽刀

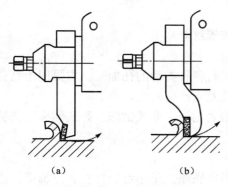

图3-48 直头刨刀和弯头刨刀
(a)直头刨刀;(b)弯头刨刀

刚性和防止折断,而且往往做成弯头的,这样弯头刨刀刀刃碰到工件上的硬点时,比较容易弯曲变形,而不会像直头刨刀那样使刀尖扎入工件,破坏工件表面和损坏刀具,如图3-48所示。

插削与刨削基本相同,只是刨刀在水平方向进行切削而插刀则在垂直方向进行切削。为了避免插刀的刀杆与工件相碰,插刀刀刃应该突出于刀杆。当插削长度较长,刀杆刚性较差时,水平方向的切削分力会使刀杆弯曲,产生"让刀"现象,因此应适当减小插刀的前角与后角,并降低进给量的大小,以减少水平切削分力。

3. 刨削加工的应用范围及工艺特点

刨削主要用于加工平面和直槽。如果对机床进行适当的调整或使用专用夹具，还可用于加工齿条、齿轮、花键以及母线为直线的成形面等。刨削加工精度一般可达 IT8~IT7，表面粗糙度 Ra 值可达 1.6~6.3 μm。

刨削加工的工艺特点如下：

(1) 刨床结构简单，调整、操作方便；刀具制造、刃磨容易，加工费用低。

(2) 刨削特别适宜加工尺寸较大的 T 形槽、燕尾槽及窄长的平面。

(3) 刨削加工精度较低。粗刨的尺寸公差等级为 IT13~IT11，表面粗糙度 Ra 值 12.5 μm；精刨后尺寸公差等级 IT9~IT7，表面粗糙度 Ra 值为 1.6~3.2 μm，直线度为 0.04~0.08 mm/m。

(4) 刨削生产率较低。因刨削有空行程损失，主运动部件反向惯性力较大，故刨削速度低，生产率低。但在加工窄长面和进行多件或多刀加工时，刨削生产率却很高。

3.4 钻床、镗床与孔加工

在机械制造中，大多数零件上都有孔的加工。前面介绍的车床，可以进行空加工，此时工件旋转，刀具进给。钻床和镗床是加工孔的主要设备。钻床上加工孔时，刀具旋转并沿本身轴线进给。镗床加工孔时，刀具左旋转主运动，进给运动则根据机床的不同类型和所加工工序的不同，可由刀具或工件来实现。钻床的主要参数为最大钻孔直径，镗床的主要参数根据机床的类型不同，由最大镗孔直径、镗轴直径或工作台宽度来表示。

3.4.1 钻床与钻削加工

钻床上可以进行钻孔、扩孔、绞孔以及攻螺纹等加工。

1. 钻床的类型和结构

钻床类机床的主要工作是用孔加工刀具进行各种类型的孔加工。主要用于钻孔和扩孔，也可以用来铰孔、攻螺纹、锪沉头孔及锪凸台端面。

钻床按结构形式分，可分为摇臂钻床、台式钻床、立式钻床、卧式钻床、铣钻床、中心孔钻床等。

1) 台式钻床

台式钻床如图 3-49 所示。台式钻床主要由底座、工作台、立柱、主轴箱、主轴、电动机、传动装置和操纵手柄组成。加工时，工件安装在工作台上，钻头通过钻夹头装在主轴上。主轴则由电动机经过三角带传动而获得旋转运动。主轴转速可通过改变皮带在带轮上的位置来调节。进给运动是通过操纵主轴上的手柄来实现

第3章 金属切削机床与加工方法

的。为了适应高度不同的工件,在松开锁紧装置后,主轴架可以沿立柱作上下移动。

台式钻床可用来加工小工件上的直径不大于 13 mm 的孔。

2) 立式钻床

立式钻床是钻床中应用较广的一种,其特点是主轴轴线垂直布置,且位置固定,需调整工件位置,使被加工孔中心线对准刀具的旋转中心线。由刀具旋转实现主运动,同时沿轴向移动作进给运动。如图 3-50 所示。

因此,立式钻床适用于加工中、小型孔,孔径一般大于 13 mm。

多轴立式钻床是立式钻床的一种,可对孔进行不同内容的加工或同时加工多个孔,大大提高了生产效率。

3) 摇臂钻床

对于体积和质量都比较大的工件,在立式钻床上加工很不方便,此时可以选用摇臂钻床进行加工。摇臂钻床如图 3-51 所示。

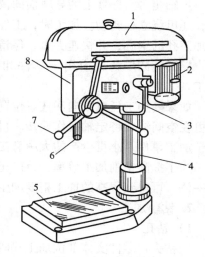

图 3-49 台式钻床
1—带罩;2—电动机;3—立柱;4—底座;
5—工作台;6—主轴;7—钻头进给
手柄;8—主轴箱

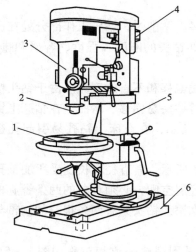

图 3-50 立式钻床
1—工作台;2—主轴;3—变速箱;
4—电动机;5—立柱;6—底座

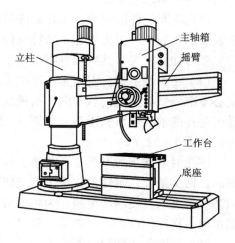

图 3-51 摇臂钻床

主轴箱可沿摇臂上的导轨横向调整位置，摇臂可沿立柱的圆柱面上、下调整位置，还可绕立柱转动。加工时，工件固定不动，靠调整主轴的位置，使其中心对准被加工孔的中心，并快速夹紧，保持准确的位置。

摇臂钻床广泛地应用于单件和中、小批生产中，加工大、中型零件上的孔加工。

如果要加工任意方向和任意位置的孔和孔系，可以选用万向摇臂钻床，机床主轴可在空间绕二特定轴线作回转。机床上端还有吊环，可以吊放在任意位置。故它适于加工单件、小批生产的大中型工件。

为了提高钻削加工效率，目前正在发展钻削加工中心。集钻孔、攻螺纹和铣削于一体，可得到很高的加工精度和生产率。

2. 钻削加工

1）钻孔

用钻头在零件实体部位加工孔叫钻孔。在各类机器零件上经常需要进行钻孔，因此钻削的应用还是很广泛的。但是，由于钻削的精度较低，表面较粗糙，一般只能达到IT10，表面粗糙度值 Ra 一般为 12.5 μm。同时，钻孔不易采用较大的切削用量，生产效率也比较低。因此，钻孔主要用于粗加工，例如精度和粗糙度要求不高的螺钉孔、油孔和螺纹底孔等。单件、小批量生产中，中小型零件上的小孔（一般 $D < 13$ mm）常用台式钻床加工；中小型零件上直径较大的孔（一般 $D < 50$ mm）常用立式钻床加工；大中型零件上的孔应采用摇臂钻床加工；回转体零件上的孔多在车床上加工。

钻孔与车削外圆相比，工作条件要困难得多。钻削时，钻头工作部分处在已加工表面的包围中，因而引起一些特殊问题。例如钻头的刚度和强度、容屑和排屑、导向和冷却润滑等。其特点可概括如下。

（1）钻头易引偏。引偏是孔径扩大或孔轴线偏移和不直的现象。由于钻头横刃定心不准，钻头的刚性和导向作用较差，切入时钻头易偏移、弯曲。在钻床上钻孔易引起孔的轴线偏移和不直。如图 3 - 52（a）所示；在车床上钻孔易引起孔径扩大，如图 3 - 52（b）所示。

钻孔时最常用的刀具是麻花钻，如图 3 - 53 所示，其直径和长度受所加工孔的限制，钻头细长，刚性差；为了形成切削刃和容屑空间，必须具备的两条螺旋槽使钻芯变得更细，使刚性更差；为减少与孔壁的摩擦，钻头只有两条很窄的韧带与孔壁接触，接触刚度和导向作用也很差。

钻头的两条主切削刃制造和刃磨时，很难做到完全一致和对称如图 3 - 54 所示，导致钻削时作用在两条主切削刃上的径向分力大小不一。

钻头横刃处的前角呈很大的负值（图中未示出），且横刃是一小段与钻头轴线

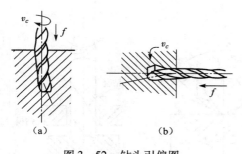

图 3-52 钻头引偏图
(a) 钻床上钻孔；(b) 车床上钻孔

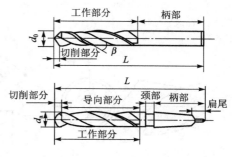

图 3-53 麻花钻

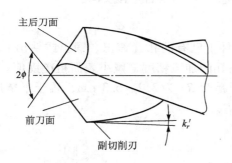

图 3-54 钻头

近似垂直的直线刃，因此钻头切削时，横刃实际上不是在切削，而是挤刮金属，导致横刃处的轴向分力很大。横刃稍不对称，将产生相当大的附加力矩，使钻头弯曲。零件材料组织不均匀、加工表面倾斜等，也会导致钻孔时钻头"引偏"。

（2）排屑困难。钻孔的切屑较宽，在孔内被迫卷成螺旋状，流出时与孔壁发生剧烈摩擦而划伤已加工表面，甚至会卡死或折断钻头。

（3）切削温度高，刀具磨损快。

主切削刃上近钻芯处和横刃上皆有很大的负前角，切削时产生的切削热多，加之钻削为半封闭切削，切屑不易排出，切削热不易传散，使切削区温度很高。实际生产中为提高孔加工精度，可采取以下措施：仔细刃磨钻头，使两个切削刃的长度相等，从而使径向切削力互相抵消，减少钻孔时的歪斜；在钻头上修磨出分屑槽，如图 3-55（a）所示，将较宽的切屑分成窄条，以利于排屑；用大直径、小顶角（$2\phi = 90° \sim 100°$）的短钻头预钻一个锥形孔，可以起到钻孔时的定心作用，如图 3-55（b）所示；用钻模为钻头导向，如图 3-55（c）所示，这样可减少钻孔开始时的引偏，特别是在斜面或曲面上钻孔时更为必要。

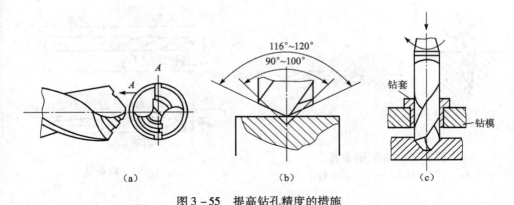

图 3 – 55 提高钻孔精度的措施
(a) 修磨分屑槽；(b) 预钻定心丸；(c) 用钻模为钻头导向

2) 扩孔

扩孔是用扩孔钻（图 3 – 56）对零件上已有的孔（铸出、锻出或钻出）进行扩大加工的方法（图 3 – 57）。它能提高孔的加工精度，减小表面粗糙度值。扩孔可达到的公差等级为 IT10～IT7，表面粗糙度 Ra 为 3.2～6.3 μm，属于半精加工。扩孔钻与麻花钻在结构上相比有以下特点。

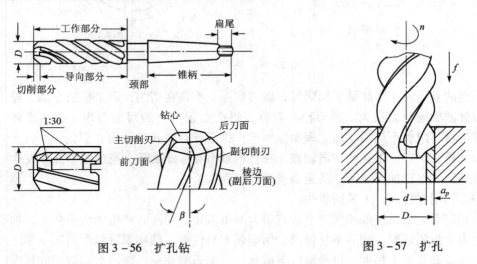

图 3 – 56 扩孔钻　　　　图 3 – 57 扩孔

(1) 刚性较好。由于扩孔的背吃刀量 $a_p = (D-d)/2$，比钻孔时 $a_p = D/2$ 小得多，切屑少，容屑槽可做得浅而窄，使钻芯比较粗大，增加了切削部分的刚性。

(2) 导向作用好。由于容屑槽浅而窄，可在刀体上做出 3～4 个刀齿，这样一方面可提高生产率，同时也增加了刀齿的棱边数，从而增强了扩孔时刀具的导向及修光作用，切削比较平稳。

（3）切削条件较好。扩孔钻的切削刃不必自外缘延续到中心，无横刃，避免了横刃和由横刃引起的一些不良影响。轴向力较小，可采用较大的进给量，生产率较高。此外，切屑少，排屑顺利，不易刮伤已加工表面。

由于上述原因，扩孔的加工质量比钻孔高，表面粗糙度值小，在一定程度上可校正原有孔的轴线偏斜。扩孔常作为铰孔前的预加工，对于要求不太高的孔，扩孔也可作最终加工工序。

由于扩孔比钻孔优越，在钻直径较大的孔（一般 $D \geq 30$ mm）时，可先用小钻头（直径为孔径的50%~70%）预钻孔，然后再用所要求尺寸的大钻头扩孔。实践表明，这样虽分两次钻孔，但生产率却比用大钻头一次钻出时高得多。

3）铰孔

铰孔是在扩孔或半精镗孔的基础上进行的，是应用较普遍的孔的精加工方法之一。铰孔的公差等级为 IT8~IT6，表面粗糙度 Ra 为 0.4~1.6 μm。

铰孔采用铰刀进行加工，铰刀可分为手铰刀和机铰刀。手铰刀如图3-58（a）所示，用于手工铰孔，柄部为直柄；机铰刀如图3-58（b）所示，多为锥柄，装在钻床上或车床上进行铰孔。

铰刀由工作部分、颈部、柄部组成。工作部分包括切削部分和修光部分。切削部分为锥形，担负主要切削工作。修光部分有窄的棱边和倒锥，以减小与孔壁的摩擦和减小孔径扩张，同时校正孔径、修光孔壁和导向。手铰刀修光部分较长，以增强导向作用。

铰孔的工艺特点有以下几种。

（1）铰孔余量小。粗铰为0.15~0.35 mm；精铰为0.05~0.15 mm。切削力较小，零件的受力变形小。

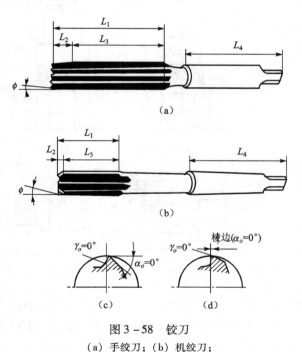

图3-58 铰刀
(a) 手铰刀；(b) 机铰刀；
(c) 切削部分后角；(d) 修光部分后角
L_1—工作部分；L_2—切削部分；L_3—修光部分；L_4—柄部

（2）切削速度低。比钻孔和扩孔的切削速度低得多，可避免积屑瘤的产生和减少切削热。一般粗铰 $v_c = 4 \sim 10 \text{ m/min}$;精铰 $v_c = 1.5 \sim 5 \text{ m/min}$。

(3) 适应性差。铰刀属定尺寸刀具,一把铰刀只能加工一定尺寸和公差等级的孔,不宜铰削阶梯形、短孔、不通孔和断续表面的孔(如花键孔)。

(4) 须施加切削液。为减少摩擦,利于排屑、散热,以保证加工质量,应加注切削液。一般铰钢件用乳化液;铰铸铁件用煤油。

4) 锪钻

锪钻用于加工工件上已有孔上的沉头孔(有圆柱形和圆锥形之分)和孔口凸台、端面。锪钻多数采用高速钢制造,只有加工端面凸台的大直径端面锪钻采用硬质合金制造,并采用装配式结构,如图 3-59 所示。平底锪钻一般有 3~4 个刀齿,前方的导柱有利于控制已有孔与沉头孔的同轴度。导柱一般做成可卸式以便于刀齿的制造及刃磨,同一直径锪钻还可以有多种直径导柱。锥孔锪钻的锥度一般有 60°、90°和 120°三种,其中 90°最为常用。

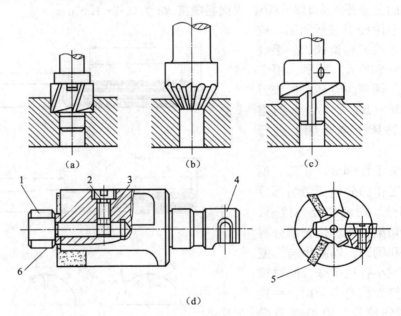

图 3-59 锪钻
(a) 锪沉头孔;(b) 锪锥面;(c) 锪凸台平面;(d) 镶齿式锪钻

麻花钻、扩孔钻和铰刀都是标准刀具,市场上比较容易买到。对于中等尺寸以下较精密的孔,在单件小批量甚至大批量生产中,钻—扩—铰都是经常采用的典型工艺。钻、扩、铰只能保证孔本身的精度,而不易保证孔与孔之间的尺寸精度及位置精度。为了解决这一问题,可以利用夹具(如钻模)进行加工,也可采用镗孔。

3.4.2 镗床和镗削加工

镗床通常用于加工尺寸要求较大、精度要求较高的孔，特别是分布在不同位置上、轴向间距离精度和相互位置（平行度、垂直度和同轴度）要求很严格的孔系。如变速箱零件的轴承孔。对于直径较大的孔（$D > 80$ mm）、内成形面或孔内环槽等，镗削是唯一适宜的加工方法。一般镗孔的尺寸公差等级为 IT8~IT6，表面粗糙度 Ra 为 0.8~1.6 μm；精细镗时，尺寸公差等级可达 IT7~IT5，表面粗糙度 Ra 为 0.1~0.8 μm。镗床主要用镗刀镗削工件上的孔，其工作运动与钻床类似。立式镗床主要用于精密孔系的钻、绞及镗孔加工，对于发动机的缸体、箱体和夹具、模具加工很方便。卧式镗床能一次安装工件便可完成几个平面的孔加工工作，对于大而笨重和多加工面的工件尤为适用。双面金刚镗床可加工高精度、低表面粗糙度的孔，广泛用于汽车、拖拉机中连杆、轴瓦、汽缸套、活塞等零件上的孔加工。镗床除可以镗孔外，还可以钻孔、扩孔、绞孔，大部分镗床还可以进行铣削工作。卧式镗床的主要加工方法如图 3-60 所示。

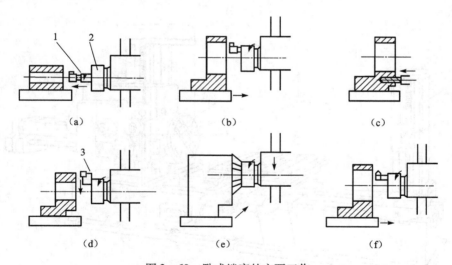

图 3-60　卧式镗床的主要工作
(a) 镗小孔；(b) 镗大孔；(c) 钻孔；(d) 车端面；(e) 铣平面；(f) 车螺纹
1—主轴；2—平旋盘；3—径向刀架

1. 镗床的种类和结构

1) 卧式镗床

卧式镗床是一种应用较广泛的镗床，其外形如图 3-61 所示。前立柱 7 固定连接在床身 10 上，在前立柱 7 的侧面轨道上，安装着可沿立柱导轨上下移动的主轴箱 8 和后尾筒 9，主轴箱中装有主运动和进给运动的变速及其操纵机构；可作旋转运动的平旋盘 5 上铣有径向 T 形槽，供安装刀夹或刀盘；平旋盘端面的燕尾形导轨槽中可安装径向刀架，装在径向刀架上的刀杆座可随刀架在燕尾导轨槽中做径向进给运动；镗轴 4 的前端有精密莫式锥孔，也可用于安装刀具或刀杆；后立柱 2 和工作台部件 3 均能沿床身导轨作纵向移动，安装于后立柱上的后支承架 1 可支撑悬伸较长的镗杆，以增加其刚度；装于工作台上除能随下滑座 11 沿轨道纵移外，还可在上滑座的环形导轨上绕垂直轴转动。由上可知，在卧式镗床上可实现多种运动：

① 镗轴 4、平旋盘 5 的旋转运动。二者独立，并分别由不同的传动机构驱动。均为主运动。

② 镗轴 4 的轴向进给运动；工作台 3 的纵向进给运动；工作台的横向进给运动；主轴箱 8 的垂直进给运动；平旋盘 5 上径向刀架 4 的径向进给运动。

③ 主轴、主轴箱 8 及工作台 3 在进给方向上的快速调位运动；后立柱 2 的纵向调位运动；后支承架 1 的垂直调位移动；工作台的转位运动等构成卧式镗床上各种辅助运动，它们可以手动，也可以由快速电动机传动。

由于卧式镗床能方便灵活地实现以上多种运动，所以，卧式镗床的应用范围较广。

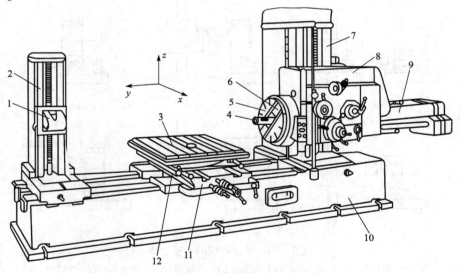

图 3-61　卧式镗床
1—后支承架；2—后立柱；3—工作台；4—镗轴；5—平旋盘；6—径向刀具溜板；
7—前立柱；8—主轴箱；9—后尾筒；10—床身；11—下滑座；12—上滑座

2）坐标镗床

因机床上具有坐标位置的精密测量装置而得名。在加工孔时，可按直角坐标来精密定位，因此坐标镗床是一种高精密机床，主要用于镗削高精度的孔，尤其适于相互位置精度很高的孔系，如钻模、镗模等孔系的加工，也可用作钻孔、扩孔、铰孔以及较轻的精铣工作；还可用于精密刻度、样板划线、孔距及直线尺寸的测量等工作。

坐标镗床有立式、卧式之分。立式坐标镗床适宜加工轴线与安装基面垂直的孔系和铣顶面；卧式坐标镗床则宜于加工轴线与安装基面平行的孔系和铣削侧面。立式坐标镗床还有单柱和双柱之分。图3-62所示为立式单柱坐标镗床。工件安装于工作台3上，坐标位置由工作台3沿滑座2的导轨纵向（x向）移动和滑座2沿底座1的导轨横向（y向）移动实现；主轴箱5可在立柱4的垂直轨道上上下调整位置，以适应不同高度的工件；主轴箱内装有主电动机和变速、进给及其操纵机构，主轴由精密轴承支撑在主轴套筒中。当进行镗、钻、扩、铰孔时，主轴由主轴套筒带动，在竖直向作机动或手动进给运动。当进行铣削时，则由工作台在纵横向作进给运动。此外还有精镗床（用金刚石

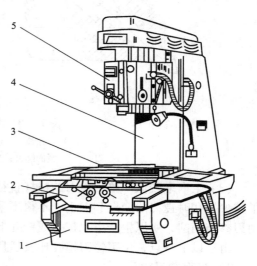

图3-62 立式单柱坐标镗床
1—底座；2—滑座；3—工作台；4—立柱；
5—主轴箱

或硬质合金等刀具，进行精密镗孔的镗床）；深孔镗床（用于镗削深孔的镗床）；落地镗床（工件安置在落地工作台上，立柱沿床身纵向或横向运动。用于加工大型工件）；以及能进行铣削的铣镗床，或进行钻削的深孔钻镗床。

2. 镗刀

镗削加工主要是利用镗刀对工件进行加工，常用的镗刀有单刃镗刀、多刃镗刀。

1）单刃镗刀镗孔

单刃镗刀的刀头结构与车刀类似。使用时，用紧固螺钉将其装夹在镗杆上，如图3-63（a）所示为盲孔镗刀，刀头倾斜安装。如图3-63（b）所示为通孔镗刀，刀头垂直于镗杆轴线安装。

单刃镗刀镗孔时有如下特点。

（1）适应性较广，灵活性较大。单刃镗刀结构简单、使用方便，既可粗加工，也可半精加工或精加工。一把镗刀可加工直径不同的孔，孔的尺寸由刀头伸出镗杆的长度（用调整螺钉来调整）来保证，而不像钻孔、扩孔或铰孔是定尺寸刀具，因此对工人技术水平的依赖性也较大。

（2）可以校正原有孔的轴线歪斜或位置误差。由于镗孔质量主要取决于机床精度和工人技术水平，所以预加工孔如有轴线歪斜或有不大的位置误差，利用单刃镗孔可予以校正。这一点，若用扩孔或铰孔是不易达到的。

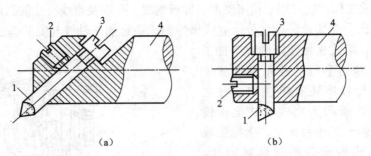

图 3-63 单刃镗刀
(a) 盲孔镗刀；(b) 通孔镗刀
1—刀头；2—紧固螺钉；3—调节螺钉；4—镗杆

(3) 生产率较低。单刃镗刀的镗杆直径受所镗孔径限制，一般刚度比较差，为了减少镗孔时镗刀的变形和振动，不得不采用较小的切削用量。加之仅有一个主切削刃参与切削，所以生产率比扩孔或铰孔低。

由于以上特点，单刃镗刀镗孔比较适用于单件小批量生产。

2) 多刃镗刀镗孔

在多刃镗刀中，有一种可调浮动镗刀片，如图 3-64 所示。调节镗刀片的尺寸时，先松开螺钉 1，再旋螺钉 2，将刀齿 3 的径向尺寸调好后，拧紧螺钉 1 把刀齿 3 固定。镗孔时，镗刀片不是固定在镗杆上而是插在镗杆的长方孔中，并能在垂直于镗杆轴线的方向上自由滑动，由两个对称的切削刃产生的切削力，自动平衡其位置。这种镗孔方法具有如下特点。

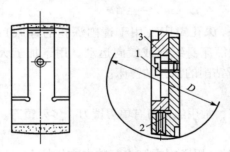

图 3-64 浮动镗刀
1，2—螺钉；3—刀齿

(1) 加工质量较高。由于镗刀片在加工过程中的浮动，可抵消刀具安装误差或镗杆偏摆所引起的不良影响，提高了孔的加工精度。较宽的修光刃可修光孔壁，减小表面粗糙度。但是，它与铰孔类似，不能校正原有孔的轴线歪斜或位置误差。

(2) 生产率高。浮动镗刀片有两个主切削刃，同时切削，并且操作简便。

(3) 刀具成本较单刃镗刀高。浮动镗刀片结构比单刃镗刀复杂，刃磨费时。

由于以上特点，浮动镗刀片镗孔主要用于成批生产、精加工箱体类零件上直径较大的孔。大批量生产中镗削支架、箱体的轴承孔，需要使用镗模。

3. 镗孔的基本方式

在镗床上镗孔，按其进给形式可以分为工作台进给和主轴进给两种。

1) 工作台进给

镗床主轴带动刀杆和镗刀旋转，工作台带动工件做纵向进给运动，如图 3－65 所示。这种方式镗削的孔径一般小于 120 mm。图 3－65（a）所示为悬伸式刀杆，不宜伸出过长，以免弯曲变形过大，一般用以镗削深度较小的孔。图 3－65（b）所示的刀杆较长，用以镗削箱体两壁相距较远的同轴孔系。为了增加刀杆刚性，其刀杆另一端支承在镗床后立柱的导套座里。

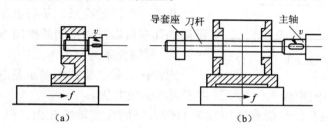

图 3－65　工作台进给镗孔
(a) 悬伸式刀杆；(b) 较长的刀杆

对于孔径较大的孔也可以采用，镗床平旋盘带动镗刀旋转，工作台带动工件作纵向进给运动。镗床平旋盘可随主轴箱上、下移动，自身又能做旋转运动。其中部的径向刀架可作径向进给运动，也可处于所需的任一位置上。如图 3－66（a）所示，利用径向刀架使镗刀处于偏心位置，即可镗削大孔。$\phi 200$ mm 以上的孔多用这种镗削方式，但孔不宜过长。图 3－66（b）为镗削内槽，平旋盘带动镗刀旋转，径向刀架带动镗刀作连续的径向进给运动。若将刀尖伸出刀杆端部，亦可镗削孔的端面。

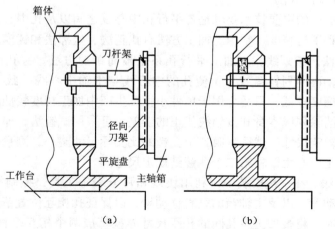

图 3－66　利用平旋盘加工大孔
(a) 镗刀偏心法；(b) 镗刀连续径向运动法

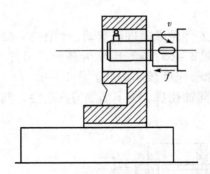

图 3-67 主轴进给镗孔（短孔镗削）

2）主轴进给

镗床主轴带动刀杆和镗刀旋转，并做纵向进给运动，如图 3-67 所示。这种方式主轴悬伸的长度不断增大，刚性随之减弱，一般只用来镗削长度较短的孔。

4. 孔系的镗削

孔系分为同轴孔系、平行孔系和垂直孔系，不同的孔系可以采用不同的镗削方法。

1）同轴孔系的镗削

同轴孔系的主要技术要求是各孔的同轴度。对短孔和孔轴向间距较大的孔须采用不同的镗削方法。

（1）短同轴孔的镗削直接用较短的镗刀杆插在主轴锥孔内，以一个方向进行加工即可。（图 3-67）

（2）轴向距离较大的同轴孔系加工，可用主轴锥孔和后立柱支撑镗杆进行加工 [图 3-65（b）]。对于某些没有后立柱的镗床，镗削时先镗好一端的孔后，将工作台回转 180°，再镗削另一端的孔。有立柱的也可以采用此法，因为一般镗床的回转工作台的定位精度较高，加工中可以保证两空的同轴度。

2）垂直孔系的镗削

相互垂直的孔系在镗床上加工时，可以先加工一个孔，然后利用工作台回转 90°再加工另一个孔。利用回转工作台的定位精度来保证两孔的垂直度。对于一些工作台回转精度不太理想的镗床，可以用心轴校正镗削垂直孔系。

3）平行孔系的镗削

平行孔系加工的主要技术要求是各平行孔中心线之间以及孔中心线与基准面之间的尺寸精度和平行精度。常用的加工方法有找正法、坐标法和镗模法等几种。

（1）找正法。按划线找正加工平行孔系是最简单的方法。镗孔前，先在工件上划出孔位线，再用划针盘找正，使孔的中心线与主轴中心线一致，然后进行镗削。此种方法精度较低，只适用于单件小批量生产中加工精度较低的零件。实际生产中，为了消除划线本身和按划线找正的误差，可采用试镗法，即加工时，先将第一个孔镗到规定尺寸，然后将第二个孔镗的比实际尺寸略小，测量校正后再进行试镗，最后找正中心距，将第二个孔镗到规定尺寸。

（2）坐标法。在一次安装中，利用块规和百分表等工具，控制机床工作台纵向和横向的移动量，以及主轴箱的垂直移动量，以保证孔相互位置精度的方法，叫坐标法。加工时，将被加工各孔间的孔距尺寸先换算成两个相互垂直的坐标尺寸，然后按坐标尺寸调整机床主轴和工件在横向和铅垂方向的相互位置来保证孔间距。其尺寸精度随获得坐标尺寸的方法不同而异，采用游标尺装置，适用于孔距精度要求较低的工件；采用百分表装置适用于孔距精度要求较高的工件。

（3）镗模法。该法是利用镗模专用夹具来镗孔的。图 3-68 所示为利用镗模镗削箱体。镗模有两块模板，将工件上需要加工的孔系位置按图纸要求的精度提高一级后复制在两块模板上，再将这两块模板通过底板装配成镗模，并安装在镗床工作台上。工件在镗模内定位夹紧。镗刀杆支撑在模板的导套里，即增加了镗刀杆的刚度，又保证了同轴孔系的同轴度和平行孔系的平行度要求。镗孔时，镗刀杆与镗床主轴应浮动连接。轴向力由镗刀杆端部的支撑钉和镗套内部的支撑钉支撑，切向力由镗刀杆连接销和镗套槽传递。利用镗模法镗孔能较好的保证孔系的精度，生产率高，故在成批生产或大批量生产中较普遍。

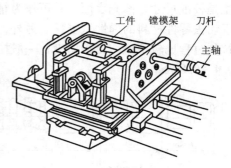

图 3-68 镗模法镗孔

3.4.3 拉削

拉削可以认为是刨削的进一步发展。如图 3-69 所示，它是利用多齿的拉刀，逐齿依次从零件上切下很薄的金属层，使表面达到较高的精度和较小的粗糙度。图 3-70 所示为拉孔示意图。加工时若将刀具所受的拉力改为推力，则称为推削，所用刀具称为推刀。拉削用机床称为拉床，推削则多在压力机上进行。当拉削面积较大的平面时，为减少拉削力，可采用渐进式拉刀进行拉削。

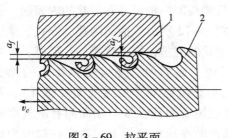

图 3-69 拉平面
1—零件；2—拉刀

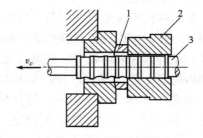

图 3-70 拉孔方法
1—球面垫板；2—零件；3—拉刀

1. 拉削的工艺特点

（1）生产率高。拉削加工的切削速度一般并不高，但由于拉刀是多齿刀具，同时参与切削的刀齿数较多，同时参与切削的切削刃较长，并且在拉刀的一次工作行程中能够完成粗加工、半精加工和精加工，大大缩短了基本工艺时间和辅助时间。

(2) 加工精度高、表面粗糙度较小。如图 3-71 所示,拉刀有校准部分,其作用是校准尺寸,修光表面,并可作为精切齿的后备刀齿。校准刀齿的切削量很小,仅切去零件材料的弹性恢复量。另外,拉削的切削速度较低,目前 $v_c < 18$ m/min,拉削过程比较平稳,无积屑瘤;一般拉孔的精度为 IT8~IT6,表面粗糙度 Ra 值为 0.4~0.8 μm。

图 3-71 拉刀的结构

(3) 拉床结构和操作比较简单。拉削只有一个主运动,即拉刀的直线运动。进给运动是靠拉刀的后一个刀齿高出前一个刀齿来实现的,相邻刀齿的高出量称为齿升量。

(4) 拉刀成本高。由于拉刀的结构和形状复杂,精度和表面质量要求较高,故制造成本很高。但拉削时切削速度较低,刀具磨损较慢,刃磨一次可以加工数以千计的零件,加之一把拉刀又可以重磨多次,所以拉刀的寿命长。当加工零件的批量较大时,刀具的单件成本并不高。

(5) 与铰孔相似,拉削不能纠正孔的位置误差。

(6) 不能拉削加工盲孔、深孔、阶梯孔及有障碍的外表面。

2. 拉削的应用

虽然内拉刀属定尺寸刀具,每把内拉刀只能拉削一种尺寸和形状的内表面,但不同的内拉刀可以加工各种形状的通孔,如图 3-72 所示。例如圆孔、方孔、多边形孔、花键孔和内齿轮等。还可以加工多种形状的沟槽,例如键槽、T 形槽、燕尾槽和涡轮盘上的榫槽等。外拉削可以加工平面、成形面、外齿轮和叶片的榫头等。拉孔时如图 3-70 所示,零件的预制孔不必精加工(钻或粗镗后即可),零件也不必夹紧,只以零件端面作支承面,这就需要原孔轴线与端面间有垂直度要求。若孔的轴线与端面不垂直,应将零件端面贴在球形垫板上,这样在拉削力作用下,零件连同球形垫板能微量转动,使零件孔的轴线自动调整到与拉刀轴线一致的方向。

拉削加工主要适用于成批和大量生产,尤其适于在大量生产中加工比较大的复合型面,如发动机的汽缸体等。在单件、小批生产中,对于某些精度要求较高、形状特殊的成形表面,用其他方法加工很困难时,也有采用拉削加工的。

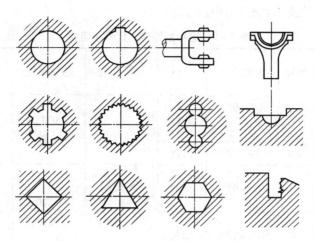

图 3-72　拉削的典型内孔截面形状

3.5　磨削加工

磨削是用磨具以较高的线速度对零件表面进行加工的方法。通常把使用磨具进行加工的机床称为磨床。常用的磨具有固结磨具（如砂轮、油石等）和涂附磨具（如砂带、砂布等）。本节主要讨论用砂轮在磨床上加工零件的特点及其应用。磨床按加工用途的不同可分为外圆磨床、内圆磨床和平面磨床等。

3.5.1　砂轮的特征要素

砂轮是由一定比例的硬度很高的粒状磨料和结合剂压制烧结而成的多孔物体。磨削时能否取得较高的加工质量和生产率，与砂轮的选择合理与否至关重要。砂轮的性能主要取决于砂轮的磨料、粒度、结合剂、硬度、组织及形状尺寸等因素。这些因素称为砂轮的特征要素。

1. 磨料

砂轮的磨料应具有很高的硬度、耐热性，适当的韧度和强度及边刃。常用磨粒主要有以下 3 种。

（1）刚玉类。棕刚玉（GZ）、白刚玉（GB），适用于磨削各种钢材，如不锈钢、高强度合金钢，退了火的可锻铸铁和硬青铜。

（2）碳化硅类（SiC）。黑碳化硅（HT）、绿碳化硅（TL），适用于磨削铸铁、激冷铸铁、黄铜、软青铜、铝、硬表层合金和硬质合金。

（3）高硬磨料类。人造金刚石（JR）、氮化硼（BLD）。高硬磨料类具有高强度、高硬度，适用于磨削高速钢、硬质合金、宝石等。

各种磨料的性能、代号和用途见表 3-9。

表 3-9 磨料的性能、代号和用途

磨料名称		代号	主要成分	颜色	力学性能	热稳定性	适合磨削范围
刚玉类	棕刚玉	A	Al_2O_3 95% Ti_2O_2 3%	褐色	韧性好 硬度大	2 100℃ 熔融	碳钢、合金钢、铸铁
	白刚玉	WA	$Al_2O_3 > 99\%$	白色			淬火钢、高速钢
碳化硅类	黑碳化硅	C	$SiC > 95\%$	黑色		>1 500℃ 氧化	铸铁、黄铜、非金属材料
	绿碳化硅	GC	$SiC > 99\%$	绿色			硬质合金钢
高硬磨类	氮化硅	CBN	立方氮化硼	黑色	高硬度 高强度	<1 300℃	硬质合金钢、高速钢
	人造金刚石	D	碳结晶体	乳白色		>700℃	硬质合金、宝石

2. 粒度

粒度表示磨粒的大小程度。其表示方法有两种。

（1）以磨粒所能通过的筛网上每英寸长度上的孔数作为粒度。粒度号为 4~240 号，粒度号越大，则磨料的颗粒越细。

（2）粒度号比 240 号还要细的磨粒称为微粉。微粉的粒度用实测的实际最大尺寸，并在前冠以字母"W"来表示。粒度号为 W63~W0.5，例如 W7，即表示此种微粉的最大尺寸为 5~7 μm，粒度号越小，微粉颗粒越细。

粒度的大小主要影响加工表面的粗糙度和生产率。一般来说，粒度号越大，则加工表面的粗糙度越小，生产率越低。所以粗加工宜选粒度号小（颗粒较粗）的砂轮，精加工则选用粒度号大（颗粒较细）的砂轮；而微粉则用于精磨、超精磨等加工。

此外，粒度的选择还与零件的材料、磨削接触面积的大小等因素有关。通常情况下，磨软的材料应选颗粒较粗的砂轮。

3. 结合剂

结合剂的作用是将磨料黏合成具有各种形状及尺寸的砂轮，并使砂轮具有一定的强度、硬度、气孔和抗腐蚀、抗潮湿等性能。砂轮的强度、耐热性和耐磨性等重要指标，在很大程度上取决于结合剂的特性。

作为砂轮结合剂应具有的基本要求是：与磨粒不发生化学作用，能持久地保持其对磨粒的黏结强度，并保证所制砂轮在磨削时安全可靠。

目前砂轮常用的结合剂有陶瓷、树脂、橡胶。陶瓷应用最广泛，它能耐热、耐水、耐酸，价廉，但脆性高，不能承受较大冲击和振动。树脂和橡胶弹性好，能制成很薄的砂轮，但耐热性差，易受酸、碱切削液的侵蚀。常用结合剂的性能及适用范围见表3-10。

表3-10 常用结合剂的性能及适应范围

结合剂	代号	性　　能	使用范围
陶瓷	V	耐热耐蚀，气孔率大，易保持轮廓形状，弹性差	最常用，适用于各类磨削加工
树脂	B	强度比陶瓷高，弹性好，耐热性差	用于高速磨削、切削、开槽等
橡胶	R	强度比树脂高，更有弹性，气孔率小，耐热性差	用于切断和开槽

4. 硬度

砂轮的硬度是指结合剂对磨料黏结能力的大小。砂轮的硬度是由结合剂的黏结强度决定的，而不是靠磨料的硬度。在同样的条件和一定外力作用下，若磨粒很容易从砂轮上脱落，砂轮的硬度就比较低（或称为软）；反之，砂轮的硬度就比较高（或称为硬）。

砂轮上的磨粒钝化后，使作用于磨粒上的磨削力增大，从而促使砂轮表层磨粒自动脱落，里层新磨粒锋利的切削刃则投入切削，砂轮又恢复了原有的切削性能。砂轮的此种能力称为"自锐性"。

砂轮硬度的选择合理与否，对磨削加工质量和生产率影响很大。一般来说，零件材料越硬，则应选用越软的砂轮。这是因为零件硬度高，磨粒磨损快，选择较软的砂轮有利于磨钝砂轮的"自锐"。但硬度选得过低，则砂轮磨损快，也难以保证正确的砂轮廓形。若选用砂轮硬度过高，则难以实现砂轮的自锐，不仅生产率低，而且易产生零件表面的高温烧伤。

在机械加工中，常选用的砂轮硬度范围一般为H～N（软2～中2）。

砂轮的硬度等级及其代号见表3-11。

表 3-11　砂轮的硬度等级及其代号

大级名称	超软	软			中软		中		中硬			硬		超硬
小级名称	超软	软1	软2	软3	中软1	中软2	中1	中2	中硬1	中硬2	中硬3	硬1	硬2	超硬
代号	D	E	F	G	H	J	K	L	M	N	P	Q	R	S	T	Y

5. 组织

砂轮的组织是指砂轮中磨料、结合剂和气孔三者体积的比例关系。磨料在砂轮总体积上所占的比例越大，则砂轮的组织越紧密；反之，则组织越疏松。砂轮的组织分为紧密、中等、疏松三大类，细分 0~14 共 15 个组织号。组织号为 0 者，组织最紧密，组织号为 14 者，组织最疏松。

砂轮组织疏松，有利于排屑、冷却，但容易磨损和失去正确的廓形。组织紧密，则情况与之相反，并且可以获得较小的表面粗糙度。一般情况下采用中等组织的砂轮。精磨和成形磨用组织紧密的砂轮。磨削接触面积大和薄壁零件时，用组织疏松的砂轮。

6. 砂轮的形状及尺寸

为了适应不同的加工要求，砂轮制成不同的形状。同样形状的砂轮，还制成多种不同的尺寸。常用的砂轮形状、代号及用途见表 3-12。

表 3-12　常用的砂轮形状、代号及用途

砂轮名称	代号	断面形状	主要用途
平行砂轮	1		外圆磨、内圆磨、平面磨、无心磨、工具磨
薄片砂轮	41		切断、切槽
筒形砂轮	2		端磨平面
碗形砂轮	11		刃磨刀具、磨导轨
蝶形1号砂轮	12a		磨齿轮、磨铣刀、磨铰刀、磨拉刀
双斜边砂轮	4		磨齿轮、磨螺纹
杯形砂轮	6		磨平面、磨内圆、刃磨刀具

7. 砂轮的特性要素及规格尺寸标志

在砂轮的端面上一般均印有砂轮的标志。标志的顺序是：形状代号，尺寸，磨料，粒度号，硬度，组织号，结合剂，线速度。例如，一砂轮标记为"砂轮1－400×60×75－WA60－L5V－35 m/s"。则表示外径为400 mm，厚度为60 mm，孔径为75 mm；磨料为白刚玉（WA），粒度号为60；硬度为L（中软2），组织号为5，结合剂为陶瓷（V）；最高工作线速度为35 m/s的砂轮。

3.5.2 磨削过程

从本质上讲，磨削也是一种切削，砂轮表面上的每个磨粒，可以近似地看成一个微小刀齿，凸出的磨粒尖棱，可以认为是微小的切削刃。因此，砂轮可以看作是具有极多微小刀齿的铣刀，由于砂轮上的磨粒形状各异和分布的随机性，导致了它们在加工过程中均以负前角切削，且它们各自的几何形状和切削角度差异很大，工作情况相差甚远。砂轮表面的磨粒在切入零件时，其作用大致可分为三个阶段，如图3－73所示。

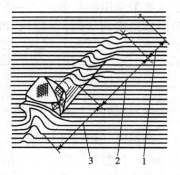

图3－73 磨削过程
1—滑擦；2—刻划；3—切削

1. 滑擦阶段

磨粒开始与零件接触，切削厚度由零逐渐增大。由于切削厚度较小，而磨粒切削刃的钝圆半径及负前角又很大，磨粒沿零件表面滑行并发生强烈的挤压摩擦，使零件表面材料产生弹性及塑性变形，零件表层产生热应力。

2. 刻划阶段

随着切削厚度的增大，磨粒与零件表面的摩擦和挤压作用加剧，磨粒开始切入零件，使零件材料因受挤压而向两侧隆起，在零件表面形成沟纹或划痕。此时除磨粒与零件间相互摩擦外，更主要的是材料内部发生摩擦，零件表层不仅有热应力，而且有由于弹、塑性变形所产生的变形应力。此阶段将影响零件表面粗糙度及表面烧伤、裂纹等缺陷。

3. 切削阶段

当切削厚度继续增大至一定值时，磨削温度不断升高，挤压力大于零件材料的强度，使被切材料明显地沿剪切面滑移而形成切屑，并沿磨粒前刀面流出。零件表面也产生热应力和变形应力。

由于砂轮表面砂粒高低分布不均，每个磨粒的切削厚度也不相同，故有些磨粒切削零件形成切屑，有些磨粒仅在零件表面上刻划、滑擦、从而产生很高的温度，引起零件表面的烧伤及裂纹。

在强烈的挤压和高温作用下,磨屑的形状极为复杂,常见的磨屑形态有带状屑、节状屑和灰烬。

3.5.3 磨削工艺的特点

1. 精度高、表面粗糙度小

磨削时,砂轮表面有极多的切削刃,并且刃口圆弧半径 r_ε 较小。例如粒度为 46 号的白刚玉磨粒, $r_\varepsilon \approx 0.006 \sim 0.012$ mm,而一般车刀和铣刀的 $r_\varepsilon \approx 0.012 \sim 0.032$ mm。磨粒上较锋利的切削刃,能够切下一层极薄的金属,切削厚度可以小到数微米,这是精密加工必须具备的条件之一。一般切削刀具的刃口圆弧半径虽然可以磨得小些,但不耐用,不能或难以进行经济的、稳定的精密加工。

磨削所用的磨床,比一般切削加工机床精度高,刚度及稳定性较好,并且具有微量进给机构(表 3-13),可以进行微量切削,从而保证了精密加工的实现。

表 3-13 不同机床微量进给机构的刻度值

机床名称	立式铣床	车床	平面磨床	外圆磨床	精密外圆磨床	内圆磨床
刻度值/mm	0.05	0.02	0.01	0.005	0.002	0.002

磨削时,切削速度很高,如普通外圆磨削 $v_c \approx 30 \sim 35$ m/s,高速磨削 $v_c > 50$ m/s。当磨粒以很高的切削速度从零件表面切过时,同时有很多切削刃进行切削,每个切削刃从零件上切下极少量的金属,残留面积高度很小,有利于降低表面粗糙度。

因此,磨削可以达到高的精度和低的粗糙度。一般磨削精度可达 IT7~IT6,表面粗糙度 Ra 值为 0.2~0.8 μm,当采用小粗糙度磨削时,粗糙度 Ra 值可达 0.008~0.1 μm。

2. 砂轮有自锐作用

磨削过程中,砂轮的自锐作用是其他切削刀具所没有的,一般刀具的切削刃,如果磨钝损坏,则切削不能继续进行,必须换刀或重磨。而砂轮由于本身的自锐性,使得磨粒能够以较锋利的刃口对零件进行切削。实际生产中,有时就利用这一原理进行强力连续磨削,以提高磨削加工的生产效率。

3. 背向磨削力 F_y 较大

与车外圆时切削力的分解类似,磨外圆时总磨削力 F 也可以分解为三个互相垂直的力(图 3-74),其中 F_z 称为磨削力,F_y 称为背向磨削力,F_x 称为

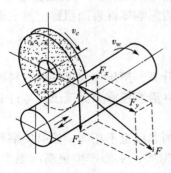

图 3-74 磨削力

进给磨削力。磨削力 F_z 决定磨削时消耗功率的大小,在一般切削加工中,切削力 F_z 比背向力 F_y 大得多;而在磨削时,由于背吃刀量较小,磨粒上的刃口圆弧半径相对较大,同时由于磨粒上的切削刃一般都具有负前角,砂轮与零件表面接触的宽度较大,致使背向磨削力 F_y 大于磨削力 F_z。一般情况下,$F_y \approx (1.5 \sim 3) F_z$,零件材料的塑性越小,$F_y/F_z$ 之值越大,见表 3-14。

表 3-14 磨削不同材料时 F_y/F_z 之值

零件材料	碳钢	淬硬钢	铸铁
F_y/F_z	1.6~1.8	1.9~2.6	2.7~3.2

虽然背向磨削力 F_y 不消耗功率,但它作用在工艺系统(机床—夹具—零件—刀具所组成的加工系统)刚度较差的方向上,容易使工艺系统产生变形,影响零件的加工精度。例如纵磨细长轴的外圆时,由于零件的弯曲而产生腰鼓形,如图 3-74 所示。进给磨削力 F_x 最小,一般可忽略不计。另外,由于工艺系统的变形,会使实际的背吃刀量比名义值小,这将增加磨削加工的走刀次数。一般在最后几次光磨走刀中,要少吃刀或不吃刀,以便逐步消除由于弹性变形而产生的加工误差,这就是常说的无进给有火花磨削。但是,这样将降低磨削加工的效率。

4. 磨削温度高

磨削时的切削速度为一般切削加工的 10~20 倍。在这样高的切削速度下,加上磨粒多为负前角切削,挤压和摩擦较严重,磨削时滑擦、刻划和切削三个阶段所消耗的能量绝大部分转化为热量。又因为砂轮本身的传热性很差,大量的磨削热在短时间内传散不出去,在磨削区形成瞬时高温,有时高达 800℃~1 000℃,并且大部分磨削热将传入零件。

高的磨削温度容易烧伤零件表面,使淬火钢件表面退火,硬度降低,即使由于切削液的浇注可以降低切削温度,但又可能发生二次淬火,会在零件表层产生拉应力及显微裂纹,降低零件的表面质量和使用寿命。

高温下,零件材料将变软而容易堵塞砂轮,这不仅影响砂轮的耐用度,也影响零件的表面质量。

因此,在磨削过程中,应采用大量的切削液。磨削时加注切削液,除了冷却和润滑作用之外,还可以起到冲洗砂轮的作用。切削液将细碎的切屑以及碎裂或脱落的磨粒冲走,避免砂轮堵塞,可有效地提高零件的表面质量和砂轮的耐用度。

磨削钢件时,广泛应用的切削液是苏打水或乳化液。磨削铸铁、青铜等脆性材料时,一般不加切削液,而用吸尘器清除尘屑。

5. 表面变形强化和残余应力严重

磨削与刀具切削相比,磨削的表面变形强化层和残余应力层要浅得多,但危害

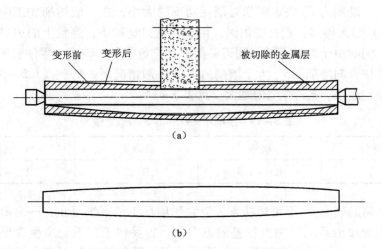

图 3-75 背向磨削力所引起的加工误差
(a) 磨削时工件变形；(b) 工件实际变形

程度却更为严重，对零件的加工工艺、加工精度和使用性能均有一定的影响。例如，磨削后的机床导轨面，刮削修整比较困难。残余应力使零件磨削后变形，丧失已获得的加工精度，还可导致细微裂纹，影响零件的疲劳强度。及时修整砂轮，施加充足的切削液，增加光磨次数，都可在一定程度上减少表面变形强化和残余应力。

3.5.4 磨削的应用及发展

磨削过去一般常用于半精加工和精加工，随着机械制造业的发展，磨床、砂轮、磨削工艺和冷却技术等都有了较大的改进，磨削已能经济地、高效地切除大量金属。又由于日益广泛地采用精密铸造、模锻、精密冷拔等先进的毛坯制造工艺，毛坯的加工余量较小，可不经车削、铣削等粗加工，直接利用磨削加工，达到较高的精度和表面质量要求。因此，磨削加工获得了越来越广泛的应用和迅速的发展，目前，在工业发达国家中磨床占机床总数的 30%～40%，据推断，磨床所占比例今后还要增加。

磨削可以加工的零件材料范围很广，既可以加工铸铁、碳钢、合金钢等一般结构材料，也能够加工高硬度的淬硬钢、硬质合金、陶瓷和玻璃等难切削的材料。但是，磨削不宜精加工塑性较大的有色金属零件。

磨削可以加工外圆面、内孔、平面、成形面、螺纹和齿轮齿形等各种各样的表面，还常用于各种刀具的刃磨。

1. 外圆磨削

外圆磨削一般在普通外圆磨床或万能外圆磨床（图 3-76）上进行。由于砂轮粒度及采用的磨削用量不同,磨削外圆的精度和表面粗糙度也不同。磨削可分为粗磨和精磨,粗磨外圆的尺寸精度可达公差等级IT8～IT7,表面粗糙度值 Ra 为 0.8～1.6 μm;精磨外圆的尺寸精度可达公差等级IT6,表面粗糙度值 Ra 为 0.2～0.4 μm。

(1) 在外圆磨床上磨外圆。磨削时,轴类零件常用顶尖装夹,其方法与车削时基本相同,但磨床所用顶尖都是死顶尖,不随零件一起转动。盘套类零件则利用心轴和顶尖安装。磨削方法分为如下几种。

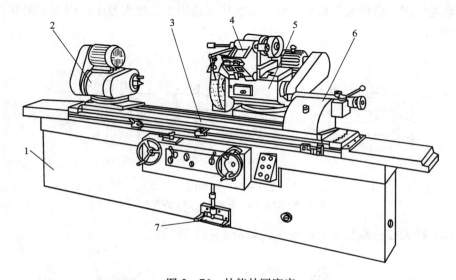

图 3-76 外能外圆磨床
1—床身;2—头架;3—工作台;4—内圆磨装置;5—砂轮架;6—尾座;7—脚踏操纵板

① 纵磨法 [如图 3-77 (a) 所示]。磨削时砂轮高速旋转为主运动,零件旋转为圆周进给运动,零件随磨床工作台的往复直线运动为纵向进给运动。每一次往复行程终了时,砂轮作周期性的横向进给(磨削深度)。每次磨削深度很小,经多次横向进给磨去全部磨削余量。

由于每次磨削量小,所以磨削力小,产生的热量小,散热条件较好。同时,还可以利用最后几次无横向进给的光磨行程进行精磨,因此加工精度和表面质量较高。此外,纵磨法具有较大的适应性,可以用一个砂轮加工不同长度的零件。但是,它的生产效率较低,广泛用于单件、小批量生产及精磨,特别适用于细长轴的磨削。

② 横磨法 [如图 3-77 (b) 所示]。又称切入磨法,零件不作纵向往复运动,而由砂轮作慢速连续的横向进给运动,直至磨去全部磨削余量。

横磨法生产率高,但由于砂轮与零件接触面积大,磨削力较大,发热量多,磨削温度高，零件易发生变形和烧伤。同时砂轮的修正精度以及磨钝情况，均直接影响到零件的尺寸精度和形状精度。所以横磨法适用于成批及大量生产中，加工精度较低、刚性较好的零件。尤其是零件上的成形表面，只要将砂轮修整成形，就可直接磨出，较为简便。

③ 深磨法 [如图 3-77（c）所示]。磨削时用较小的纵向进给量（一般取 $1\sim 2$ mm/r）、较大的背吃刀量（一般为 $0.1\sim 0.35$ mm），在一次行程中磨去全部余量，生产率较高。需要把砂轮前端修整成锥面进行粗磨，直径大的圆柱部分起精磨和修光作用，应修整得精细一些。深磨法只适用于大批大量生产中加工刚度较大的短轴。

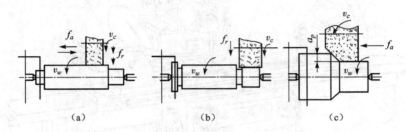

图 3-77 磨外圆
（a）纵磨法；（b）横磨法；（c）深磨法

（2）在无心外圆磨床上磨外圆，如图 3-78 所示。

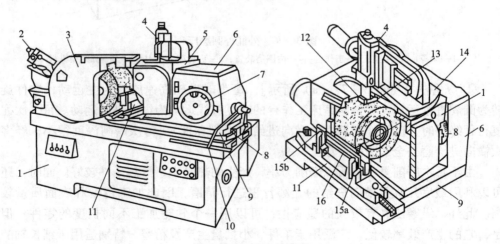

图 3-78 无心外圆磨
1—床身；2—砂轮修整器；3—砂轮架；4—导轮休整器；5—转动体；6—座架；
7—微量进给手轮；8—回转底座；9—托板；10—快速进给手柄；11—工件座架；
12—直尺；13—金刚石；14—底座；15—导板；16—托板

无心外圆磨削是一种生产率很高的精加工方法，如图3-79所示。磨削时，零件置于磨轮和导轮之间，下方靠托板支承，由于不用顶尖支承，所以称为无心磨削。零件以外圆柱面自身定位，其中心略高于磨轮和导轮中心连线。磨轮以一般的磨削速度（$v_{轮} = 30 \sim 40$ m/s）旋转，导轮以较低的速度同向旋转（$v_c = 0.16 \sim 0.5$ m/s）。由于导轮是用橡胶结合剂做的，磨粒较粗，零件与导轮之间的摩擦较大，所以零件由导轮带动旋转。导轮轴线相对于零件轴线倾斜一定角度（$\alpha = 1° \sim 5°$），故导轮与零件接触点的线速度可以分解为两个分量 $v_{w\tau}$ 和 v_{wa}。$v_{w\tau}$ 为零件旋转速度，即圆周进给速度，v_{wa} 为零件轴向移动速度，即纵向进给速度，v_{wa} 使零件沿轴向作自动进给。导轮倾斜 α 角后，为了使导轮表面与零件表面仍能保持线接触，导轮的外形应修整成单叶双曲面。无心外圆磨削时，零件两端不需预先打中心孔，安装也较方便；并且机床调整好之后，可连续进行加工，易于实现自动化，生产效率较高。零件被夹持在磨轮与导轮之间，不会因背向磨削力而被顶弯，有利于保证零件的直线度，尤其是对于细长轴类零件的磨削，优点更为突出。但是，无心外圆磨削要求零件的外圆面在圆周上必须是连续的，如果圆柱表面上有较长的键槽或平面等，导轮将无法带动零件连续旋转，故不能磨削。又因为零件被托在托板上，依靠本身的外圆面定位，若磨削带孔的零件，则不能保证外圆面与孔的同轴度。另外，无心外圆磨床的调整比较复杂。因此，无心外圆磨削主要适用于大批大量生产销轴类零件，特别适合于磨削细长的光轴。

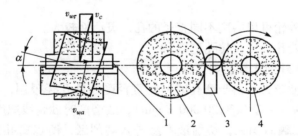

图3-79 无心外圆磨削示意图
1—零件；2—磨轮；3—托板；4—导轮

2. 孔的磨削

磨孔是用高速旋转的砂轮精加工孔的方法。其尺寸公差等级可达IT7，表面粗糙度值为 $Ra = 0.4 \sim 1.6$ μm。孔的磨削可以在内圆磨床上进行，也可以在万能外圆磨床上进行。磨孔时（图3-79），砂轮旋转为主运动，零件低速旋转为圆周进给运动（其旋转方向与砂轮旋转方向相反）；砂轮直线往复为轴向进给运动；切深运动为砂轮周期性的径向进给运动。

（1）孔的磨削方法。与外圆磨削类似，内圆磨削也可以分为纵磨法和横磨法。横磨法仅适用于磨削短孔及内成形面。鉴于磨内孔时受孔径限制，砂轮轴比较细，刚性较差，所以多数情况下是采用纵磨法。

在内圆磨床上，可磨通孔、磨不通孔［图 3-80（a）、（b）］，还可在一次装夹中同时磨出内孔的端面［图 3-80（c）］，以保证孔与端面的垂直度和端面圆跳动公差的要求。在外圆磨床上，除可磨孔、端面外，还可在一次装夹中磨出外圆，以保证孔与外圆的同轴度公差的要求。若要磨圆锥孔，只需将磨床的头架在水平方向偏转半个锥角即可。

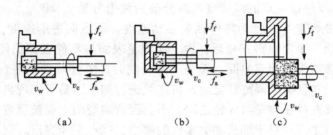

图 3-80 磨孔示意图
(a) 磨通孔；(b) 磨不通孔；(c) 磨孔内端面

(2) 磨孔与铰孔或拉孔比较有如下特点。

① 可磨削淬硬的零件孔，这是磨孔的最大优势。

② 不仅能保证孔本身的尺寸精度和表面质量，还可以提高孔的位置精度和轴线的直线度。

③ 用同一个砂轮可以磨削不同直径的孔，灵活性较大。

④ 生产率比铰孔低，比拉孔更低。

(3) 磨孔与磨外圆比较有如下特点。

① 表面粗糙度较大。由于磨孔时砂轮直径受零件孔径限制，一般较小，磨头转速又不可能太高（一般低于 20 000 r/min），故磨削时砂轮线速度较磨外圆时低。加上砂轮与零件接触面积大，切削液不易进入磨削区，所以磨孔的表面粗糙度值 Ra 较磨外圆时大。

② 生产率较低。磨孔时，砂轮轴悬伸长且细，刚度很差，不宜采用较大的背吃刀量和进给量，故生产率较低。由于砂轮直径小，为维持一定的磨削速度，转速要高，增加了单位时间内磨粒的切削次数，磨损快；磨削力小，降低了砂轮的自锐性，且易堵塞。因此，需要经常修整砂轮和更换砂轮，增加了辅助时间，使磨孔生产率进一步降低。

3. 平面磨削

平面磨削是在铣、刨基础上的精加工。经磨削后平面的尺寸精度可达公差等级 IT6～IT5，表面粗糙度值 Ra 达 0.2～0.8 μm。

平面磨削的机床，常用的有卧轴、立轴柜台平面磨床和卧轴、立轴圆台平面磨床,其主运动都是砂轮的高速旋转,进给运动是砂轮、工作台的移动,如图3-81所示。

与平面铣削类似,平面磨削可以分为周磨和端磨两种方式。周磨是在卧轴平面磨床上利用砂轮的外圆面进行磨削,如图3-81(a)、(b)所示,周磨时砂轮与零件的接触面积小,磨削力小,磨削热少,散热、冷却和排屑条件好,砂轮磨损均匀,所以能获得高的精度和低的表面粗糙度,常用于各种批量生产中对中、小型零件的精加工。端磨则是在立轴平面磨床上利用砂轮的端面进行磨削,如图3-81(c)、(d)所示,端磨平面时砂轮与零件的接触面积大,磨削力大,磨削热多,散热、冷却和排屑条件差,砂轮端面沿径向各点圆周速度不同,砂轮磨损不均匀,所以端磨精度不如周磨,但是,端磨磨头悬伸长度较短,又垂直于工作台面,承受的主要是轴向力,刚度好,加之这种磨床功率较大,故可采用较大的磨削用量,生产率较高,常用于大批量生产中代替铣削和刨削进行粗加工。磨削铁磁性零件(钢、铸铁等)时,多利用电磁吸盘将零件吸住,装卸很方便。对于某些不允许带有磁性的零件,磨完平面后应进行退磁处理。因此,平面磨床附有退磁器,可以方便地将零件的磁性退掉。

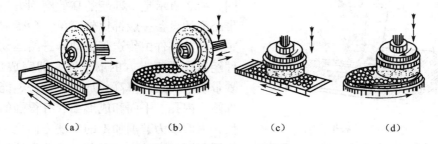

图3-81 平面磨床及其磨削运动
(a) 卧式柜台;(b) 圆台平面磨床;(c) 立式柜台;(d) 圆台平面磨床

4. 磨削发展简介

近年来,磨削正朝着两个方向发展:一个是高精度、低粗糙度磨削;另一个是高效磨削。

(1) 高精度、低粗糙度磨削。它包括精密磨削(Ra 为 $0.05\sim0.1~\mu m$)、超精磨削(Ra 为 $0.012\sim0.025~\mu m$)和镜面磨削(Ra 为 $0.008~\mu m$ 以下),可以代替研磨加工,以便节省工时和减轻劳动强度。

进行高精度、小粗糙度磨削时,除对磨床精度和运动平稳性有较高要求外,还要合理地选用工艺参数,对所用砂轮要经过精细修整,以保证砂轮表面的磨粒具有等高性很好的微刃。磨削时,磨粒的微刃在零件表面上切下微细切屑,同时在适当的磨削压力下,借助半钝状态的微刃,对零件表面产生摩擦抛光作用,从而获得高的精度和低的表面粗糙度。

(2) 高效磨削。包括高速磨削、强力磨削和砂带磨削,主要目标是提高生产效率。高速磨削是指磨削速度 v_c(即砂轮线速度 v_s)$\geqslant 50 \text{ m/s}$ 的磨削加工,即使维持与普通磨削相同的进给量,也会因提高零件速度而增加金属切削率,使生产率提高。由于磨削速度高,单位时间内通过磨削区的磨粒数增多,每个磨粒的切削层厚度将变薄,切削负荷减小,砂轮的耐用度可显著提高。由于每个磨粒的切削层厚度小,零件表面残留面积的高度小,并且高速磨削时磨粒刻划作用所形成的隆起高度也小,因此磨削表面的粗糙度较小。高速磨削的背向力 F_p 将相应减小,有利于保证零件(特别是刚度差的零件)的加工精度。强力磨削就是以大的背吃刀量(可达十几毫米)和小的纵向进给速度(相当于普通磨削的 1/100 ~ 1/10)进行磨削,又称缓进深切磨削或深磨。强力磨削适用于加工各种成形面和沟槽,特别能有效地磨削难加工材料(如耐热合金等)。并且,它可以从铸、锻件毛坯直接磨出合乎要求的零件,生产率大大提高。

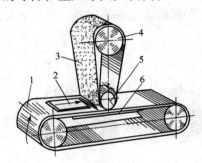

图 3-82 砂带磨削
1—传送带;2—零件;3—砂带;4—张紧轮;
5—接触轮;6—支承板

高速磨削和强力磨削都对机床、砂轮及冷却方式提出了较高的要求。砂带磨削,如图 3-82 所示是一种新的高效磨削方法。砂带磨削的设备一般都比较简单。砂带回转为主运动,零件由传送带带动作进给运动,零件经过支承板上方的磨削区,即完成加工。砂带磨削的生产率高,加工质量好,能加工外圆、内孔、平面和成形面,有很强的适应性,因而成为磨削加工的发展方向之一,其应用范围越来越广。目前,工业发达国家的磨削加工中,估计有 1/3 左右为砂带磨削,今后它所占的比例还会增大。

3.5.5 精密加工

精密加工是指在精加工之后从零件上切除很薄的材料层,以提高零件精度和减小表面粗糙度为目的的加工方法,如研磨和珩磨等。光整加工是指不切除或从零件上切除极薄材料层,以减小零件表面粗糙度为目的的加工方法,如超级光磨和抛光。

1. 研磨

研磨是用研磨工具和研磨剂,从零件上研去一层极薄表面层的精加工方法。研磨外圆尺寸精度可达公差等级 IT6 ~ IT5 以上,表面粗糙度可达 Ra 为 0.08 ~ 0.1 μm。研磨的设备结构简单,制造方便,故研磨在高精度零件和精密配合的零件加工中,是一种有效的方法。

1) 加工原理

研磨是在研具与零件之间置以研磨剂,研具在一定压力作用下与零件表面之间作复杂的相对运动,通过研磨剂的机械及化学作用,从零件表面上切除很薄的一层材料,从而达到很高的精度和很小的表面粗糙度。

研具的材料应比零件材料软,以便部分磨粒在研磨过程中能嵌入研具表面,起滑动切削作用。大部分磨粒悬浮于磨具与零件之间,起滚动切削作用。研具可以用铸铁、软钢、黄铜、塑料或硬木制造,但最常用的是铸铁研具。因此它适于加工各种材料,并能较好地保证研磨质量和生产效率,成本也比较低。

研磨剂由磨料、研磨液和辅助填料等混合而成,有液态、膏状和固态三种,以适应不同加工的需要。磨料主要起机械切削作用,是由游离分散的磨粒作自由滑动、滚动和冲击来完成的。常用的磨粒有刚玉、碳化硅等,其粒度在粗研时为W20~W240,精研时为W20以下。研磨液主要起冷却和润滑作用,并能使磨粒均匀地分布在研具表面。常用的研磨液有煤油、汽油、全损耗系统用油(俗称机油)等。辅助填料可以使金属表面产生极薄的、较软的化合物膜,以使零件表面凸峰容易被磨粒切除,提高研磨效率和表面质量。最常用的辅助填料是硬脂酸、油酸等化学活性物质。

2) 研磨方法

研磨方法分手工研磨和机械研磨两种。

(1) 手工研磨是人手持研具或零件进行研磨的方法,如图3-83所示,所用研具为研磨环。研磨时,将弹性研磨环套在零件上,并在研磨环与零件之间涂上研磨剂,调整螺钉使研磨环对零件表面形成一定的压力。零件装夹在前后顶尖上,作低速回转(20~30 m/min),同时手握研磨环作轴向往复运动,并经常检测零件,直至合格为止。手工研磨生产率低,只适用于单件小批量生产。

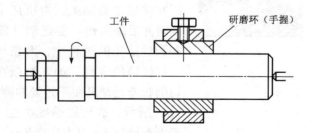

图3-83 手工研磨外圆

(2) 机械研磨是在研磨机上进行,如图3-84所示为研磨小件外圆用研磨机的工作示意图。研具由上下两块铸铁研磨盘2、5组成,二者可同向或反向旋转。下研磨盘与机床转轴刚性连接，上研磨盘与悬臂轴6活动铰接，可按照下研磨盘自动调位，以保证压力均匀。在上下研磨盘之间有一个与偏心轴1相连的分隔盘4，其上开有安装零件的长槽，槽与分隔盘径向倾斜角为γ。当研磨盘转动时，分隔盘由偏心轴带动作偏心旋转，零件3既可以在槽内自由转动，又可因分隔盘的偏心而作轴向滑动，因而其表面形成网状轨迹，从而保证从零件表面切除均匀的加工余量。悬臂轴可向两边摆动，以便装夹零件。机械研磨生产率高，适合大批大量生产。

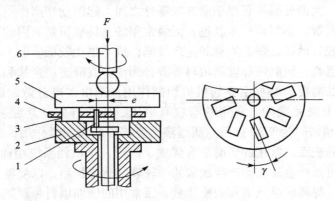

图3-84 研磨机工作示意图

1—偏心轴；2—下研磨盘；3—零件；4—分隔盘；5—上研磨盘；6—悬臂轴

2. 珩磨

1) 加工原理

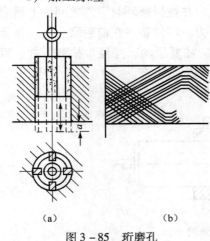

图3-85 珩磨孔
(a) 加工示意图；(b) 切削轨迹

珩磨是利用带有磨条（由几条粒度很细的磨条组成）的珩磨头对孔进行精整加工的方法。如图3-85(a)所示为珩磨加工示意图，珩磨时，珩磨头上的油石以一定的压力压在被加工表面上，由机床主轴带动珩磨头旋转并沿轴向作往复运动（零件固定不动）。在相对运动的过程中，磨条从零件表面切除一层极薄的金属，加之磨条在零件表面上的切削轨迹是交叉而不重复的网纹，如图3-85(b)所示，故珩磨精度可达IT7～IT5以上，表面粗糙度Ra值为0.008～0.1 μm。

为了及时地排出切屑和切削热，降低切削温度和减少表面粗糙度，珩磨时要浇注充分的珩磨液。珩磨铸铁和钢件时通常用煤油加少量机油或锭子油（10%～20%）作珩磨液；珩磨青铜等脆性材料时，可以用水剂珩磨液。

磨条材料依零件材料选取。加工钢件时，磨条一般选用氧化铝；加工铸铁、不锈钢和有色金属时，磨条材料一般选用碳化硅。

在大批量生产中，珩磨在专门的珩磨机上进行。机床的工作循环常是自动化的，主轴旋转是机械传动，而其轴向往复运动是液压传动。珩磨头磨条与孔壁之间的工作压力由机床液压装置调节。在单件小批生产中，常将立式钻床或卧式车床进行适当改装，来完成珩磨加工。

2）珩磨的特点及应用

珩磨具有如下特点。

（1）生产率较高。珩磨时多个磨条同时工作，又是面接触，同时参加切削的磨粒较多，并且经常连续变化切削方向，能较长时间保持磨粒刃口锋利。珩磨余量比研磨大，一般珩磨铸铁时为 $0.02 \sim 0.15$ mm，珩磨钢件时为 $0.005 \sim 0.08$ mm。

（2）精度高。珩磨可提高孔的表面质量、尺寸和形状精度，但不能纠正孔的位置误差。这是由于珩磨头与机床主轴是浮动连接所致。因此，在珩磨孔的前道精加工工序中，必须保证其位置精度。

（3）珩磨表面耐磨损。由于已加工表面有交叉网纹，利于油膜形成，润滑性能好，磨损慢。

（4）珩磨头结构较复杂。珩磨主要用于孔的精整加工，加工范围很广，能加工直径为 $5 \sim 500$ mm 或更大的孔，并且能加工深孔。珩磨还可以加工外圆、平面、球面和齿面等。

珩磨不仅在大批大量生产中应用极为普遍，而且在单件小批生产中应用也较广泛。对于某些零件的孔，珩磨已成为典型的精整加工方法，例如飞机、汽车等的发动机的汽缸、缸套、连杆以及液压缸、枪筒、炮筒等。

3. 抛光

1）加工原理

抛光是在高速旋转的抛光轮上涂以抛光膏，对零件表面进行光整加工的方法。抛光轮一般是用毛毡、橡胶、皮革、棉制品或压制纸板等材料叠制而成，是具有一定弹性的软轮。抛光膏由磨料（氧化铬、氧化铁等）和油酸、软脂等配制而成。

抛光时，将零件压于高速旋转的抛光轮上，在抛光膏介质的作用下，金属表面产生的一层极薄的软膜，可以用比零件材料软的磨料切除，而不会在零件表面留下划痕。加之高速摩擦，使零件表面出现高温，表层材料被挤压而发生塑性流动，这样可填平表面原来的微观不平，获得很光亮的表面（呈镜面状）。

2）抛光特点及应用

抛光具有如下特点：

（1）方法简单、成本低。抛光一般不用复杂、特殊设备，加工方法较简单，成本低。

(2) 适宜曲面的加工。由于弹性的抛光轮压于零件曲面时，能随零件曲面而变化，也即与曲面相吻合，容易实现曲面抛光，便于对模具型腔进行光整加工。

(3) 不能提高加工精度。由于抛光轮与零件之间没有刚性的运动联系，抛光轮又有弹性，因此不能保证从零件表面均匀地切除材料，而只能减小表面粗糙度值，不能提高加工精度。所以，抛光仅限于某些制品的表面装饰加工，或者作为产品电镀前的预加工。

(4) 劳动条件较差。抛光目前多为手工操作，工作繁重，飞溅的磨粒、介质、微屑污染环境，劳动条件较差。为改善劳动条件，可采用砂带磨床进行抛光，以代替用抛光轮的手工抛光。

综上所述，研磨、珩磨和抛光所起的作用是不同的，抛光仅能提高零件表面的光亮程度，而对零件表面粗糙度的改善并无益处。研磨和珩磨则不但可以减小零件表面的粗糙度，也可以在一定程度上提高其尺寸和形状精度。

从应用范围来看，研磨珩磨和抛光都可以用来加工各种各样的表面，但珩磨主要用于孔的精整加工。

从所用工具和设备来看，抛光最简单，研磨稍复杂，而珩磨较为复杂。实际生产中常根据零件的形状、尺寸和表面的要求，以及批量大小和生产条件等，选用合适的精整或光整加工方法。

3.6 齿轮加工

3.6.1 齿轮表面的技术要求

齿轮是广泛应用于各种机械和仪表中的一种零件，其作用是按规定的传动比传递运动和功率。由齿轮构成的齿轮传动是机械传动的基本形式之一，因其传动的可靠性好、承载能力强、制造工艺成熟等优点，从而成为各类机械中传递运动和动力的主要机构。

齿轮传动有圆柱齿轮传动、圆锥齿轮传动、齿轮—齿条传动以及蜗杆—蜗轮传动等。由于齿轮传动的类型很多，对齿轮传动的使用要求也是多方面的，一般情况下，齿轮传动有以下几个方面的使用要求，每种要求都是由齿轮的一个或一组相应的评价指标表示。

(1) 齿轮传动准确性。齿轮传动的准确性是指齿轮转动一周内传动比的变动量，评定的指标主要包括：齿距累积总误差；径向跳动、切向综合总误差；径向综合总误差；公法线长度变动等。通过对以上几项公差的控制使齿轮的传动精度达到要求。

(2) 齿轮传动的平稳性。齿轮传动的平稳性是指齿轮在转过一个齿距角的范围内传动比的变动量，评定指标有：单个齿距偏差、基圆齿距偏差、齿廓偏差、一齿切向综合误差、一齿径向综合误差等。该项指标主要影响齿轮在转动过程中的噪声。

(3) 载荷分布的均匀性。齿轮载荷分布的均匀性是指在轮齿啮合过程中，工作齿面沿全齿宽和全齿长上保持均匀接触，并具有尽可能大的接触面积比。评定指标有螺旋线偏差、接触斑点和轴线平行度误差，通过控制以上指标，保证齿轮传递载荷分布的均匀性，以提高齿轮的使用寿命。

(4) 齿轮副侧隙。齿轮副侧隙是指一对齿轮啮合时，在非工作齿面间应留有合理的间隙，目的是为储藏润滑油，补偿齿轮副的安装与加工误差以及受力变形和发热变形，保证齿轮自由回转，评定指标包括齿厚偏差、公法线长度偏差和中心距偏差。

(5) 齿坯基准面的精度。齿坯基准表面的尺寸精度和五花八门的精度直接影响齿轮的加工精度和传动精度，齿轮在加工、检验和安装时的径向基准面和轴向辅助基准面应该尽量一致。对于不同精度的齿轮齿坯公差可查阅有关标准。

无论是圆柱齿轮还是圆锥齿轮的加工，按照加工时的工作原理可分为成形法和展成法两种。

1. 圆柱齿轮齿面的加工

(1) 成形法。采用刀刃形状与被加工齿轮齿槽截面形状相同的成形刀具加工齿轮，常用成形铣刀进行铣齿。成形铣刀有盘状模数铣刀和指状模数铣刀两种，专门用来加工直齿和螺旋齿（斜齿）圆柱齿轮，其中指状模数铣刀适用于加工模数较大的齿轮，如图 3-86 所示。

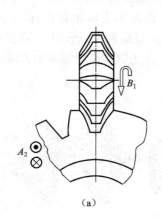
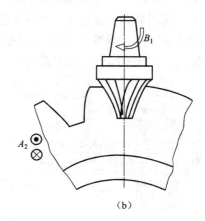

图 3-86　用成形铣刀加工齿轮轮齿
(a) 盘状模数铣刀；(b) 指状模数铣刀

用成形铣刀加工齿轮时，每次加工齿轮的一个齿槽，零件的各个齿槽是利用分度装置依次切出的。其优点是所用刀具与机床的结构比较简单,还可在通用机床上用分度装置来进行加工。如可在升降台式铣床或牛头刨床上分别用齿轮铣刀或成形刨刀加工齿轮。

用成形法加工齿轮时,由于同一模数的齿轮只要齿数不同,齿形曲线也不相同,为了加工准确的齿形,就需要很多的成形刀具,这显然是很不经济的。同时,因成形刀的齿形误差、系统的分度误差及齿坯的安装误差等影响,加工精度较低,一般低于IT10级。常用于单件小批生产和修配行业。

(2)展成法。展成法加工齿面是根据一对齿轮啮合传动原理实现的,即将其中一个齿轮制成具有切削功能的刀具,另一个则为齿轮坯,通过专用机床使二者在啮合过程中由各刀齿的切削痕迹逐渐包络出零件齿面。展成法加工齿轮的优点是:用同一把刀具可以加工同一模数不同齿数的齿轮,加工精度和生产率较高。按展成法加工齿面最常见的方式是插齿、滚齿、剃齿和磨齿,用来加工内、外啮合的圆柱齿轮和蜗轮等。

① 插齿。插齿主要用于加工直齿圆柱齿轮的轮齿,尤其是加工内齿轮、多联齿轮,还可以加工斜齿轮、人字齿轮、齿条、齿扇及特殊齿形的轮齿。

插齿是按展成法的原理来加工齿轮的,如图3-87(a)所示。插齿精度高于铣齿,可达IT8~IT7级,齿面的表面粗糙度值$Ra=1.6~3.2~\mu m$,但生产率较低。当插斜齿轮时,除了采用斜齿插齿刀外,还要在机床主轴滑枕中装有螺旋导轨副,以实现插齿刀的附加转动。

② 滚齿。滚齿是用齿轮滚刀在滚齿机上加工齿轮和蜗轮齿面的方法,如图3-87(b)所示。滚齿精度可达IT8~IT7级;因为滚齿属连续切削,故生产率比铣齿、插齿都高。滚齿不仅用于加工直齿轮和斜齿轮,还可加工蜗轮和花键轴等;其他许多零件、棘轮、链轮、摆线齿轮及圆弧点啮合齿轮等也都可以设计专用滚刀来加工;它既可用于大批大量生产,也是单件小批生产中加工圆柱齿轮的基本方法。

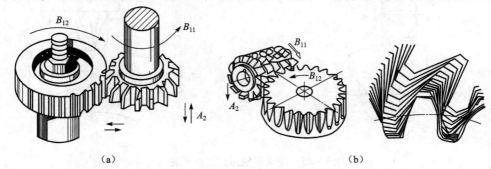

图3-87 展成原理及其成形运动
(a)插齿原理;(b)滚齿原理

(3) 齿面精加工。铣齿、插齿和滚齿只能获得一般精度的齿面；精度超过 IT7 级或须淬硬的齿面，在铣、插、滚等预加工或热处理后还需进行精加工。常用齿面精加工方法如下。

① 剃齿。剃齿是用剃齿刀对齿轮或蜗轮未淬硬齿面进行精加工的基本方法，是一种利用剃齿刀与被切齿轮作自由啮合进行展成加工的方法。

剃齿加工精度主要取决于刀具，只要剃齿刀本身的精度高，刃磨好，就能够剃出表面粗糙度值 $Ra = 0.4 \sim 0.8~\mu m$、精度为 IT8～IT6 级的齿轮。剃齿精度还受剃前齿轮精度的影响，剃齿一般只能使轮齿精度提高一级。从保证加工精度考虑，剃前工艺采用滚齿比采用插齿好，因为滚齿的运动精度比插齿好，滚齿后的齿形误差虽然比插齿大，但这在剃齿工序中是不难纠正的。

剃齿加工主要用于加工中等模数，IT8～IT6 级精度、非淬硬齿面的直齿或斜齿圆柱齿轮，部分机型也可加工小锥度齿轮和鼓形齿的齿轮，由于剃齿工艺的生产率极高，被广泛的用作大批大量生产中齿轮的精加工。

② 珩齿。珩齿是用珩磨轮对齿轮或蜗轮的淬硬齿面进行精加工的重要方法，齿面硬度一般超过 35 HRC；与剃齿不同的只是以含有磨料的塑料珩轮代替了原来的剃齿刀，在珩轮与被珩齿轮自由啮合过程中，利用齿面间的压力和相对滑动对被切齿轮进行精加工。但珩齿对零件齿面齿形精度改善不大，主要用于降低热处理后的齿面表面粗糙度。珩磨轮用金刚砂和环氧树脂等混合经浇注或热压而成。金刚砂磨粒硬度极高，珩磨时能切除硬齿面上的薄层加工余量。珩磨过程具有磨、剃和抛光等几种精加工的综合作用。

③ 磨齿。磨齿是按展成法的原理用砂轮磨削齿轮或齿条的淬硬齿面。磨齿须在磨齿机上进行，属于淬硬齿面的精加工。如图 3-88 所示，按展成法磨齿时，将砂轮的工作面修磨成锥面以构成假想齿条的齿面；加工时砂轮以高速旋转为主运

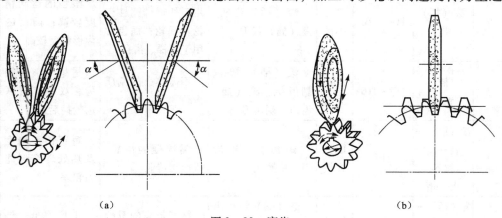

图 3-88 磨齿
(a) 齿面由两个碟形砂轮工作面组成；(b) 齿面由一个锥形砂轮两侧工作面组成

动，同时沿零件轴向作往复进给运动；砂轮与零件间通过机床传动链保持着一对齿轮啮合运动关系，磨好一齿后由机床自动分度再磨下一个齿，直至磨完全部齿面。假想齿条的齿面可由两个碟形砂轮工作面来构成，如图 3-88（a）所示，也可由一个锥形砂轮的两侧工作面构成，如图 3-88（b）所示。

磨齿工序修正误差的能力强，在一般条件下加工精度能达到 IT8~IT6 级精度，表面粗糙度可达 $Ra = 0.16~0.8 \mu m$，但生产率低，与剃齿形成了明显的对比，但磨齿可加工淬硬齿面，剃齿则不能。

磨齿是齿轮加工中加工精度最高、生产率最低的精加工方法，只是在齿轮精度要求特别高（IT5 级以上），尤其是在淬火之后齿轮变形较大需要修整时才采用磨齿法加工。

2. 齿面加工方案

齿轮齿面的精度要求大多较高，加工工艺也较复杂，选择加工方案时应综合考虑齿轮的模数、尺寸、结构、材料、精度等级、生产批量、热处理要求和工厂加工条件等。在汽车、拖拉机和许多机械设备中，精度为 IT9~IT6 级、模数为 1~10 mm 的中等尺寸圆柱齿轮，齿面加工方案通常按表 3-15 选择。

表 3-15 常见齿面加工方案

序号	加工方案	精度等级	生产规模	主要装备	适用范围	说明
1	铣齿	IT10~IT9	单件小批	通用铣床、分度头及盘铣刀或指状铣刀	机修业、农机业、小厂及乡镇企业	靠分度头分齿
2	滚（插）齿	IT9~IT6	单件小批	滚（插）齿机、滚（插）齿刀	很广泛。滚齿常用于外啮合圆柱齿轮及蜗轮；插齿常用于阶梯、齿条	滚齿的运动精度较高；插齿的齿形精度较高
3	滚（插）—剃齿	IT7~IT6	大批大量	滚（插）齿机、剃齿机、滚（插）齿刀、剃齿刀	不需淬火的调质齿轮	尽量用滚齿剃齿、双联、三联齿轮插后剃齿
4	滚（插）—剃—高频淬火—珩	IT6	成批大量	滚齿机、剃齿刀、珩磨机	需淬硬的齿轮、机床制造业	矫正齿形精度及热处理变形能力较差
5	滚（插）—淬火—磨	IT6~IT5	单件小批	滚（插）齿机磨齿机及滚（插）齿刀、砂轮	精度较高的重载齿轮	生产率低、精度高

实 训

一、选择题

1. 刨床、插床和拉床的共同特点是_____。
   A. 主运动都是直线运动   B. 主运动都是旋转运动
   C. 进给运动都是直线运动   D. 进给运动都是旋转运动
2. 在 M1432A 型万能外圆磨床中，为保证砂轮架在高速转动中保持较高的旋转精度、刚度、抗振性及耐磨性，砂轮主轴的前后左右支承均采用了_____。
   A. 高精度推力球轴承   B. "短三瓦"动压滑动轴承
   C. 高精度推力圆柱滚子轴承   D. E 级精度特种球轴承
3. 在 C6132 型卧式车床的下列四种运动的传动链中，属于内联系传动链的是_____。
   A. 主运动传动链   B. 快速运动传动链
   C. 纵向和横向进给运动传动链   D. 车削螺纹运动传动链
4. 在 YC3150E 型滚齿机上滚切直齿圆柱齿轮时，_____是表面成形运动。
   A. 滚刀、工件的旋转以及滚刀沿工件轴线方向的移动
   B. 滚刀、工件的旋转以及滚刀沿工件切线方向的移动
   C. 滚刀、工件的旋转以及滚刀沿工件径向方向的移动
   D. 滚刀和工件的旋转运动
5. 下列哪种运动属于 M1432A 型万能外圆磨床的主运动_____。
   A. 砂轮的旋转运动   B. 工件的旋转运动
   C. 工件的纵向往复运动   D. 砂轮的横向运动
6. 机床型号的首位字母 "B" 表示该机床是_____。
   A. 刨插床   B. 齿轮加工机床   C. 精密机床   D. 螺纹加工机床
7. 对车床而言，变换_____箱外的手柄，可以使光杠得到各种不同的转速。
   A. 主轴箱   B. 溜板箱   C. 挂轮箱   D. 进给箱
8. 不是抛光所具有的特点是_____。
   A. 方法简单、成本低   B. 适宜曲面的加工
   C. 能较好地提高加工精度   D. 劳动条件较差
9. 卧式镗床主参数代号是用_____折算值表示的。
   A. 机床重量   B. 工件重量   C. 主轴直径   D. 工作台面宽度
10. 卧式万能铣床的 "卧式" 一词指的是_____。
    A. 机床主运动是水平的   B. 机床主轴是水平的
    C. 机床工作台是水平的   D. 机床床身是低矮的

11. 铣削不能加工的表面是_____。
    A. 平面　　　　　B. 沟槽　　　　　C. 各种回转表面　　D. 成形面
12. 下面加工孔的哪种方法精度最高_____。
    A. 钻孔　　　　　B. 研磨孔　　　　C. 铰孔　　　　　D. 镗孔
13. 下列孔加工方法中，属于定尺寸刀具法的是_____。
    A. 钻孔　　　　　B. 车孔　　　　　C. 镗孔　　　　　D. 磨孔

二、填空题

1. 金属切削机床中，可用于内表面加工的机床主要有_____和_____，其中主要用于较小直径的内孔表面加工的机床是_____，主要用于较大直径的内孔表面加工的机床是_____。
2. 在机床型号 MG1432A 中，字母 M 表示_____，字母 G 表示_____，主参数 32 的含义是_____。
3. 钻床在加工时，主运动由_____实现，进给运动由_____实现。
4. 内圆磨床用于磨削各种圆柱孔和圆锥孔，其磨削方法有_____、_____和_____。
5. 钻床按结构形式分，可分为_____、_____、_____、_____、_____、_____等。

三、简答题

1. 外圆表面加工方法有哪些？如何选用？
2. 端铣与周铣，逆铣与顺铣各有何特点？如何应用？
3. 垂直孔系的镗削方法有哪些？平行孔系的镗削方法有哪些？
4. 内圆表面加工方法有哪些？如何选用？

第 4 章

机械加工工艺规程

4.1 机械工艺概述

4.1.1 生产过程与工艺过程

1. 生产过程

制造机械产品时，由原材料转变成成品的各个相互关联的整个过程称为生产过程，它包括零件、部件和整机的制造。生产过程由一系列的制造活动组成，它包括原材料运输和保管、生产技术准备工作、毛坯制造、零件的机械加工和热处理、表面处理、产品装配、调试、检验以及涂装和包装等过程。

根据机械产品的复杂程度的不同，工厂的生产过程又可按车间分为若干车间的生产过程。某一车间的原材料或半成品可能是另一车间的成品；而它的成品又可能是其他车间的原材料或半成品。例如锻造车间的成品是机械加工车间的原材料或半成品；机械加工车间的成品又是装配车间的原材料或半成品等。

2. 工艺过程

工艺过程是指在生产过程中改变生产对象的形状、尺寸、相对位置和性能等，使其成为半成品或成品的过程。机械产品的工艺过程又可分为铸造、锻造、冲压、焊接、铆接、机械加工、热处理、电镀、涂装、装配等工艺过程。工艺过程是生产过程中的主要组成部分，工艺过程根据其作用不同可分为零件机械加工过程和部件或成品装配工艺过程。

机械加工工艺过程是利用切削加工、磨削加工、电加工、超声波加工、电子束及离子束加工等机械、电的加工方法，直接改变毛坯的形状、尺寸、相对位置和性能等，使其转变为合格零件的过程。把零件装配成部件或成品并达到装配要求的过程称为装配工艺过程。机械加工工艺过程直接决定零件和产品的质量，对产品的成本和生产周期都有较大的影响，是机械产品整个工艺过程的主要组成部分。本章主要讨论机械加工工艺过程。

3. 机械加工工艺过程的组成

机械加工工艺过程是由一个或若干个顺次排列的工序组成。每一个工序又可分为一个或若干个安装、工位、工步和走刀等。

（1）工序。指一个或一组操作者，在一个工作地点或一台机床上，对同一个或同时对几个零件进行加工所连续完成的那一部分工艺过程。只要操作者、工作地点或机床、加工对象三者之一变动或者加工不是连续完成，就不是一道工序。同一零件、同样的加工内容也可以安排在不同的工序中完成。

（2）工步。指在同一个工序中，当加工表面不变、切削工具不变、切削用量中的进给量和切削速度不变的情况下所完成的那部分工艺过程。当构成工步的任一因素改变后，即成为新的工步。一个工序可以只包括一个工步，也可以包括几个工步。在机械加工中，有时会出现用几把不同的刀具同时加工一个零件的几个表面的工步，称为复合工步，如图 4-1 所示。有时，为提高生产效率，在铣床用组合铣刀铣平面的情况，则可视为一个复合工步。

（3）走刀。加工表面由于被切去的金属层较厚，需要分几次切削，走刀是指在加工表面上切削一次所完成的那一部分工步，每切去一层材料称为一次走刀。一个工步可包括一次或几次走刀。

（4）安装。零件在加工之前，将其正确地安装在机床上。在一个工序中，零件可能安装一次，也可能需要安装几次。但是应尽量减少安装次数，以免产生不必要的误差和增加装卸零件的辅助时间。

（5）工位。指为了减少安装次数，常采用转位（移位）夹具、回转工作台，使零件在一次安装中先后处于几个不同的位置进行加工。零件在机床上所占据的每一个待加工位置称为工位。如图 4-2 所示为回转工作台上一次安装完成零件的装

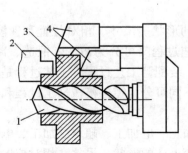

图 4-1 复合工步实例
1—钻头；2—夹具；3—零件；4—工具

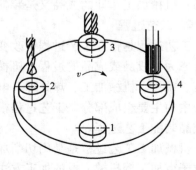

图 4-2 多工位加工
1—装卸；2—钻孔；3—扩孔；4—铰孔

卸、钻孔、扩孔和铰孔4个工位的加工实例。采用这种多工位加工方法，可以提高加工精度和生产率。

4.1.2 生产类型

机械加工工艺受到生产类型的影响。生产类型是指产品生产的专业化程度，企业在计划期内应当生产的产品产量和进度计划称为生产纲领。计划期为一年的生产纲领称为年生产纲领，也称年生产总量。机械产品中某零件的年生产纲领 N 可按下式计算：

$$N = Qn(1+\alpha)(1+\beta) \tag{4-1}$$

式中：N——某零件的年生产纲领，件/年；

　　　Q——某产品的年生产纲领，台/年；

　　　n——每台产品中该零件的数量，件/台；

　　　α——备品率，以百分数计；

　　　β——废品率，以百分数计。

生产批量是指一次投入或产出的同一产品（或零件）的数量。根据零件的生产纲领或生产批量可以划分出不同的生产类型，它反映了企业生产专业化的程度，一般分为三种不同的生产类型：单件小批量生产、成批生产、大量生产。

(1) 单件生产。其基本特点是生产的产品品种繁多，每种产品仅制造一个或少数几个，很少重复生产。重型机械制造、专用设备制造、新产品试制等都属于单件生产。

(2) 成批生产。基本特点是一年中分批次生产相同的零件，生产呈周期性重复。机床、工程机械、液压传动装置等许多标准通用产品的生产都属于成批生产。

(3) 大量生产。基本特征是同一产品的生产数量很大，通常是长期进行同一种零件的某一道工序的加工。汽车、拖拉机、轴承等的生产都属于大量生产。

按年生产纲领，划分生产类型，见表4-1。

表4-1 生产类型的划分

生产类型	零件的年生产纲领/（件·年$^{-1}$）		
	重型零件	中型零件	轻型零件
单件生产	≤5	≤10	≤100
小批生产	5~100	10~200	100~500
中批生产	100~300	200~500	500~5 000
大批生产	300~1 000	500~5 000	5 000~50 000
大量生产	≥1 000	≥5 000	≥50 000

在一定的范围内,各种生产类型之间并没有十分严格的界限。根据产品批量大小,又分为小批量生产、中批量生产、大批量生产。小批量生产的工艺特征接近单件生产,常将两者合称为单件小批量生产。大批量生产的工艺特征接近于大量生产常合称为大批大量生产。生产批量不同时,采用的工艺过程也有所不同。一般对单件小批量生产,只要制定一个简单的工艺路线;对大批量生产,则应制定一个详细的工艺规程,对每个工序、工步和工作过程都要进行设计和优化,并在生产中严格遵照执行。详细的工艺规程,是工艺装备设计制造的依据。

为了获得最佳的经济效益,对于不同的生产类型,其生产组织、生产管理、车间管理、毛坯选择、设备工装、加工方法和操作者的技术等级要求均有所不同,具有不同的工艺特点,各种生产类型的工艺特征见表4-2。

表4-2 各种生产类型的主要工艺特点

项目	单件生产	成批量生产	大量生产
加工对象	经常变换	周期性变换	固定不表
工艺规程	简单的工艺路线卡	有比较详细的工艺规程	有详细的工艺规程
毛坯的制造方法及加工余量	木模手工造型或自由锻,毛坯精度低,加工余量大	金属模造型或模锻,毛坯精度和余量中等	广泛采用模锻或金属模机器造型,毛坯精度高、余量少
机床设备	采用通用机床,部分采用数控机床。按机床种类及大小采用"机群式"排列	通用机床及部分高生产率机床。按加工零件类别分工段排列	专用机床、自动机床及自动线按流水线形式排列
夹具	多采用标准附件,极少采用夹具,靠划线及试切法达到精度要求	广泛采用夹具和组合夹具,部分靠加工中心一次安装	采用高效率专用夹具,靠夹具及调整法达到精度要求
刀具与量具	通用刀具和万能量具	较多采用专用刀具及专用量具	采用高生产率刀具和量具,自动测量
对工人的要求	技术熟练工人	一定熟练程度的工人	对操作工人的技术要求较低,对调整工人技术要求较高

续表

项目	单件生产	成批量生产	大量生产
零件的互换性	一般是配对生产，无互换性，主要靠钳工修配	多数互换，少数用钳工修配	全部具有互换性，对装配要求较高的配合件，采用分组选择装配
成本	高	中	低
生产率	低	中	高

4.2　机械加工工艺规程的制定

为保证产品质量、提高生产效率和经济效益，把根据具体生产条件拟定的较合理的工艺过程，用图表（或文字）的形式写成的工艺文件称为工艺规程。该工艺规程是生产准备、生产计划、生产组织、实际加工及技术检验的重要技术文件。

4.2.1　机械加工工艺规程的作用

（1）工艺规程是指导生产的主要技术文件。机械加工车间生产的计划、调度、工人的操作、零件的加工质量检验、加工成本的核算，都是以工艺规程为依据的。处理生产中的问题，也常以工艺规程作为共同依据。

（2）工艺规程是生产组织和管理工作的基本依据。生产计划的制定，产品投产前原材料和毛坯的供应、工艺装备的设计、制造与采购、机床负荷的调整、作业计划的编制、劳动力的组织、工时定额的制定和成本核算等，都是以工艺规程作为基本依据的。

（3）工艺规程是新建或扩建工厂或车间的基本资料。在新建和扩建工厂时，生产所需要的机床和其他设备的种类、数量和规格，车间的面积、机床的布置、生产工人的工种、技术等级及数量、辅助部门的安排等都是以工艺规程为基础，根据生产类型来确定。

（4）先进工艺规程也起着推广和交流先进经验的作用，典型工艺规程可以指导同类产品的生产。

4.2.2　拟定机械加工工艺规程的主要步骤包括

（1）分析产品装配图和零件图，对零件进行工艺分析，形成拟定工艺规程的总体思路；

（2）确定毛坯的制造方法；

(3) 拟定工艺路线，选定定位基准，划定加工阶段；
(4) 确定各工序所用的机床设备和工艺装备（含刀具、夹具、量具、辅具等）；
(5) 确定各工序的加工余量，计算工序尺寸和公差；
(6) 确定各工序的切削用量和工时定额；
(7) 确定各主要工序的技术要求和检验方法；
(8) 编制工艺文件。

4.2.3 工艺文件的格式

将工艺规程的内容，填入一定格式的卡片，即成为生产准备和施工依据的工艺水平文件。常用的工艺文件格式有下列几种。

1. 机械加工工艺过程卡片

机械加工工艺过程卡片以工序为单位，简要地列出整个零件加工所经过的工艺路线（包括毛坯制造、机械加工和热处理等）。它是制定其他工艺文件的基础，也是生产准备、编排作业计划和组织生产的依据。在这种卡片中，由于工序的说明不够具体，故一般不直接指导工人操作，而作为生产管理方面使用。但在单件小批生产中，由于通常不编制其他较详细的工艺文件，就以这种卡片指导生产。机械加工工艺过程卡见表4-3。

表4-3 机械加工工艺过程卡片

工厂名	机械加工工艺过程卡片	产品名称及型号		零件名称		零件图号			
		材料	名称	毛坯	种类	零件质量/kg	毛重		第 页
			牌名		尺寸		净重		共 页
			性能	每料件数		每台件数		每批件数	
工序号	工序内容	加工车间		设备名称及编号		工艺装备名称及编号		技术等级	时间定额/min
						夹具	刀具	量具	单件 / 准备-终结
更改内容									
编制		抄写		校对		审核		批准	

2. 机械加工工艺卡片

机械加工工艺卡片以工序为单位，详细地说明整个工艺过程的一种工艺文件。它是用来指导工人生产和帮助车间管理人员和技术人员掌握整个零件加工过程的一种主工技术文件，广泛应用于成批生产的零件和重要零件的小批生产中。机械加工工艺卡片内容包括零件物材料、毛坯种类，工序号、工序名、工序内容、工艺参数、操作要求以及采用的设备和工艺装备等。机械加工工艺卡片见表 4-4。

表 4-4 机械加工工艺卡片

工厂名	机械加工工艺过程卡片	产品名称及型号		零件名称		零件图号				
		材料	名称	毛坯	种类	零件质量/kg	毛重		第 页	
			牌名		尺寸		净重		共 页	
			性能	每料件数		每台件数		每批件数		
工序	安装	工步	工序内容	同时加工零件数	切削用量			设备名称及编号	工艺装备名称及编号			技术等级	时间定额/min	
					背吃刀量/mm	进给量/(mm·r⁻¹或mm·min⁻¹)	切削速度/(r·min⁻¹或双行程·min⁻¹)	切削速度/(m·min⁻¹)		夹具	刀具	量具		单件	准备-终结
更改内容										
编制		抄写		校对		审核			批准	

3. 机械加工工序卡片

机械加工工序卡片是根据机械加工工艺卡片为每一道工序制定的。它也会详细地说明整个零件各个工序的要求，是用来具体指导工人操作的工艺文件，在这种卡片上要画工序简图，说明该工序的每个工步的内容、工艺参数、操作要求以及所用的设备及工艺装备。一般用于大批大量生产的零件。机械加工工序卡片见表 4-5。

表 4-5 机械加工工序卡

（工厂名）	机械加工工序卡片	产品型号		零件图号		
		产品名称		零件名称	共 页	第 页
		车间	工序号	工序名称	材料牌号	
		毛坯种类	毛坯外形尺寸	每毛坯可制件数	每台件数	
		设备名称	设备型号	设备编号	同时加工件数	
		夹具编号	夹具名称	切削液		
		工位器具编号	工位器具名称	工序工时/分		
				准终	单件	
工步号	工步内容	工艺装备	主轴转速 /(r·min^{-1})	切削速度 /(m·min^{-1})	进给量 /(mm·r^{-1})	切削深度 mm	进给次数	工步工时	
								机动	辅助
编制		抄写		校对		审核		批准	

4.3 零件的工艺分析与毛坯的选择

拟定工艺规程时，必须分析零件图以及产品装配图，充分了解产品的用途、性能和工作条件，熟悉该零件在产品中的位置和功用，分析对该零件提出的技术要求,找出技术关键,以便在拟定工艺规程时采取适当的工艺措施加以保证。同时要审查零件的尺寸精度、形状精度、位置精度、表面质量等技术要求,以及零件的结构是否合理,在现有生产条件下能否达到,以便与设计人员共同研究探讨,通过改进设计的方法达到经济合理的要求。同样零件材料的选择不仅要考虑实用性能及材料成本,还要考虑加工需要。

4.3.1 零件的技术要求分析

零件图上的技术要求,既要满足设计要求,又要便于加工,而且齐全和合理。其技术要求主要包括下列几个方面:

(1) 加工表面的尺寸精度、形状精度和表面质量;

(2) 各加工表面之间的相互位置精度;

(3) 工件的热处理和其他要求,如动平衡、电镀处理、未注圆角、去毛刺等。

分析零件的技术要求,应首先区分零件的主要表面和次要表面。主要表面是指零件与其他零件相互配合的表面或直接参与机器工作过程的表面,其余表面均称次要表面。

分析零件的技术要求,还要结合零件在产品中的作用、装配关系、结构特点,审查技术要求是否合理,过高的技术要求,会使工艺过程复杂,加工困难,影响加工的生产率和经济性。如果发现有不妥当甚至遗漏或错误之处,应提出修改建议,与设计人员协商解决;如果要求合理,但现有生产条件难以实现,则应提出解决措施。

零件的尺寸精度、形状精度、位置精度和表面粗糙度的要求,对确定机械加工工艺方案和生产成本影响很大。因此,必须认真审查,以避免过高的要求使加工工艺复杂化和增加生产成本。

4.3.2 零件的结构工艺性分析

零件的结构工艺性是指零件所具有的结构是否便于制造、装配和拆卸。它是评价零件结构设计好坏的一个重要指标。结构工艺性良好的零件,能够在一定的生产条件下,高效低耗地制造生产。因此机械零件的结构的工艺性包括零件本身结构的合理性与制造工艺的可能性两个方面的内容。

机械产品设计在满足产品使用要求外,还必须满足制造工艺的要求,否则就有可能影响产品的生产效率和产品成本,严重时甚至无法生产。

由于加工、装配自动化程度的不断提高,机械人、机械手的推广应用,以及新材料、新工艺的出现,出现了不少适合于新条件的新结构,与传统的机械加工有较大的差别,这些在设计中应该充分地予以注意与研究。因此,评价机械产品(零件)工艺性的优劣是相对的,它随着科学技术的发展和具体生产条件(如生产类型、设计条件、经济性等）的不同而变化。

切削加工对零件结构的一般要求如下。

(1) 加工表面的几何形状应尽量简单，尽量布置在同一平面上、同一母线上或同一轴线上，减少机床的调整次数。

(2) 尽量减少加工表面面积，不需要加工的表面，不要设计成加工面，要求不高的面不要设计成高精度、低粗糙度的表面，以便降低加工成本。

(3) 零件上必要的位置应设有退刀槽、越程槽、便于进刀和退刀，保证加工和装配质量。

(4) 避免在曲面和斜面上钻孔，避免钻斜孔，避免在箱体内设计加工表面，以免造成加工困难。

(5) 零件上的配合表面不宜过长，轴头要有导向用倒角，便于装配。

(6) 零件上需要用成形和标准刀具加工的表面，应尽可能设计成同一尺寸，减少刀具的种类。

4.3.3 机械零件结构加工工艺性典型实例

零件的结构工艺性直接影响着机械加工工艺过程，使用性能相同而结构不同的两个零件，它们的加工方法和制造成本有较大的差别。在拟定机械零件的工艺规程时，应该充分地研究零件工作图，对其进行认真分析，审查零件的结构工艺是否良好、合理，并提出相应的修改意见。表 4-6 中列举了机械零件结构加工工艺性的典型实例，供设计时参考。

表 4-6 机械零件结构加工工艺性的典型实例

序号	结构工艺性差结构（A）	结构工艺性好结构（B）	说 明
1			双联齿轮中间必须设计有越程槽，保证小齿轮可以插削
2			原设计的两个键槽，需要在轴用虎钳上装夹两次，改进后只需要装夹一次

续表

序号	结构工艺性差结构（A）	结构工艺性好结构（B）	说　　明
3	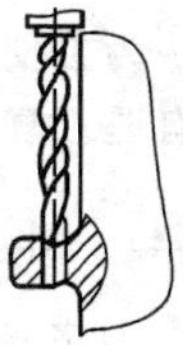	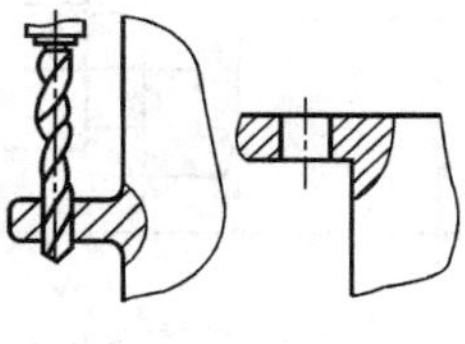	结构 A 底座上的小孔离箱壁太近，钻头向下引进时，钻床主轴碰到箱壁。改进后底板上的小孔与箱壁留有适当的距离
4	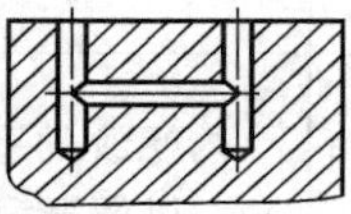	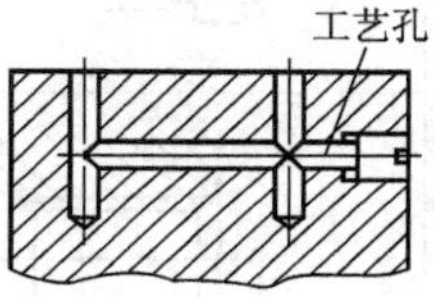	当从功能需要出发设计如图示的水平孔时，必须增加工艺孔才能加工，打通后再堵上
5	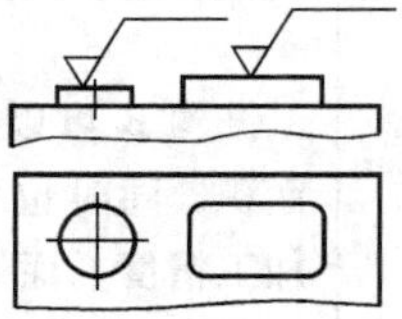	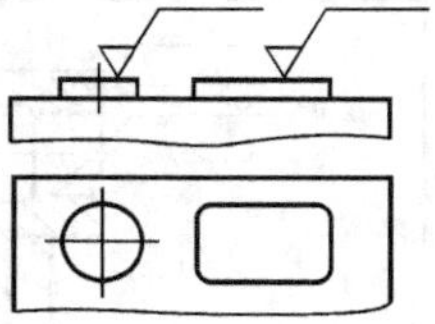	结构凸台表面尽可能在一次走刀中加工完毕。以减少机床的调整次数
6	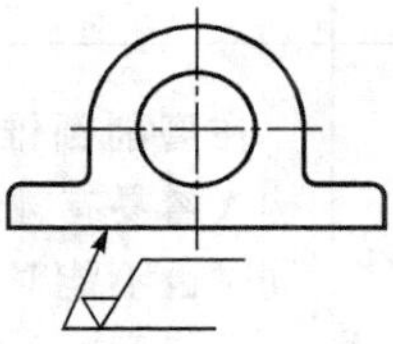	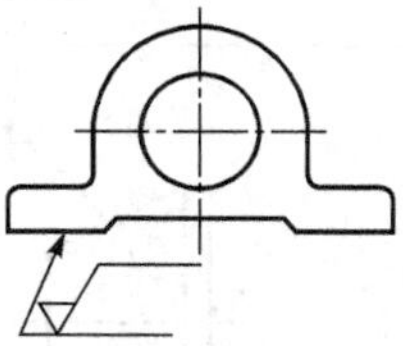	加工面减少，减少材料和切削刀具的消耗，节省工时，且易保证平面度要求
7	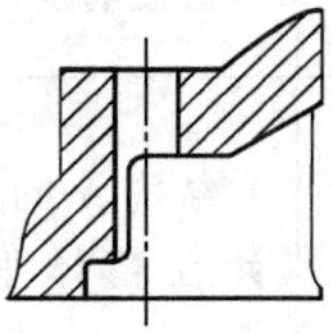	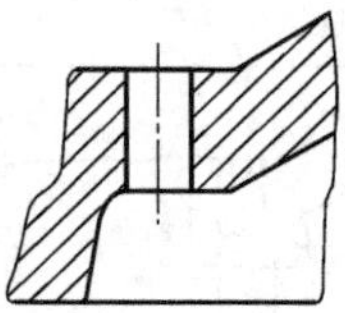	加工结构 A 上的孔时，钻头容易引偏
8	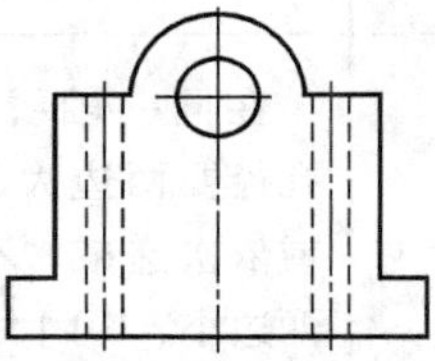	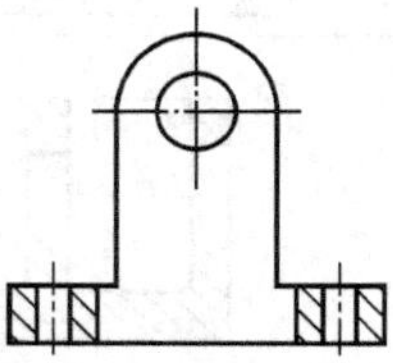	减少孔的加工深度，避免深孔加工，同时也节约了材料

续表

序号	结构工艺性差结构（A）	结构工艺性好结构（B）	说　　明
9			为方便加工，螺纹应有退刀槽
10			为了减少刀具种类，轴上的砂轮退刀槽宽度尽可能一致
11			内螺纹的孔口应有倒角，以便顺利引入螺纹刀具
12			结构 B 可以减少加工面积，同时也容易保证加工精度，而结构 A 则不行
13			在磨削圆锥面时，结构 A 容易有碰伤圆柱面，同时也不能对圆锥全长上进行磨削，结构 B 则可方便磨削
14			结构 A 的加工表面设计在箱体里面，不易加工
15			在同一轴线上的孔，孔径要两边大、中间小或依次递减，不能出现两边小、中间大的情况

4.3.4 毛坯的选择

1. 毛坯的种类

机械加工中常用的毛坯种类有：铸件、锻件、焊接件、型材、冲压件、粉末冶金件和工程塑料件等。根据零件的材料和对材料力学性能的要求、零件结构形状和尺寸大小、零件的生产纲领和现场生产条件以及利用新工艺、新技术的可能性等因素，可参考表4-7确定毛坯的种类。

表4-7 机械制造业常用毛坯种类及其特点

毛坯种类	毛坯制造方法	材料	形状复杂性	公差等级（IT）	特点及其适用的生产类型	
型材	热轧	钢、有色金属（棒管、板、异形等）	简单	11~12	常用作轴、套类零件及焊接毛坯分件，冷轧坯尺寸精度高但价格昂贵，多用于自动机	
	冷轧（拉）			9~10		
铸件	木模手工造型	铸铁、铸钢和有色金属	复杂	12~14	单件小批生产	铸造毛坯可获得复杂形状，其中灰铸铁因其成本低廉，耐磨性和吸振性好而广泛用作机架、箱体类零件毛坯
	木模机器造型			~12	成批生产	
	金属模机器造型			~12	大批大量生产	
	离心铸造	有色金属、部分黑色金属	回转体	12~14	成批或大批大量生产	
	压铸	有色金属	可复杂	9~10	大批大量生产	
	熔模铸造	铸钢、铸铁	复杂	10~11	成批以上生产	
	失蜡铸造	铸铁、有色金属		9~10	大批大量生产	
锻件	自由锻	钢	简单	12~14	单件小批生产	金相组织纤维化且走向合理，零件机械强度高
	模锻		较复杂	11~12	大批大量生产	
	精密锻造			10~11		
冲压件	板料加压	钢、有色金属	较复杂	8~9	适用于大批大量生产	
粉末冶金	粉末冶金	铁、铜、铝基材料	较复杂	7~8	机械加工余量极小或无机械加工余量，适用于大批大量生产	
	粉末冶金热模锻			6~7		

续表

毛坯种类	毛坯制造方法	材料	形状复杂性	公差等级（IT）	特点及其适用的生产类型
焊接件	普通焊接	铁、铜、铝基材料	较复杂	12~15	用于单件小批或成批生产，因其生产周期短、不需准备模具、刚性好及材料省而常用以代替铸件
	精密焊接			10~11	
工程塑料	注射成型	工程塑料	复杂	9~10	适用于大批大量生产
	吹塑成型				
	精密模压				

2. 毛坯尺寸和形状的确定

零件的形状与尺寸基本上决定了毛坯的形状和尺寸，二者的差别在于把毛坯上需要加工表面上的余量去掉，去掉的部分叫加工余量。毛坯上加工余量的大小，直接影响机械加工的加工量的大小和原材料的消耗量，从而影响产品的制造成本。因此，在选择毛坯形状和尺寸时尽量与零件达到一致，力求做到少切削或者无切屑加工。

毛坯尺寸及其公差与毛坯制造的方法有关，实际生产中可查有关手册或专业标准。精密毛坯还需根据需要给出相应的形位公差。

确定了毛坯的形状和尺寸后，还要考虑毛坯在制造中机械加工和热处理等多方面的工艺因素。如图4-3所示的零件，由于结构形状的原因，在加工时，装夹不稳定，则在毛坯上制造出工艺凸台。工艺凸台只是在零件加工中使用，一般加工完成后要切掉，对于不影响外观和使用性能的也可保留。对于一些特殊的零件如滑动轴承、发动机连杆和车床开合螺母等，常做成整体毛坯，加工到一定阶段再切开，如图4-4所示。

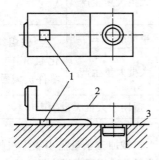

图4-3 带工艺凸台的零件实例
1—工艺凸台；2—加工表面；3—定位表面

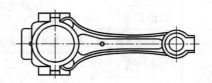

图4-4 连杆体的毛坯

在确定了毛坯种类、形状和尺寸后，还应绘制一张毛坯图，作为毛坯生产单位的产品图样。绘制毛坯图，是在零件图的基础上，在相应的加工表面加上毛坯余量。但绘制时还要考虑毛坯的具体制造条件，如铸件上的孔、锻件上的孔和空挡、法兰等最小铸出和锻出条件；铸件和锻件表面的拔模斜度和圆角；分型面和分模面的位置等。并用双点划线在毛坯图中表示出零件的表面，以区别加工表面和非加工表面。

4.4 定位基准的选择

拟定加工路线第一步是选择定位基准。定位基准的选择不当，往往会增加工序，或使工艺路线不合理，或使夹具设计困难等，甚至达不到零件的精度要求。

4.4.1 基准的基本概念

基准就是零件上用来确定其他点、线或面位置的点、线或面等几何要素。根据功用的不同，基准可以分为设计基准和工艺基准两大类。

1. 设计基准

设计基准是在零件图上用于标注尺寸和表面相互位置关系的基准。它是标注设计尺寸的起点。例如图 4-5 所示，图 4-5（a）中，平面 A 与平面 B 互为设计基准，即对于 A 平面，B 是它的设计基准，对于 B 平面，A 是它的设计基准；在图 4-5（b）中，C 是 D 平面的设计基准；在图 4-5（c）中，虽然尺寸 ϕE 与 ϕF 之间没有直接的联系，但它们有同轴度的要求，因此，ϕE 的轴线是 ϕF 设计基准。

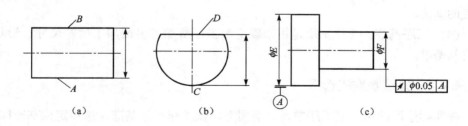

图 4-5 设计基准

2. 工艺基准

在零件加工、测量和装配过程中所使用的基准叫工艺基准。又可分为定位基准、测量基准、装配基准和工序基准。

（1）定位基准。定位基准是指零件在加工过程中，用于确定零件在机床或夹具上的位置的基准。它是零件上与夹具定位元件直接接触的点、线或面。如图

4-6 精车齿轮的大外圆时,为了保证它们对孔轴线 A 的圆跳动要求,零件以精加工后的孔定位安装在锥度心轴上,孔的轴线 A 为定位基准。定位基准又可分为粗基准和静基准。在零件制造过程中,定位基准很重要。

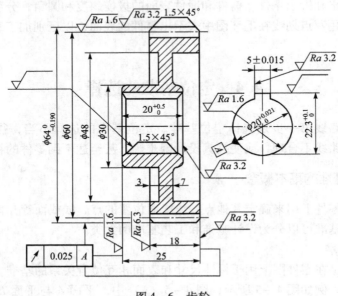

图 4-6 齿轮

(2)测量基准。测量基准是测量已加工表面的尺寸及各表面之间位置精度的基准,主要用于零件的检验。

(3)装配基准。装配基准是指机器装配时用以确定零件或部件在机器中正确位置的基准。

(4)工序基准。工序基准是用来确定本工序所加工表面加工后的尺寸、形状、位置的基准。

4.4.2 定位基准的选择

在实际生产的第一道工序中,只能用毛坯表面作定位基准,这种定位基准称为粗基准;在以后的工序中,可以用已加工过的表面作为定位基准,这种定位基准称为精基准。有时,当零件上没有合适的表面作为定位基准时,就需要在零件上专门加工出定位面,称为辅助基准,如轴类零件上的中心孔等。

1. 粗基准的选择

选择粗基准时,主要是保证各加工表面有足够的余量,使不加工表面的尺寸、位置符合要求。一般要遵循以下原则。

① 如果必须保证零件上加工表面与不加工表面之间的位置要求,则应选择不

需要加工的表面作为粗基准。若零件上有多个不加工表面,要选择其中与加工表面的位置精度要求较高的表面作为粗基准。如图4-7所示,以不加工的外圆表面作为粗基准,可以在一次装夹中把大部分要加工的表面加工出来,并保证各表面间的位置精度。

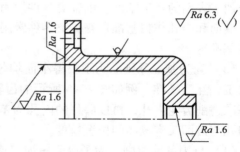

图4-7 粗基准选择

② 如果必须保证零件某重要表面的加工余量均匀,则应以该表面为粗基准。如图4-8所示机床导轨的加工,在铸造时,导轨面向下放置,使其表层金属组织细致均匀,没有气孔、夹砂等缺陷,加工时要求只切除一层薄而均匀的余量,保留组织细密耐磨的表层,且达到较高的加工精度。因此,先以导轨面为粗基准加工床脚平面,然后以床脚平面为精基准加工导轨面。

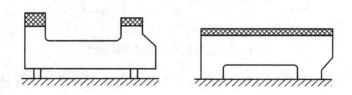

图4-8 机床导轨的加工

③ 如果零件上所有的表面都需要机械加工,则应以加工余量最小的加工表面作粗基准,以保证加工余量最小的表面有足够的加工余量。

④ 为了保证零件定位稳定、夹紧可靠,尽可能选用面积较大、平整光洁的表面作粗基准。应避免使用有飞边、浇注系统、冒口或其他缺陷的表面作粗基准。

⑤ 粗基准一般只能用一次,重复使用容易导致较大的基准位移误差。

2. 精基准的选择

当以粗基准定位加工了一些表面后,在后续的加工过程中,就应以精基准作为主要表面定位基准。在选择精基准时,应保证零件的加工精度和装夹方便、可靠。一般要遵循以下原则:

(1) 基准重合原则。主要考虑减少由于基准不重合而引起的定位误差,即选择设计基准作为定位基准,尤其是在最后的精加工。

(2) 基准统一原则。为减少设计和制造夹具的时间与费用,避免因基准频繁变化所带来的定位误差,提高各加工表面的位置精度,尽可能选用同一个表面作为各个加工表面的加工基准。如轴类零件用两个顶尖孔作精基准；齿轮等圆盘类零件用其端面和内孔作精基准；箱体类零件常用一个较大的平面和两个距离较远的孔作为精基准等。

（3）互为基准原则。为了获得小而均匀加工余量和较高的位置精度，采用反复加工，互为基准。例如图4-6所示的齿轮，在进行精密加工时，采用先以齿面为基准磨削齿轮内孔，再以磨好的内孔为基准磨齿面，从而保证磨齿面余量均匀，且内孔与齿面又有较高的位置精度。

（4）自为基准原则。为了保证精加工或光整加工工序加工面本身的精度，选择加工表面本身作为定位基准进行加工，如图4-9所示。采用自为基准原则，不能校正位置精度，只能保证被加工表面的余量小而均匀，因此，表面的位置精度必须在前面的工序中予以保证。

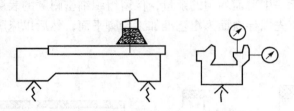

图4-9 采用自为基准磨削导轨面

（5）便于装夹原则。所选的精基准，尤其是主要定位面，应有足够大的面积和精度，以保证定位准确、可靠。同时还应使夹紧机构简单，操作方便。

3. 辅助基准

在精加工过程中，如定位基准面过小，或者基准面和被加工面位置错开了一个距离，定位不可靠时，常常采取辅助基准。辅助支承和辅助基准虽然都是在加工时起增加零件的刚性的作用，但两者是有本质区别的。辅助支承仅起支承作用，辅助基准既起支承作用，又起定位作用。

4.5 工艺路线的拟定

工艺路线的拟定是制定工艺规程的关键，所拟定的工艺路线是否合理，直接影响到工艺规程的合理性、科学性和经济性。工艺路线拟定的主要任务是合理选择各个表面的加工方法和加工方案、确定各个表面的加工顺序以及工序集中和分散的程度、合理选用机床和刀具、定位和夹紧方案的确定等。设计时一般应提出几种方案，通过分析对比，从中选择最佳方案。

4.5.1 零件表面加工方法的选择

确定零件表面的加工方法时,在保证零件质量和技术要求的前提下,要兼顾生产率和经济性。因此,加工方法的选择是以加工经济精度和其相应的表面粗糙度为依据的。所谓加工经济精度是指在正常加工条件下,即采用符合质量标准的设备、工艺装备和标准技术等级的操作者,不延长加工时间所能保证的加工精度。相应的粗糙度称为经济粗糙度。

在选用加工方法时,要综合考虑零件材料、结构形状、尺寸大小、热处理要求、加工经济性、生产效率、生产类型和企业生产条件等各个方面的情况。

表4-8、表4-9、表4-10分别列出了几种加工方法所能达到的经济精度和表面粗糙度及典型零件表面的加工方案,供选用时参考。

表4-8 外圆表面加工方法

序号	加工方案	经济精度等级	表面粗糙度 $Ra/\mu m$	适用范围
1	粗车	IT11 以下	50~12.5	
2	粗车—半精车	IT10~IT8	6.3~3.2	适用于淬火钢以外的各种金属
3	粗车—半精车—精车	IT8~IT6	1.6~0.8	
4	粗车—半精车—精车—滚压(或抛光)	IT7~IT5	0.2~0.025	
5	粗车—半精车—磨削	IT8~IT6	0.8~0.4	主要用于淬火钢,也可用于未淬火钢,但不宜加工有色金属
6	粗车—半精车—粗磨—精磨	IT7~IT5	0.4~0.1	
7	粗车—半精车—粗磨—精磨—超精加工(或轮式超精磨)	IT7~IT5 以上	0.2~0.012	
8	粗车—半精车—精车—金刚石车	IT7~IT5	0.4~0.025	主要用于要求较高的有色金属的加工
9	粗车—半精车—粗磨—精磨—超精磨或镜面磨	IT5 以上	0.025~0.006	高精度的外圆加工
10	粗车—半精车—粗磨—精磨—研磨	IT7~IT5 以上	0.1~0.006	

表4-9 内圆表面的加工方案

序号	加工方案	经济精度等级	表面粗糙度 $Ra/\mu m$	适用范围
1	钻	IT10~IT8	12.5	加工未淬火钢及铸铁的实心毛坯,也可用于加工有色金属(但表面粗糙度稍大,孔径小于15~20 mm)
2	钻—铰	IT8~IT7	1.6~3.2	
3	钻—粗铰—精铰	IT8~IT7	0.8~1.6	
4	钻—扩	IT10~IT8	6.3~12.5	同上,但是孔径大15~20 mm
5	钻—扩—铰	IT8~IT7	1.6~3.2	
6	钻—扩—粗铰—精铰	IT8~IT7	0.8~1.6	
7	钻—扩—机铰—手铰	IT7~IT5	0.1~0.4	
8	钻—扩—拉	IT8~IT5	0.1~1.6	大批大量生产(精度由拉刀的精度而定)
9	粗镗(或扩孔)	IT18~IT10	6.3~12.5	除淬火钢外的各种钢和有色金属,毛坯的铸出孔或锻出孔
10	粗镗(粗扩)—半精镗(精扩)	IT8~IT7	1.6~3.2	
11	粗镗(扩)—半精镗(精扩)—精镗(铰)	IT8~IT6	0.8~1.6	
12	粗镗(扩)—半精镗(精扩)—精镗—浮动镗刀精镗	IT8~IT6	0.4~0.8	
13	粗镗(扩)—半精镗—磨孔	IT8~IT6	0.4~0.8	主要用于淬火钢,也用于未淬火钢,但不宜用于有色金属加工
14	粗镗(扩)—半精镗—粗磨—精磨	IT7~IT5	0.1~0.2	
15	粗镗—半精镗—精镗—金刚镗	IT7~IT5	0.05~0.4	主要用于精度要求高的有色金属加工

序号	加工方案	经济精度等级	表面粗糙度 $Ra/\mu m$	适用范围
16	钻—（扩）—粗铰—精铰—珩磨 钻—（扩）—拉—珩磨 粗镗—半精镗—精镗—珩磨	IT7 以上	0.025~0.2	精度要求较高的孔
17	以研磨代替上述方案中的珩磨	IT6 以上		

表 4-10 平面加工方法

序号	加工方案	经济精度等级	表面粗糙度 $Ra/\mu m$	适用范围
1	粗车—半精车	IT10~IT7	3.2~6.3	端面
2	粗车—半精车—精车	IT8~IT6	0.8~1.6	
3	粗车—半精车—磨削	IT8~IT6	0.2~0.8	
4	粗刨（或粗铣）—精刨（或精铣）	IT10~IT7	1.6~6.3	一般不淬硬平面（端铣的表面粗糙度可较小）
5	粗刨（或粗铣）—精刨（或精铣）—刮研	IT8~IT5	0.1~0.8	精度要求较高的不淬硬平面，批量较大时宜采用宽刃精刨方案
6	粗刨（或粗铣）—粗刨（或精铣）—宽刃精刨	IT8~IT6	0.2~0.8	
7	粗刨（或粗铣）—精刨（或精铣）—磨削	IT8~IT6	0.2~0.8	精度要求较高的淬硬平面或不淬硬平面
8	粗刨（或粗铣）—精刨（或精铣）—粗磨—精磨	IT7~IT5	0.025~0.4	
9	粗刨—拉	IT8~IT6	0.2~0.8	大量生产，较小的平面（精度视拉刀的精度而定）

续表

序号	加工方案	经济精度等级	表面粗糙度 $Ra/\mu m$	适用范围
10	粗铣—精铣—磨削—研磨	IT7 以上	0.006~0.1	高精度平面

4.5.2 加工阶段的划分

1. 阶段的划分

零件的加工，往往不可能在一道工序内完成一个或几个表面的全部加工内容。一般把零件的整个工艺路线分成以下几个加工阶段。

（1）粗加工阶段。粗加工是切除各加工面或主要加工面的大部分加工余量，并加工出精基准，因此一般就选用生产率较高的设备。

（2）半精加工阶段。半精加工是切除粗加工后可能产生的缺陷，为主要表面的精加工做准备，即要达到一定的加工精度，保证适当的加工余量，并完成一些次要表面的加工。

（3）精加工阶段。使各主要表面达到图样的技术要求。

（4）光整加工阶段。目的是提高零件的尺寸精度，降低表面粗糙度值或强化加工表面，一般不能提高位置精度。主要用于表面粗糙度要求很细（IT6 以上，表面粗糙度值 $Ra \leqslant 0.32 \mu m$）的表面加工。

（5）超精密加工阶段。超精密加工是以超稳定、超微量切除等原则的亚微米级加工，其加工精度在 $0.03 \sim 0.2 \mu m$，表面粗糙度值 $Ra \leqslant 0.03 \mu m$。

2. 将零件划分为加工阶段的主要目的

（1）保证加工质量。粗加工阶段切削用量大，产生的切削力和切削热较大，所需夹紧力也较大，故零件残余内应力和工艺系统的受力变形、热变形、应力变形都较大，所产生的加工误差，可通过半精加工和精加工逐步消除，从而保证加工精度。

（2）合理地使用设备。粗加工要求功率大、刚性好、生产率高、精度要求不高的设备；精加工则要求精度高的设备。划分加工阶段后，就可充分发挥粗、精加工设备的长处，做到合理使用设备。

（3）便于安排热处理工序，使冷、热加工工序配合得更好。例如，粗加工后零件残余应力大，可安排时效处理，消除残余应力；热处理引起的变形又可在精加工中消除等。

（4）便于及时发现问题。毛坯的各种缺陷如气孔、砂眼和加工余量不足等，在粗加工后即可发现，便于及时修补或决定是否报废，避免后续工序完成后才发现，造成工时浪费，增加生产成本。

（5）精加工和光整加工的表面安排在最后加工，可保护零件少受磕碰、划伤等损坏。加工阶段的划分不是绝对的，主要是以零件本身的结构形状、变形特点和精度要求来确定。例如对那些余量小、精度不高，零件刚性好的零件，则可以在一次安装中完成表面的粗加工和精加工；有些刚性好的重型零件，由于装夹及运输很费时，也常在一次装夹下完成全部粗、精加工，为了弥补不分阶段带来的缺陷，重型零件在粗加工工步后，松开夹紧机构，让零件有变形的可能，然后用较小的夹紧力重新夹紧零件，继续进行精加工工步。

4.5.3 工序的集中与工序分散

在选定了各表面的加工方法和划分加工阶段之后，就可以按工序集中原则和工序分散原则拟定零件的加工工序。

（1）工序集中原则是指每道工序加工的内容较多，工艺路线短，零件的加工被最大限度地集中在少数几个工序中完成。其特点是：

① 减少了零件安装次数，有利于保证表面间的位置精度，还可以减少工序间的运输量，缩短加工周期；

② 工序数少，可以采用高效机床和工艺装备，生产率高；

③ 减少了设备数量以及操作者和占地面积，节省人力、物力；

④ 所用设备的结构复杂，专业化程度高，一次性投入高，调整维修较困难，生产准备工作量大。

（2）工序分散原则是指每道工序的加工内容很少，工艺路线很长，甚至一道工序只含一个工步。其特点是：

① 设备和工艺装备比较简单，便于调整，生产准备工作量少，又易于平衡工序时间，容易适应产品的变换；

② 可以采用最合理的切削用量，减少机动时间；

③ 对操作者的技术要求较低；

④ 所需设备和工艺装备的数目多，操作者多，占地面积大。

在实际生产中，要根据生产类型、零件的结构特点和技术要求、机械设备等实际条件进行综合分析，决定采用工序集中还是工序分散原则来安排工艺过程。一般情况下，大批量生产时，既可以采用多刀、多轴等高效、自动机床，将工序集中，也可以将工序分散后组织流水线生产；单件小批生产时宜采用工序集中，在一台普通机床上加工出尽量多的表面。而重型零件，为了减少零件装卸和运输的劳动量，工序应适当集中；对于刚性差且精度高的精密零件，则工序应适当分散。例如汽车连杆零件加工采用工序分散。但从技术发展方向来看，随着数控技术和柔性制造系统的发展，今后多采用工序集中的原则来组织生产。

4.5.4 工序顺序的安排

在安排加工顺序时要注意以下几点：

（1）基准先行。用作精基准的表面，要先加工出来，然后以精基准定位加工其他表面。在精加工阶段之前，有时还需对精基准进行修复，以确保定位精度。例如采用中心孔作为统一基准的精密轴，在每一加工阶段开始总是先钻中心孔或修正中心孔。如果精基面有几个，则应按照基面转换顺序和逐步提高加工精度的原则来安排加工工序。

（2）先粗后精。整个零件的加工工序，应该先进行粗加工，半精加工次之，最后安排精加工和光整加工。

（3）先主后次。先安排主要表面（加工精度和表面质量要求比较高的表面，如装配基面、工作表面等）的加工，后进行次要表面的加工（即键槽、油孔、紧固用的光孔、螺纹孔等）。因为主要表面加工容易出废品，应放在前阶段进行，以减少工时浪费，次要表面的加工一般安排在主要表面的半精加工之后，精加工或光整加工之前进行，也有放在精加工后进行加工的。

（4）先面后孔。先加工平面，后加工内圆表面。因为箱体类、支架类等零件，平面所占轮廓尺寸较大，用它作为精基准定位稳定，而且在加工过的平面上加工内圆表面，刀具的工作条件较好，有利于保证内圆表面与平面的位置精度。

此外，为了保证零件某些表面的加工质量，常常将最后精加工安排在部件装配之后或总装过程中加工。例如柴油机连杆大头孔，是在连杆体和连杆盖装配好后再进行精镗和珩磨的；车床主轴上连接三爪自定心卡盘的端盖，它的止口及平面需待端盖安装在车床主轴上后再进行最后加工。

在机械加工过程中，热处理工艺的安排遵循以下的原则。如正火、退火、时效处理和调质等预备热处理常安排在粗加工前后，其目的是改善加工性能，消除内应力和为最终热处理做好组织准备；淬火—回火、渗碳淬火、渗氮等最终热处理一般安排在精加工（磨削）之前，或安排在精加工之后，其目的是提高零件的硬度和耐磨性。为了保证加工质量，在机械加工工艺中还要安排检验（检验工序一般安排在粗加工后，精加工前；送往外车间前后；重要工序和工时较长的工序前后；零件加工结束后，入库前。）、表面强化和去毛刺、倒棱、去磁、清洗、动平衡、防锈和包装等辅助工序。

4.6 加工余量与工艺尺寸及公差的确定

4.6.1 加工余量的确定

加工余量是指在加工过程中,从加工表面切除的那层材料的厚度。加工余量又可分为工序余量和总余量。某一表面在同一道工序中切除的材料层厚度,在数量上等于相邻两道工序基本尺寸之差,称为工序余量 Z_i。某一表面毛坯尺寸与零件尺寸之差称为总余量 Z_0。总余量等于各工序余量之和。即

$$Z_0 = \sum_{i=1} Z_i \tag{4-2}$$

根据零件的不同结构,加工余量有单面和双面之分。对于平面(或非对称面),加工余量单向分布,称为单边余量;对于外圆和内孔等回转表面,加工余量在直径方向上是对称分布的,称为双边余量。

前面所讲的工序余量,是相邻两道工序基本尺寸之差,因而是基本加工余量,也叫公称加工余量。由于各工序尺寸都有公差,所以实际加工余量值也是变化的。一般工序尺寸公差都是按"入体原则"单向标注。即被包容尺寸的上偏差为0,其最大尺寸就是基本尺寸;包容尺寸的下偏差为0,其最小尺寸就是基本尺寸。加工余量的计算如图4-10所示。

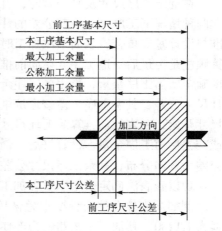

图 4-10 加工余量及其公差

加工余量的大小对于零件的加工质量和生产率有较大的影响。余量太小时,保证不了加工质量;太大时,既浪费材料又浪费人力物力,因此,合理确定加工余量,对确保加工质量、提高生产率和降低成本都有很重要的意义。影响加工余量的因素有:

① 上道工序所形成的表面粗糙度值和变质层深度;
② 上道工序工序尺寸公差;
③ 上道工序已加工表面形状与位置误差;
④ 本工序装夹误差。

此外,对于有热处理要求的零件,还要考虑热处理后零件变形的大小和规律对加工余量的影响。

确定加工余量时常采用分析计算、查表修正和经验估计等三种方法。

(1) 分析计算法是以一定的试验资料和计算公式,对影响加工余量的各项因素进行分析和综合计算来确定加工余量的方法。这种方法确定的加工余量最经济合理,但需要全面的试验资料,计算也较复杂,实际应用较少。

(2) 查表修正法是以企业生产实践和工艺试验积累的有关加工余量的资料数据为基础,并结合实际加工情况进行修正来确定加工余量的方法,应用比较广泛。

(3) 经验估计法是工艺人员根据经验确定加工余量的方法。为了避免产生废品,所估计的加工余量一般偏大,此法常用于单件小批生产。

4.6.2 确定工序尺寸及其公差

1. 基准重合时工序尺寸及其公差的计算

在确定工序尺寸及其公差时,有工艺基准与设计基准重合和不重合两种情况,在两种情况下工序尺寸及其公差的计算是不同的。当工序基准、定位基准或测量基准与设计基准重合,表面多次加工时,工序尺寸及公差的计算是比较容易的。其计算顺序是由最后一道工序开始向前推算。首先根据各工序不同的加工方法、加工精度确定所需工序余量,再由各工序余量计算毛坯总余量;最终工序尺寸公差等于设计尺寸公差,其余工序公差按经济精度确定,查有关手册确定;从零件图上的设计尺寸开始,一直往前推算到毛坯尺寸,某工序基本尺寸等于后道工序基本尺寸加上或减去后道工序余量。计算好后,最后一道工序的公差按设计尺寸标注,毛坯尺寸公差为双向分布,其余工序尺寸公差按入体原则标注。

现以查表法确定余量以及各加工方法的经济精度和相应公差值。

例如某零件孔的设计要求为 $\phi 100_0^{0.035}$ mm,表面粗糙度值 $Ra = 0.8$ μm 毛坯材料为 HT200,其加工工艺路线为毛坯—粗镗—半精镗—精镗—浮动镗。则毛坯总加工余量与其公差、工序余量以及工序的经济精度和公差值见表 4-11。

表 4-11 主轴孔工序尺寸及公差的计算

工序名称	工序加工余量	基本工序尺寸	工序加工精度及工序尺寸公差
浮动镗	0.1	100	H7 ($_0^{+0.035}$)
精镗	0.5	100 - 0.1 = 99.9	H8 ($_0^{0.054}$)
半精镗	2.4	99.9 - 0.5 = 99.4	H10 ($_0^{+0.14}$)
粗镗	5	99.4 - 2.4 = 97	H13 ($_0^{+0.54}$)
毛坯	8	97 - 5 = 92	±1.2
数据确定方法	查表确定	第一项为图样规定尺寸,其余计算得到	第一项为图样规定尺寸,毛坯公差查表,其余按经济加工精度及入体原则定

2. 工序不重合时工序尺寸及公差的计算

在拟定加工工艺时，当测量基准、定位基准或工序基准与设计基准不重合时，需通过工艺尺寸链原理进行工序尺寸及其公差的计算。

1) 工艺尺寸链的基本概念

在零件加工（测量）或机械的装配过程中，遇到的尺寸不是孤立的，往往是相互联系的。这种按一定顺序连接成封闭形式的关联尺寸组合称为工艺尺寸链。按尺寸链在空间分布的位置关系，可分为直线尺寸链、平面尺寸链和空间尺寸链。

如图 4-11 所示零件，先按尺寸 A_2 加工台阶，再按尺寸 A_1 加工左右两侧端面，而 A_0 由 A_1 和 A_2 所确定，即 $A_0 = A_1 - A_2$。那么，这些相互联系的尺寸组合 A_1、A_2 和 A_0 就是一个工艺尺寸链。

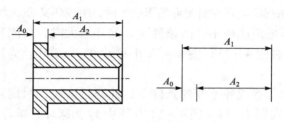

图 4-11 零件加工与测量中的尺寸关系图

在图 4-12 所示的圆柱形零件的装配过程中，其间隙 A_0 的大小由孔径 A_1 和轴径 A_2 所决定，即 $A_0 = A_1 - A_2$。这样，尺寸 A_1、A_2 和 A_0 也形成一个工艺尺寸链。

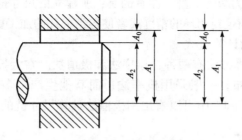

图 4-12 零件装配过程中的尺寸关系

通过以上分析可以知道，工艺尺寸链的主要特征是：

① 封闭性，即互相关联的尺寸必须按一定顺序排列成封闭的形式；

② 关联性，指某个尺寸及精度的变化必将影响其他尺寸和精度的变化，即它们的尺寸和精度互相联系、互相影响。

2) 工艺尺寸链的组成

工艺尺寸链中各尺寸简称环。根据各环在尺寸链中的作用，可分为封闭环和组成环两种。

(1) 封闭环（终结环）是工艺尺寸链中唯一的一个特殊环，它是在加工、测量或装配等工艺过程完成时最后间接形成的。封闭环用 A_0 表示。在装配尺寸链中，封闭环很容易确定，如图 4-12 所示，封闭环 A_0 就是零件装配后形成的间隙。在加工尺寸链中封闭环必须在加工（或测量）顺序确定后才能判定。在图 4-11 所示条件下，封闭环 A_0 是在所述加工（或测量）顺序条件下，最后形成的尺寸。当加工（或测量）顺序改变，封闭环也随之改变。

(2) 组成环是尺寸链中除封闭环以外的所有环。同一尺寸链中的组成环，一般以同一字母加下角标表示，如 $A_1、A_2、A_3、\cdots$。组成环的尺寸是直接保证的，它又影响到封闭环的尺寸。根据组成环对封闭环的影响不同，组成环又可分为增环和减环。

① 增环是在其他组成环不变的条件下，此环增大时，封闭环随之增大，则此组成环称为增环，在图 4-11、图 4-12 中尺寸 A_1 为增环。为简明起见，增环可标记为 A_z。

② 减环是在其他组成环不变的条件下，此环增大时，封闭环随之减小，则此组成环称为减环，在图 4-11、图 4-12 中尺寸 A_2 为减环，减环可标记为 A_j。

当尺寸链环数较多、结构复杂时，增环及减环的判别也比较复杂。为了便于判别，可按照各尺寸首尾相接的原则，顺着一个方向在尺寸链中各环的字母上画箭头。凡组成环的箭头与封闭环的箭头方向相同者，此环为减环，反之则为增环。如图 4-13 所示尺寸链由 4 个环组成，按尺寸走向顺着一个方向画各环的箭头，其中 $A_1、A_3$ 的箭头方向与 A_0 的箭头方向相反，则 $A_1、A_3$ 为增环；A_2 的箭头方向与 A_0 的箭头方向相同，则 A_2 为减环。需要注意的是：所建立的尺寸链，必须使组成环数最少，这样可以更容易满足封闭环的精度或者使各组成环的加工更容易，更经济。

3) 工艺尺寸链的计算公式

工艺尺寸链的计算方法有两种：概率法和极值法。在大批量生产中，由于各组成环尺寸符合正态分布，一般采用概率法；而其他生产中多采用极值法（或称极大极小值法）。从图 4-14 中可以看出用极值法计算尺寸链的基本公式如下。

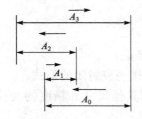

图 4-13　组成环增减性的判别图

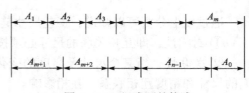

图 4-14　组成环的构成

封闭环的基本尺寸等于所有增环基本尺寸之和减去所有减环的基本尺寸之和，见式（4-3）。

$$A_0 = \sum_{z=1}^{m} A_z - \sum_{j=m+1}^{n-1} A_j \qquad (4-3)$$

式中：m——为增环的环数；

n——为总环数；

A_0——封闭环的基本尺寸。

封闭环的最大极限尺寸等于所有增环的最大极限尺寸之和减去减环的最小极限尺寸之和，见式（4-4）。

$$A_{0\max} = \sum_{z=1}^{m} A_{z\max} - \sum_{j=m+1}^{n-1} A_{j\min} \qquad (4-4)$$

封闭环的最小极限尺寸等于所有增环的最小极限尺寸之和减去减环的最大极限尺寸之和，见式（4-5）。

$$A_{0\min} = \sum_{z=1}^{m} A_{z\min} - \sum_{j=m+1}^{n-1} A_{j\max} \qquad (4-5)$$

用式（4-4）减去式（4-3），得封闭环的上偏差，即封闭环的上偏差等于所有增环的上偏差之和减去所有减环的下偏差之和。见式（4-6）。

$$ES_{A_0} = \sum_{z=1}^{m} ES_{A_z} - \sum_{j=m+1}^{n-1} EI_{A_j} \qquad (4-6)$$

用式（4-5）减去式（4-2），得封闭环的下偏差，即封闭环的下偏差等于所有增环的下偏差之和减去所有减环的上偏差之和。见式（4-7）。

$$EI_{A_0} = \sum_{z=1}^{m} EI_{A_z} - \sum_{j=m+1}^{n-1} ES_{A_j} \qquad (4-7)$$

用式（4-4）减去式（4-5），得封闭环的公差，即封闭环的公差等于所有组成环的公差之和。见式（4-8）。

$$T_{A_0} = \sum_{i=1}^{n-1} T_{A_j} \qquad (4-8)$$

由此可知，封闭环的公差比任一组成环的公差都大。因此，在工艺尺寸链中，一般选最不重要的环作为封闭环。在装配尺寸链中，封闭环是装配的最终要求。为了减小封闭环的公差，应尽量减小尺寸链的环数，这就是在设计中应遵守的最短尺寸链原则。

求解工艺尺寸链是确定工序尺寸的一个重要环节，尺寸链的计算步骤一般是：首先正确地画出尺寸链图；按照加工顺序确定封闭环、增环和减环；再进行尺寸链的计算；最后可以按封闭环公差等于各组成环公差之和的关系进行校核。

4) 工艺尺寸链的分析和解算

测量基准与设计基准不重合时的工艺尺寸及公差的确定。在工件加工过程中，有时会遇到一些表面加工之后，按设计尺寸不便直接测量的情况，因此需要在零件上另选一个容易测量的表面作为测量基准进行测量，以间接保证设计尺寸的要求。这时就需要进行工艺尺寸的换算。

例1 如图4-15所示零件，按图样注出的尺寸 A_1 和 A_3，加工时 A_3 不易测量，现改为按尺寸 A_1 和 A_2 加工，为了保证原设计要求，试计算 A_2 的基本尺寸和偏差。

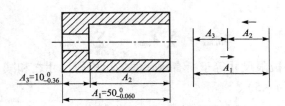

图4-15 测量基准与设计基准不重合的尺寸换算

解：确定封闭环。图4-15中，尺寸 A_3 为加工时要保证的尺寸，为封闭环。工艺尺寸链图如图4-15所示。其中尺寸 A_1 为增环，尺寸 A_2 为减环。

由公式（4-3）得：$A_0 = \sum_{z=1}^{m} A_z - \sum_{j=m+1}^{n-1} A_j$

有 $A_3 = A_1 - A_2$ 得 $A_2 = 40$ mm

由公式（4-6）得：$ES_{A_0} = \sum_{z=1}^{m} ES_{A_z} - \sum_{j=m+1}^{n-1} EI_{A_j}$

有 $ES_3 = ES_1 - EI_2$ 得 $EI_2 = 0$

由公式（4-7）得：$EI_{A_0} = \sum_{z=1}^{m} EI_{A_z} - \sum_{j=m+1}^{n-1} ES_{A_j}$

有 $ES_3 = EI_1 - ES_2$ 得 $ES_2 = 0.3$

因而 $A_2 = 40^{+0.3}_{0}$

4.7 典型零件的工艺过程

4.7.1 轴类零件

轴类零件是机器中常见的典型回转体零件之一，其主要功用是支承传动零部件（带轮、齿轮、联轴器等）、传递扭矩以及承受载荷。对于机床主轴，要求有较高的回转精度。按形状结构特点可分为光轴、空心轴、阶梯轴、异形轴（如曲轴、齿轮轴、凸轮轴、十字轴等）四大类。轴类零件的结构特点是长度（L）大于直径（d）的回转体零件，当长径比 $L/d \leq 12$ 时通称为刚性轴，而长径比 $L/d > 12$ 时称为细长轴或挠性轴。其被加工表面常有同轴线的内外圆柱面、内外圆锥面、螺纹、花键、键槽及沟槽等。

轴类零件的技术要求是设计者根据轴的主要功用以及使用条件确定的，它要符合内、外圆表面加工的通用技术要求，在这里就不再赘述。

1. 轴类零件的材料及毛坯

轴类零件选用的材料、毛坯、生产方式以及采用的热处理，对选取加工过程有极大影响。一般轴类零件常用的材料是 45 钢，并根据其工作条件选取不同的热处理规范，可得到较好的切削性能及综合力学性能。40Cr 等合金结构钢适用于中等精度而转速较高的轴类零件，这类钢经调质和表面淬火处理后，具有较高的综合力学性能。轴承钢 GCr15 和弹簧钢 65 Mn 经调质和表面高频淬火后再回火，表面硬度可达 50 HRC～58 HRC，具有较高的耐疲劳性能和较好的耐磨性能，可制造较高精度的轴。

20CrMnTi、18CrMnTi、20Mn2B、20Cr 等含铬、锰、钛和硼等元素，经正火和渗碳淬火处理可获得较高的表面硬度，较软的芯部。因此，耐冲击、韧性好，可用来制造在高转速、重载荷等条件下工作的轴类零件，其主要缺点是热处理变形较大。中碳合金氮化 38CrMoAlA，由于氮化温度比一般淬火温度低，经调质和表面氮化后，变形很小，且硬度也很高，具有很高的芯部强度，良好的耐磨性和耐疲劳性能。

轴类零件可选用棒料、铸件、或锻件等毛坯形式。一般的光轴和外圆直径相差不大的阶梯轴，选用以棒料为主；而对于外圆直径相差大的阶梯轴或重要的轴，常选用锻件；对于某些大型的、结构复杂的轴（如曲轴）才采用铸件。

2. 轴类零件的加工工艺特点

轴类零件最常用的精定位基准是两中心孔，采用这种方法符合基准重合与基准统一的原则，因为轴类零件的各外圆表面、圆锥面、螺纹表面的同轴度及端面的垂直度等设计基准都是轴的中心线。

粗加工时为了提高零件的刚度，一般用外圆表面或外圆表面与中心孔共同作为定位基准。内孔加工时，也以外圆作为定位基准。

对于空心轴，为了使以后各工序有统一的定位基准，在加工出内孔后，采用带中心孔的锥堵或锥堵心轴，保证用中心孔定位，如图 4-16 所示。

3. 轴类零件的加工工艺过程

轴类零件的加工工艺过程需根据轴的结构类型、生产批量、精度及表面粗糙度要求、毛坯种类、热处理要求等的不同而变化。在设备维修和备件制造等单件小批量生产中，一般遵循工序集中原则。

在批量加工轴类零件时，要将粗、精加工分开，先粗后精，对于精密的轴类零

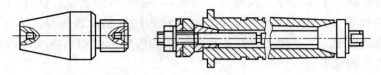

图 4-16　带中心孔的锥堵或锥堵心轴

件，精磨是最终的加工工序，有些要求较高精度的机床主轴，还要安排光整加工。车削和磨削是加工轴类零件的主要加工方法，其一般的加工工序安排为：准备毛坯—正火—切端面打中心孔—粗车—调质—半精车—精车—表面淬火—粗、精磨外圆表面—终检。轴上的花键、键槽、螺纹、齿轮等表面的加工，一般都放在外圆半精加工以后，精磨之前进行。

　　轴类零件毛坯是锻件，大多需要进行正火处理，以消除锻造内应力、改善材料内部金相组织和降低硬度，改善材料的可加工性。对于机床主轴等重要轴类零件，在粗加工后应安排调质处理以获得均匀细致的回火索氏体组织，提高零件材料的综合力学性能，并为表面淬火时得到均匀细密的组织，也可获得由表面向中心逐步降低的硬化层奠定基础，同时，索氏体金相组织经机械加工后，表面粗糙度值较小。此外，对有相对运动的轴颈表面和经常装卸工具的内锥孔等摩擦部位一般应进行表面淬火，以提高其耐磨性。

　　图 4-17 所示是 CA6140 型车床主轴零件图。主轴材料为 45 钢，在大批量生产的条件下，拟定的加工工艺过程见表 4-12。

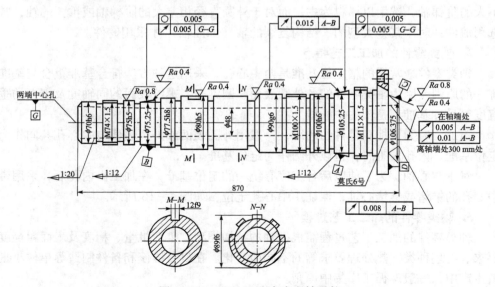

图 4-17　CA6140 型车床主轴零件

表 4-12 CA6140 车床主轴加工工艺过程

工序	工序名称	工序内容	设备及主要工艺装备
1	模锻	锻造毛坯	
2	热处理	正火	
3	铣端面，钻中心孔	铣端面，钻中心孔，控制总长 872 mm	专用机床
4	粗车	粗车外圆、各部留量 2.5~3 mm	仿形车床
5	热处理	调质	
6	半精车	车大头各台阶面	卧式车床
7	半精车	车小头各部外圆，留余量 1.2~1.5 mm	仿形车床
8	钻	钻 $\phi48$ 通孔	深孔钻床
9	车	车小头 1:20 锥孔及端面（配锥堵）	卧式车床
10	车	车大头莫氏 6 号孔、外短锥及端面（配锥堵）	卧式车床
11	钻	钻大端端面各孔	钻床
12	热处理	短锥及莫氏 6 号锥孔、$\phi75h5$、$\phi90g6$、$\phi100h6$ 进行高频淬火	
13	精车	仿形精车各外圆，留余量 0.4~0.5 mm，并切槽	数控车床
14	粗磨	粗磨 $\phi75h5$、$\phi90g6$、$\phi100h6$ 外圆	万能外圆磨床
15	粗磨	粗磨小头工艺内锥孔（重配锥堵）	内圆磨床
16	粗磨	粗磨大头莫氏 6 号内锥孔（重配锥堵）	内圆磨床
17	铣	粗精铣花键	花键铣床
18	铣	铣 12f9 键槽	铣床
19	车	车三处螺纹 M115×1.5、M100×1.5、M74×1.5	卧式车床
20	精磨	精磨外圆至尺寸	万能外圆磨床
21	精磨	精圆锥面及端面 D	专用组合磨床
22	精磨	精磨莫氏 6 号锥孔	主轴锥孔磨床
23	检验	按图样要求检验	

4.7.2 套筒类零件

在机器中套筒类零件应用十分广泛，一般起支承或导向作用，如图 4-18 所示。套筒类零件工作时主要承受径向力或轴向力。由于功用的不同，其结构和尺寸有很大的差别，但套筒类零件的共同点是：结构简单，主要工作表面为形状精度和位置精度要求较高的内、外回转面，零件的壁厚较薄，加工中极易变形，长径比较大。

1. 套筒类零件的技术要求与材料

套筒类零件一般由内、外圆表面所组成。技术要求要符合内、外圆表面加工的通用技术要求，在这里就不再赘述。

套筒零件常用材料是钢、铸铁、青铜或黄铜等。对于要求较高的滑动轴承，采用双金属结构，即用离心铸造法在钢或铸铁套筒的内壁上浇注一层巴氏合金等材料，在提高轴承寿命的同时，也节省了贵重材料。

套筒零件毛坯的选择，与材料、结构尺寸、批量等因素有关。直径较小（如 $d<20$ mm）的套筒一般选择热轧或冷拉棒料或实心铸件。直径较大的套筒，常选用无缝钢管或带孔的铸、锻件。大批量生产时可采用冷挤压和粉末冶金等先进的毛坯制造工艺。

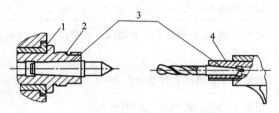

图 4-18 套类零件示例
1—轴套；2—主轴；3—圆锥表面；4—锥套

2. 套筒类零件的工艺分析

套筒类零件的加工主要考虑如何保证内圆表面与外圆表面的同轴度、端面与其轴线的垂直度、相应的尺寸精度、形状精度，同时兼顾其壁薄，易变形的工艺特点。所以套筒类零件的加工工艺过程常用的有两种。一是当内圆表面是最重要表面时，采用备料→热处理→粗车内圆表面及端面→粗、精加工外圆表面→热处理→划线（键槽及油孔线）→精加工内圆表面。二是当外圆表面是最重要表面时，采用备料→热处理→粗加工外圆表面及端面→粗、精加工内圆表面→热处理→划线（键槽及油孔线）→精加工外圆表面。

图 4-19 所示为液压缸缸体，毛坯选用无缝钢管，其加工工艺过程见表 4-13。

第4章 机械加工工艺规程

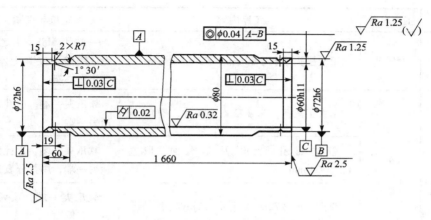

图 4-19 液压缸简图

由于套筒类零件的主要技术要求是内、外圆的同轴度,因此选择定位基准和装夹方法时,应着重考虑在一次装夹中尽可能完成各主要表面的加工,或以内孔和外圆互为基准反复加工以逐步提高其精度。同时,由于套筒类零件壁薄、刚性差,选择装夹方法、定位元件和夹紧机构时,要特别注意防止零件变形。

表 4-13 液压缸加工工艺过程

序号	工序名称	工序内容	定位与夹紧
1	备料	无缝钢管切断	
2	热处理	调质 HB241~285	
3	车削	车一头外圆到 $\phi 78$ mm,并车工艺螺纹 M78×1.5	三爪自定心卡盘夹一顶
		车端面及倒角	三爪自定心卡盘夹一端,搭中心架
		调头车另一头外圆到 $\phi 74$ mm	三爪自定心卡盘夹一顶
		车端面及倒角,取总长 1 661 mm,留加工余量 1 mm	三爪自定心卡盘夹一端,搭中心架
4	粗镗、半精镗内孔	粗镗内孔到 $\phi 58$ mm	一端用 M88×1.5 工艺螺纹固定在夹具上,另一端用中心架
		半精镗内孔到 $\phi 59.85$ mm	
		精铰(浮动镗刀镗孔)到 $\phi 60 \pm 0.02$ mm,$Ra = 1.6$ μm	

续表

序号	工序名称	工序内容	定位与夹紧
5	滚压孔	用滚压头滚到 $\phi 60$ mm, $Ra = 1.2$ μm	一端用 M88×1.5 工艺螺纹固定在夹具上，另一端用中心架
6	车	车去工艺孔，车 $\phi 72h6$ 到尺寸，割 R7 槽	软爪夹一端，以孔定位，顶另一端
6	车	镗内锥孔 1°30′ 及车端面，取总长 1 660 mm	软爪夹一端，以孔定位，顶另一端，用百分表找正
6	车	调头，车 $\phi 72h6$ 到尺寸，割 R7 槽	软爪夹一端，顶另一端夹工艺圆
7	清洗		
8	终检		

常用的防止套类筒零件变形的工艺措施有以下几种：

① 为了减少切削力和切削热的影响，粗、精加工要分开。

② 为减少夹紧力的影响，改径向夹紧为轴向夹紧，当必须采用径向夹紧时，尽可能增大夹紧部位的面积，使夹紧力分布均匀，可采用过渡套或弹性套及扇形夹爪，或者制造工艺凸边或工艺螺纹等以减小夹紧变形，如图 4-20 所示。

③ 为减少热处理的变形引起的误差，常把热处理工序安排在粗、精加工之间进行，并且要适当放大精加工余量。

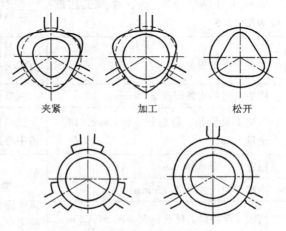

图 4-20 套筒类零件夹紧变形示意及减少夹紧力的方法

4.7.3 箱体类零件

箱体类零件是将箱体内部的轴、齿轮等有关零件和机构连接为一个有机整体的基础零件,如机床的床头箱、进给箱,汽车、拖拉机的发动机机体、变速箱,农机具的传动箱等。它们的尺寸大小、结构形式、外观和用途虽然各有不同,但是有共同的结构特点:结构复杂,一般是中空、多孔的薄壁铸件,刚性较差,在结构上常设有加强肋、内腔凸边、凸台等;箱体壁上既有尺寸精度和形位公差要求较高的轴承支承孔和平面,又有许多小的光孔、螺纹孔以及用于安装定位的销孔。因此,箱体类零件加工部位多且加工难度较大。

1. 箱体类零件的技术要求与材料

图 4-21 所示为 CA6140 型车床主轴箱体,以它为例来说明箱体零件的主要技术要求。

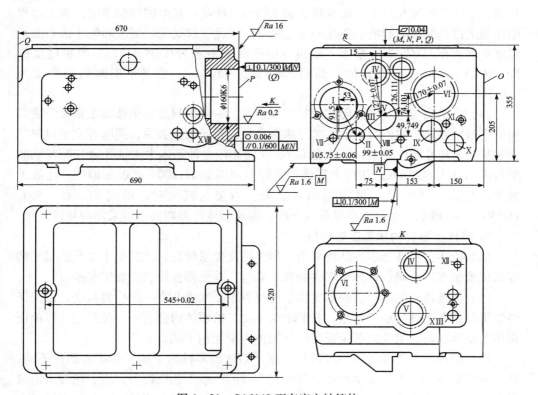

图 4-21 CA6140 型车床主轴箱体

(1) 支承孔本身的精度。轴承支承孔要求有较高的尺寸精度、形状精度和较小的表面粗糙度值。在 CA6140 型车床主轴箱体上主轴孔的尺寸公差等级为 IT6,其余孔为 IT7～IT6；主轴孔的圆度为 0.006～0.008 mm，其余孔的几何形状精度未作规定，一般控制在尺寸公差范围内即可；一般主轴孔的表面粗糙度值 $Ra = 0.4\ \mu m$，其他轴承孔 $Ra = 1.6\ \mu m$，孔的内端面 $Ra = 3.2\ \mu m$。

（2）孔与孔的相互位置精度。在箱体类零件中，同一轴线上各孔的同轴度要求较高，若同轴度超差，会使轴和轴承装配到箱体内出现歪斜，造成主轴径向跳动和轴的跳动，加剧轴承磨损。所以主轴轴承孔的同轴度为 0.012 mm，其他支承孔的同轴度为 0.02 mm。

箱体类零件中有齿轮啮合关系的相邻孔系之间的平行度误差，会影响齿轮的啮合精度，工作时会产生噪声和振动，降低齿轮的使用寿命，因此，要求较高的平行度，在 CA6140 型车床主轴箱体各支承孔轴心线平行度为 0.04～0.06 mm/400 mm。中心距之差为 ±(0.05～0.07) mm。

（3）主要平面的精度。箱体类零件的主要平面 M 是装配基准或加工中的定位基面，它的平面度和表面粗糙度将影响主轴箱与床身连接时的接触刚度，加工过程中作为定位基面则会影响主要孔的加工精度。因此有较高的平面度和较小的表面粗糙度要求。在 CA6140 型车床主轴箱体中平面度要求为 0.04 mm，表面粗糙度值 $Ra = 0.63～2.5\ \mu m$，而其他平面的 $Ra = 2.5～10\ \mu m$。主要平面间的垂直度为 0.1/300 mm。

（4）支承孔与主要平面间的相互位置精度。一般都规定主轴孔和主轴箱安装基面的平行度要求，它们决定了主轴与床身导轨的相互位置关系，同时各支承也对端面要有一定的垂直度要求。因此在 CA6140 型车床主轴箱体中主轴孔对装配基准的平行度为 0.1/600 mm。箱体类零件最常用的材料是 HT200～400 灰铸铁，在航天航空、电动工具中也有采用铝和轻合金，当负荷较大时，可用 ZG200～400、ZG230～450 铸钢，在单件小批量生产时，为缩短生产周期，也可采用焊接件。

2. 箱体类零件的加工工艺分析

如前所述，箱体类零件结构复杂，加工精度要求较高，尤其是主要孔的尺寸精度和位置精度。要确保箱体类零件的加工质量，首先要正确选择加工基准。

（1）在选择粗基准时，要求定位平面与各主要轴承孔有一定位置精度，以保证各轴承孔都有足够的加工余量，并要求与不加工的箱体内壁有一定位置精度以保证箱体的壁厚均匀、避免内部装配零件与箱体内壁互相干扰。

（2）箱体类零件加工工艺过程的特点。箱体类零件的结构、功用和精度不同，加工方案也不同。大批量生产时，箱体类零件的一般工艺路线为：粗、精加工定位平面→钻、铰两定位销孔→粗加工各主要平面→精加工各主要平面→粗加工轴承孔系→半精加工轴承孔系→各次要小平面的加工→各次要小孔的加工→重要表面的精加工（本工序视具体箱体零件而定）→轴承孔系的精加工→攻螺纹。

（3）在加工箱体类零件时，一般按照先面后孔、先主后次的顺序加工。因为先加工平面，不仅为加工精度较高的支承孔提供了稳定可靠的精基准，而且还符合基准重合原则，有利于提高加工精度。加工平面或孔系时，也应遵循先主后次的原则，以先加工好的主要平面或主要孔作精基准，可以保证装夹可靠，调整各表面的加工余量较方便，有利于提高各表面的加工精度。当有与轴承孔相交的油孔时，应在轴承孔精加工之后钻出油孔以免先钻油孔造成断续切削，影响轴承孔的加工精度。

箱体类零件的结构一般较为复杂，壁厚不均匀，铸造残留内应力大。为消除内应力，减少箱体在使用过程中的变形以保持精度稳定，铸造后一般均需进行时效处理，对于精密机床的箱体或形状特别复杂的箱体，在粗加工后还要再安排一次人工时效，以促进铸造和粗加工造成的内应力释放。

箱体类零件上各轴承孔之间，轴承孔与平面之间，具有一定的位置要求，工艺上将这些具有一定位置要求的一组孔称为"孔系"。孔系有平行孔系、同轴孔系、交叉孔系。孔系加工是箱体类零件加工中最关键的工序。根据生产规模，生产条件以及加工要求的不同，可采用不同的加工方法。

CA6140 型车床主轴箱体的加工工艺见表 4-14，主轴箱装配基面和孔系的加工是其加工的核心和关键。

表 4-14 CA6140 主轴箱机械加工工艺过程

工序	工序名称	工序内容	设备及主要工艺装备
1	铸造	铸造毛坯	
2	热处理	人工时效	
3	涂装	上底漆	
4	划线	兼顾各部划全线	
5	刨	① 按线找正，粗刨顶面 R，留量 $2\sim2.5$ mm ② 以顶面 R 为基准，粗刨底面 M 及导向面 N，各部留量为 $2\sim2.5$ mm ③ 以底面 M 和导向面 N 为基准，粗刨侧面 O 及两端面 P、Q，留量为 $2\sim2.5$ mm	龙门刨床
6	划	划各纵向孔镗孔线	
7	镗	以底面 M 和导向面 N 为基准，粗镗各纵向孔，各部留量为 $2\sim2.5$ mm	卧式镗床
8	时效		

续表

工序	工序名称	工序内容	设备及主要工艺装备
9	刨	① 以底面 M 和导向面 N 为基准精刨顶面 R 至尺寸 ② 以顶面 R 为基准精刨底面 M 及导向面 N，留刮研量为 0.1 mm	龙门刨床
10	钳	刮研底面 M 及导向 N 至尺寸	
11	刨	以底面 M 和导向面 N 为基准精刨侧面 O 及两端面 P、Q 至尺寸	龙门刨床
12	镗	以底面 M 和导向面 N 为基准 ① 半精镗和精镗各纵向孔，主轴孔留精细镗余量为 0.05~0.1 mm，其余镗好，小孔可用铰刀加工 ② 用浮动镗刀块精细镗主轴孔至尺寸	卧式镗床
13	划	各螺纹孔、紧固孔及油孔孔线	

实 训

1. 什么是生产过程、机械加工工艺过程、机械加工工艺规程？工艺规程在生产中起什么作用？
2. 划分工序的主要依据是什么？试举例说明工序、工步、走刀、安装、工位、定位的概念。
3. 什么是设计基准、定位基准、工序基准、测量基准？举例说明。
4. 什么是工序集中和工序分散的原则？影响工序集中与工序分散的主要因素有哪些？各用于什么场合？
5. 什么是加工余量、工序余量和总余量？
6. 请简述粗、精基准的选择原则，为什么在同一尺寸方向上粗基准一般只允许使用一次？
7. 何谓工艺尺寸链？如何确定封闭环、增环和减环？
8. 习图 4-1 所示为零件加工时，设计要求保证尺寸 5 ± 0.2 mm，但这一尺寸不便于测量，只有通过测量 L 来间接保证。试求工序尺寸 L 及其上下偏差。

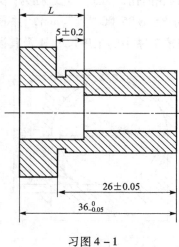

习图 4−1

9. 举例说明在机械加工工艺过程中,如何合理安排热处理工序?

10. 试拟定出下列图示零件的加工工艺规程。习图 4−2 中各零件均采用 45 钢,成批生产。(a)图零件采用锻件,(b)图零件采用无缝钢管。

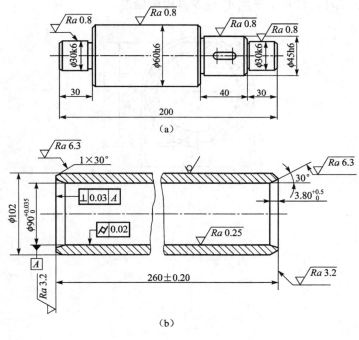

习图 4−2

11. 如习题 4-3 所示为齿轮内孔，加工工艺过程为：先粗镗孔至 $\phi 84.8^{+0.07}_{0}$ mm，插键槽后，再精镗孔尺寸至 $\phi 85.00^{+0.036}_{0}$ mm，并同时保证键槽深度尺寸 $\phi 87.90^{+0.23}_{0}$ mm，试求插键槽工序中的工序尺寸 A 及其误差。

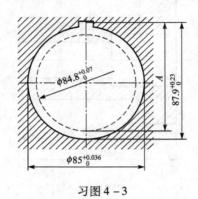

习图 4-3

12. 如图 4-4 所示为花键套筒，其加工工艺过程为：先粗，精车外圆至尺寸 $\phi 24.404^{0}_{-0.080}$ mm，再按工序尺寸 A_2 铣键槽，热处理，最后粗、精磨外圆至尺寸 $\phi 24^{0}_{-0.013}$ mm，完工后要键槽深度 $21.5^{0}_{-0.100}$ mm，试画出尺寸链简图，并区分封闭环、增环、减环，计算工序尺寸 A_2 及其极限偏差。

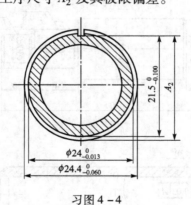

习图 4-4

第5章

零件的安装与夹具

5.1 概　　述

所谓机床夹具就是在机床上用于准确快捷地确定零件和刀具以及机床之间的相对加工位置，并把零件可靠夹紧的工艺装备。机床夹具是用来安装零件的机床附加装置，其功用是保证零件各加工表面间的相互位置精度，以保证产品质量，提高劳动生产率和降低成本，扩大机床的加工范围以及减轻工人的劳动强度，保证生产安全。

1. 机床夹具的分类

机床夹具分类的方法很多，按照通用程度可分为以下几种。

（1）通用夹具。一般作为通用机床的附件提供，是指已经标准化的，在加工不同的零件时，无须调整或稍加调整（不必特殊调整）就可使用的夹具。如车床上的三爪自定心卡盘、四爪单动卡盘、顶尖等；铣床上的平口虎钳、分度头、回转工作台等。通用夹具一般由专业厂家制造。这类夹具的特点是通用性强，加工精度不很高，生产效率低，主要适用于单件、小批量的零件加工中。

（2）专用夹具。指根据某一零件的某一工序的加工要求，专门设计的夹具。专用夹具可以按照零件的加工要求设计得结构紧凑、操作迅速、方便、省力。但专用夹具设计制造周期长，成本较高，当产品变更时无法继续使用。因此这类夹具适用于产品固定的大批量、大量生产中。

（3）可调夹具。指加工形状相似、尺寸相近的多种零件时，只需更换或调整夹具上的个别元件或部件，就可使用的夹具。可调夹具又分为通用可调夹具和成组可调夹具。其中通用可调夹具的适用范围广一些，但加工对象不明确，其更换或可调整部分的设计应有较大的适应性；而成组可调夹具是专门为成组工艺中的某一组（族）的零件加工而设计的，加工对象和使用范围都很明确。

采用这两种夹具可以显著减少专用夹具数量，缩短生产周期，降低生产成本，因此在多品种、小批量生产中得到广泛应用。

（4）随行夹具。这是自动线夹具的一种。自动线夹具基本上可分为两类：一类为固定式夹具，它与一般专用夹具相似；另一类为随行夹具，该夹具既要起到装夹零件的作用，又要与零件成为一体沿着自动线从一个工位移到下一个工位，进行不同工序的加工。

（5）组合夹具。由一套事先制造好的标准元件和部件组装而成的夹具。该类夹具是由专业厂家制造的。元部件之间相互配合部分的尺寸精度高、硬度高、耐磨性好，且具有完全互换性，可以随时拆卸和组装，所以组合夹具特别适用于新产品的试制和单件、小批量生产。

按使用的机床，夹具可分为车床夹具、铣床夹具、钻床夹具、镗床夹具、磨床夹具、齿轮机床夹具和其他机床夹具等。

按动力来源的不同，夹具可分为手动夹具、气动夹具、液压夹具、电动和磁力夹具、气液增力夹具、真空夹具等。

2. 机床夹具的组成

对于各类机床，其夹具结构也是千差万别，但就其组成元件的基本功能来看，都有以下几个共同的部分。为了便于说明问题，以图5-1所示的钻床夹具为例。

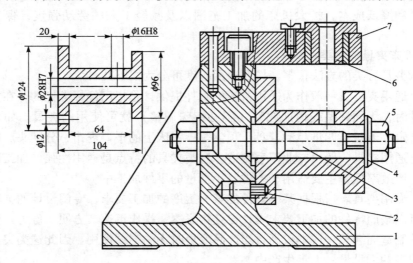

图5-1　钻床夹具
1—夹具体；2—定位销；3—销轴；4—开口垫圈；5—螺母；6—快换钻套；7—钻模板

（1）定位元件。指在夹具中用来确定零件加工位置的元件。与定位元件相接触的零件表面称为定位表面。图5-1中的定位销就是定位元件。

（2）夹紧元件。用于保证零件定位后的正确位置，使其在加工过程中由于自重或受到切削力或振动力等外力作用时避免产生位移。如图 5-1 中的螺母、开口垫圈。

(3) 导向元件。用于保证刀具进入正确加工位置的夹具元件,如图 5-1 中的快换钻套。对于钻头、扩孔钻、绞刀、镗刀等孔加工刀具用钻套作为导向元件,对于铣刀、刨刀等需用对刀块进行对刀。

(4) 夹具体。用于连接夹具上各元件及装置,使其成为一个整体的基础件,并通过它与机床有关部位连接,以确定夹具相对于机床的位置。如图 5-1 中的钻模板。

根据加工零件的要求,以及所选用的机床不同,有些夹具上还有分度机构、导向键、平衡块和操作件等。对于铣床、镗床夹具还有定位键与工作台上的 T 形槽配合进行定位,然后用螺钉固定。

5.2 安装与定位

5.2.1 零件的安装

加工时,首先要把零件安放在工作台或夹具里,使它和刀具之间有正确的相对位置,这就是定位。零件定位后,在加工过程中要保持正确的位置不变,才能得到所要求的尺寸精度,因此必须把零件夹住,这就是夹紧。零件从定位到夹紧的整个过程称为零件的安装或装夹。定位保证零件的位置正确,夹紧保证零件的正确位置不变。正确的安装是保证零件加工精度的重要条件。生产条件的不同,零件的安装有直接找正安装、划线找正安装和用夹具安装。

1. 直接找正安装

零件的定位是由操作工人利用千分表、划针等工具直接找正某些表面,以保证被加工表面位置的精度。直接找正安装因其生产率低,故一般多用于单件、小批量生产。定位精度与找正所用的工具精度有关,定位精度要求特别高时往往用精密量具来直接找正安装。

2. 划线找正安装

先在零件上划出将要加工表面的位置,安装零件时按划线用划针找正并夹紧。按划线找正安装生产率低,定位精度也低,多用于单件、小批量生产中。对尺寸和质量较大的铸件和锻件,使用夹具成本很高,可按划线找正安装;对于精度较低的铸件或锻件毛坯,无法使用夹具,也可用划线方法,不致使毛坯报废。

3. 用夹具安装

将零件直接装在夹具的定位元件上并夹紧,这种方法安装迅速方便,定位可靠,广泛应用于成批和大量生产中。例如加工套筒类零件时,就可以以零件的外圆定位,用三爪自定心卡盘夹紧进行加工,由夹具保证零件外圆和内孔的同心度。目前对于单件、小批量生产,已广泛使用组合夹具。

5.2.2 零件定位原理

零件在夹具中定位实质就是解决零件相对于夹具应占有的准确几何位置问题。在定位前,零件相对于夹具的位置是不确定的,正如自由刚体在空间直角坐标系中一样。一个自由刚体在空间直角坐标系中有六个独立活动的可能性。其中有三个是沿坐标轴方向的移动,另外三个是绕坐标轴的转动(正反方向的活动均认为是一个活动),这种独立活动的可能性,称为自由度,活动可能性的个数就是自由度的数目。

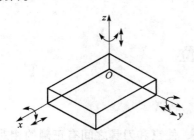

图 5-2 零件在空间的 6 个自由度

零件可以看作是一个自由刚体。用 $\vec{x}$、$\vec{y}$、$\vec{z}$ 分别表示沿三个坐标轴 x、y、z 方向的移动自由度,用 $\hat{x}$、$\hat{y}$、$\hat{z}$ 分别表示绕三个坐标轴 x、y、z 的转动自由度。这就是零件在空间的六个自由度。如图 5-2 所示。

要使零件在某方向有确定的位置,就必须限制该方向的自由度,当零件的六个自由度均被限制后,零件在空间的位置就唯一地被确定下来,而每个自由度可以用相应的点支承来加以限制。用六个点支承就可以完全确定零件的空间位置。这就是零件的六点定位原则。

如图 5-3 所示,在 xOy 坐标平面内设置三个定位点 1、2、3,当零件底平面与三个定位点相接触且不背离的情况下,则零件沿 z 轴方向的移动自由度和绕 x 轴、y 轴的转动自由度就被限制,即零件的 $\vec{z}$、$\hat{x}$、$\hat{y}$ 三个自由度就被限制;然后在 yOz 坐标平面内再设置定位点 4、5,当零件侧面与该两点相接触且不背离时,则零件沿 x 轴方向的移动自由度和绕 z 轴的转动自由度就被限制,即 4、5 点限制了零件的 $\vec{x}$、$\hat{z}$ 两个自由度;最后在 xOz 坐标平面内设置定位点 6,在零件后端面与点 6 相接触且不背离的情况下,零件沿 y 轴方向的移动自由度就被限制,即定位点 6 限制了零件的一个 $\vec{y}$ 移动自由度。则 1、2、3、4、5、6 六个定位点就限制了零件的六个自由度,也就确定了零件在空间的唯一几何位置。

根据零件各工序的加工精度要求和选择定位元件的情况,零件在夹具中的定位通常有如下几种情况。

1. 完全定位

零件的六个自由度均被夹具定位元件限制,使零件在夹具中处于完全确定的位置,这种定位方式称为完全定位,如图 5-4 所示。

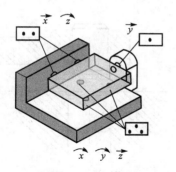

图 5-3 零件的六点定位

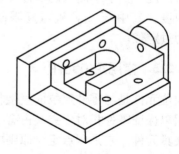

图 5-4 完全定位

2. 不完全定位

根据零件加工精度要求不需限制的自由度，没有被夹具定位元件限制或没有被全部限制的定位。这种定位虽然没有完全限制零件的六个自由度，但保证加工精度的自由度已全部限制，因此也是合理的定位，在实际夹具定位中普遍存在。如图 5-5 所示。

3. 欠定位

根据零件加工精度要求需要限制的自由度没有得到完全限制的定位。这种定位显然不能保证零件的加工精度要求，在零件加工中是绝

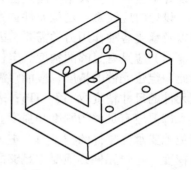

图 5-5 不完全定位

对不允许的。但在夹具设计中，当零件上没有足够精确的定位面时，用定位元件定位就无法可靠保证零件在某方向的准确位置，此时就不能用定位元件限制零件在这些方向的自由度，这些自由度可以采用划线找正的方法加以限制。

4. 过定位

定位元件的一组限位面重复限制零件的同一个自由度的定位，这样的定位称为过定位。过定位可能导致定位干涉或零件装不上定位元件，进而导致零件或定位元件产生变形、定位误差增大，因此在定位设计中应该尽量避免过定位。但是，过定位可以提高零件的局部刚度和零件定位的稳定性。所以当加工刚性差的零件时，过定位又是非常必要的，在精密加工和装配中也时有应用。

应当指出的是，过定位的缺点总是存在的，但在某些情况下过定位又是必要的。在应用过定位时，应该尽量改善过定位的定位情况，以降低过定位的不良影响。可以从下列几个方面加以考虑：改变定位元件间的装配关系；改变定位元件的形状尺寸；提高过定位元件的精度。

图 5-6 为一零件局部定位情况。长销与零件孔配合限制零件 $\vec{x}$、$\vec{y}$、$\hat{x}$、$\hat{y}$

四个自由度，支承平面限制零件 $\vec{z}$、$\vec{x}$、$\vec{y}$ 三个自由度，其中 $\vec{x}$、$\vec{y}$ 被重复限制，因此该定位为过定位。

5.2.3 常用定位元件

定位元件是与零件定位面直接相接触或配合，用以保证零件相对于夹具占有准确几何位置的夹具元件。它是六点定位原则中的定位点在夹具设计中的具体体现。常用定位元件已经

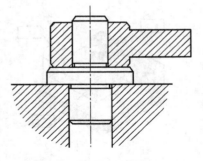

图5-6 过定位

标准化（详见国家标准《机床夹具零件及部件》），在夹具设计中可直接选用。但在设计中也有不便采用标准定位元件的情况，这时可参照标准自行设计。

设计时应注意：定位元件首先要保证零件准确位置。同时还要适应零件频繁装卸以及承受各种作用力的需要。因此，定位元件应满足下列基本要求：

（1）应具有足够的精度。定位元件的精度直接影响零件在夹具中的定位误差。因此，定位元件的精度，应能够满足零件工序加工精度对定位精度的需要。通常定位元件的尺寸精度取 IT8~IT6；表面粗糙度值取 $Ra=0.2\sim1.6\ \mu m$。

（2）应有足够的刚度和强度。在零件的装夹和切削加工过程中，定位元件不可避免地要承受零件的撞击力、重力、夹紧力和切削力等的作用。为了保证零件的加工精度，定位元件必须要有足够的刚度和强度，以减小其本身变形和抗破坏能力。

（3）应有一定的耐磨性。在大批量生产中，为了保证零件在夹具中定位精度的稳定性，就要求定位元件应有一定的耐磨性，也就是定位元件应有一定的硬度，其硬度一般要求为 HRC58~HRC65。一般对较大尺寸的定位元件，采用优质低碳结构钢 20 钢或优质低碳合金结构钢 20Cr，表面渗碳深度 0.8~1.2 mm，然后淬火；对较小尺寸的定位元件，一般采用高级优质工具钢 T7A、T8A 等直接淬火。

由于定位元件的限位面要与零件的定位面相接触或配合，因此定位元件限位面的形状、尺寸取决于零件定位面的形状和尺寸。按照零件定位面的不同，现对常用定位元件的介绍如下：

1. 平面定位的定位元件

当零件定位面是平面时，常用的定位元件有固定支承、可调支承和自位支承，这些支承统称为基本支承。其中固定支承是指支承钉和支承板，因为它们一旦装配在夹具上后，其定位高度尺寸是固定的、不可调整的。

1) 支承钉

图 5-7 是标准支承钉的结构。A 型是平头支承钉。用于对已经加工过的精基准定位，当多个该型支承钉的限位面处于同一平面时，对其高度尺寸 H 应有等高要求。一般通过配磨支承钉限位面实现。B 型支承钉的限位面是球面，用于定位没

有经过加工的毛坯面。以提高接触刚度。C 型支承钉常用于侧面定位，以便利用其网纹限位面提高摩擦系数，增大摩擦力。

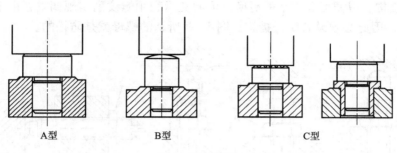

图 5-7 支承钉

支承钉可直接安装在夹具体上，与夹具体孔的配合采用 H7/r6。如果支承钉需要经常更换时，可加衬套，衬套与夹具体的配合采用 H7/r6，支承钉与衬套的配合采用 H7/js6。

2）支承板

标准支承板是通过螺钉安装在夹具体上，其结构有两种，如图 5-8 所示。A 型支承板结构简单，但安装螺钉沉头孔部位易落入切屑且不易清理，会影响限位面定位的准确性，因此主要用于侧面和顶面定位。B 型支承板在安装螺钉部位开有斜槽，槽深为 1.5~2 mm，螺钉安装后，其顶面与槽底面平齐或略低，因此落入沉头孔部位的切屑不会影响定位的准确性，比较适合用于零件的底面定位。标准支承板的形状均为狭长形，当用多块支承板构成大平面时，应注意各支承板高度尺寸 H 的一致性，可以采用一次磨出或配磨的方法保证 H 尺寸的一致性。

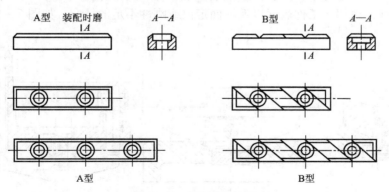

图 5-8 支承板的结构

3）可调支承

当支承高度需要在一定范围内变化时，常采用图 5-9 所示的可调支承。其中，图（a）为手动调整，适用于小型零件的定位。图（c）可用扳手操作，适用于大、中型零件的定位。对重载或频繁操作的可调支承，为保护夹具体不受破坏，应采用图（b）结构，以便可调支承的更换。可调支承利用螺纹副实现调整，由于螺纹副易于松动，因此必须设有防松措施，图 5-9 所示的螺母就是防松的。

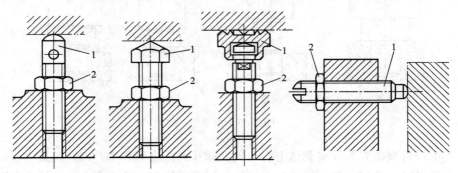

图 5-9 可调支承结构
(a) 球头可调支撑；(b) 锥头可调支撑；(c) 自为可调支撑；(d) 侧向可调支撑

可调支承的主要应用范围有：批量化加工时的粗基准定位，以适应不同批毛坯的尺寸变化；可调夹具中用于满足零件系列尺寸变化的定位；成组夹具中需要可调的定位元件。

4）自位支撑

自位支撑又称浮动支撑，在工件定位过程中能自动调整位置。浮动支撑的位置能随工件定位基准位置的变化而自动调节，尽管每个自位支撑与工件成两点或三点接触，但只起一个定位支撑点的作用，只能消除一个自由度。故可以提高工件的刚性和稳定性，适用于工件表面以毛坯面定位或刚性不足的场合，如图 5-10 所示。

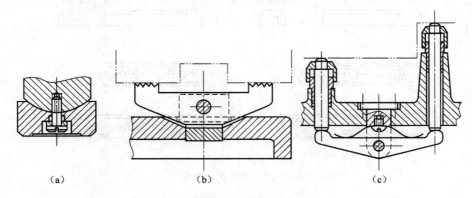

图 5-10 自位基准
(a) 球面三点式；(b) 摆动二点式；(c) 摆动三点式

2. 圆柱孔定位的定位元件

当零件定位面是圆柱孔时，相应的定位元件的限位面就应是外圆柱面。常用的这类定位元件有定位心轴、定位销和定心夹紧装置。但有时也用零件圆柱孔口的孔缘定位，这时的定位元件用锥销。

1) 定位销

按安装方式，定位销有固定式和可换式两种。根据对零件自由度限制的需要，定位销又有圆柱定位销和削边销之分，如图 5-11 所示。

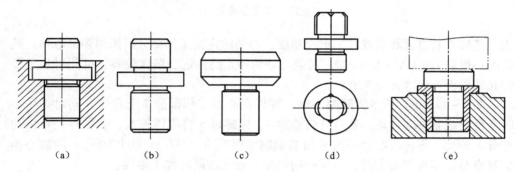

图 5-11　定位销的结构

图（a）、（b）、（c）为固定式定位销，图（d）为削边销，图（e）为可换式定位销。当 $D \leqslant 10$ mm 时，为提高限位面与台肩连接处强度，避免应力集中，用半径为 1 mm 的圆弧过渡连接，但要注意：零件定位孔不可与过渡圆弧配合，如图（a）所示。定位销的台肩是用于确定其本身在夹具体上安装时的轴向位置，一般不用它限制零件的自由度。当 $D > 18$ mm 时，为了节省材料、方便加工，一般不再专门做出定位销的台肩。当只需要限制零件一个自由度时，采用图（d）所示削边销。大批量生产时，为定位销磨损后更换上的方便，可采用图（e）所示结构，这时要加装衬套。

固定式定位销一般直接与夹具体上的孔配合，其配合采用基孔制 H7/r6。如果装有衬套，定位销与衬套按基轴制（H7/h6）制造，衬套与夹具体按基孔制（H7/r6）制造。

2) 定位心轴

定位心轴主要用于对套筒类和盘类零件的定位，在车床、磨床、铣床和齿轮加工机床上进行加工。根据与零件定位孔配合性质的不同，将心轴分为过盈心轴和间隙心轴两种，图 5-12 就是两种心轴的结构图。

图 5-12（a）所示为过盈心轴。是依靠过盈量产生的摩擦力来传递扭矩，心轴与零件孔一般采用 H7/r6 配合。过盈心轴由三部分构成：两侧铣扁的传动部分 1，心轴工作部分 2，方便零件装入的导向部分 3，当零件孔的长径比 $L/D > 1$ 时，

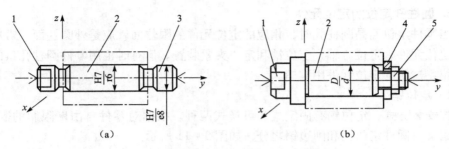

图5-12 常见心轴的结构

为了零件安装方便和有较高的定心精度,心轴的定位工作部分可采用圆锥心轴,其锥度一般取1/1 000~1/8 000。过盈心轴的特点是:定心精度较高,可同时加工零件孔的端面,但零件安装麻烦。

图5-12(b)所示为间隙心轴,零件在心轴工作部分2上定位,同时靠在心轴台肩上限制轴向移动,通过开口垫圈4,用螺母5将零件拧紧,心轴靠铣扁传动部分1传动。零件与心轴一般采用基轴制间隙配合(H7/g6或H7/f6)。间隙心轴的特点是:零件装夹方便,但定心精度差,且无法同时加工端面。

3)圆锥销

图5-13为圆柱孔的孔缘在圆锥销上定位的示例。当零件定位孔为毛坯孔时,为了减少孔缘部分毛刺对定位的影响,一般采用图5-13(a)所示结构。图5-13(b)用于精基准定位。

3. 零件以外圆柱面定位的定位元件

当零件以外圆柱面作定位基准时,根据零件外圆柱面的结构特点、加工要求和装夹方式,可以采用V形块、套筒、半圆套、

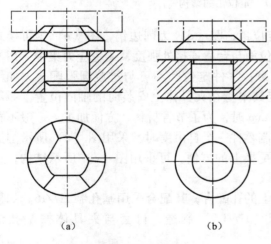

图5-13 圆锥销

圆锥孔及定心夹紧装置等实现零件定位。

1)V形块

图5-14所示为常用V形块的结构形式。图5-14(a)用于较短的精基准定位;图5-14(b)用于较长的粗基准定位;图5-14(c)用于较长的精基准定位;当零件直径较大且长度也大时,V形块一般采用铸铁底座、镶淬火钢板结构,如图5-14(d)所示。除长短大小之分,V形块还有固定式、活动式和调

整式之分。固定式 V 形块通过螺钉和销钉直接安装在夹具体上。安装时，一般先将 V 形块在夹具体上的位置调整好，用螺钉拧紧，再配钻、铰销钉孔，然后安装销钉。

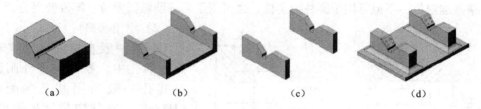

图 5-14　V 形块的结构形式
（a）短 V 形块；（b）整体式长 V 形块；（c）分体式长 V 形块；（d）大型长 V 形块

一般 V 形块两斜面间夹角有 60°、90° 和 120° 三种，在定位设计中多采用夹角为 90° 的 V 形块。非标准 V 形块设计时，其主要结构尺寸可按图 5-15 进行计算。

V 形块的主要结构标注尺寸有：

D——V 形块检验心轴直径，即定位零件的标准直径，mm；

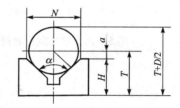

图 5-15　V 形块的主要结构尺寸计算

H——V 形块的高度，mm；

α——V 形块两斜面夹角，度（°）；

T——V 形块的标准定位高度，mm。

在对 V 形块进行设计计算时，D 为零件标准定位尺寸，N 和 H 可以参照标准确定，也可由下式计算确定

$$N = 2\tan\frac{\alpha}{2}\left[\frac{D}{2\sin\frac{\alpha}{2}} - a\right] \text{ (mm)} \qquad (5-1)$$

式中：a 一般取：$(0.14 \sim 0.16)D$。

用于大直径定位时：$H \leqslant 0.5D$

用于小直径定位时：$H \leqslant 1.2D$

T 值的计算：

$$T = H + \frac{1}{2}\left[\frac{D}{\sin\frac{\alpha}{2}} - \frac{N}{\tan\frac{\alpha}{2}}\right] \text{ (mm)} \qquad (5-2)$$

当 $\alpha = 60°$ 时：$T = H + D - 0.867N$

当 $\alpha = 90°$ 时 $T = H + 0.707D - 0.5N$

当 $\alpha = 120°$ 时：$T = H + 0.578D - 0.289N$

V 形块定位的优点是：定位对中性好。即零件定位基准轴线总在 V 形块对称面上，不受零件定位面尺寸变化的影响；适应面广，不但可用于粗基准定位，也可以用于精基准定位，不但可用于圆柱面定位，也可用于局部圆弧面定位；零件装夹方便。

2）定位套筒

套筒一般直接安装在夹具体上的孔中，零件定位外圆面与其孔一般采用基孔制配合（H7/g6）。套筒定位结构简单，主要用于精基准定位。套筒有长、短之分，其定位孔常与端面构成组合限位面，共同约束零件自由度。定位套筒的常见结构如图 5-16 所示。

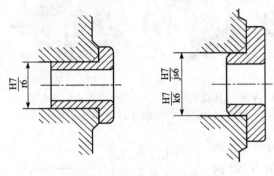

图 5-16 常见定位套筒结构

5.3 工件的夹紧

5.3.1 夹紧装置的组成和要求

零件定位后将其固定，使其在加工过程中保持已定位的位置不发生改变的操作，称为夹紧。夹紧是零件装夹过程的重要组成环节。零件定位后必须进行夹紧，才能保证零件不会因为切削力、重力、离心力等外力作用而破坏定位。这种对零件进行夹紧的装置，称为夹紧装置。夹紧装置设计要受到定位方案、切削力大小、生产率、加工方法、零件刚性、加工精度要求等因素的制约。

1. 夹紧装置的组成

按照夹紧动力源的不同，一般把夹紧机构划分为两类：手动夹紧装置和机动夹紧装置；而根据扩力次数的多少，把具有单级扩力的夹紧装置称为简单（基本）夹紧装置，把具有两级或更多级扩力机构的夹紧装置称为复合夹紧装置。由此可知，夹紧装置的结构形式是千变万化的。但不管夹紧装置的结构形式如何变化，作为简单夹紧装置一般由以下三部分构成。

（1）动力源装置。能够产生力的装置，是机动夹紧的必要装置，例如气动、电动、液压、电磁等夹紧的动力装置。

（2）夹紧元件。与零件直接接触实施夹紧的元件。

（3）中间传力机构。介于动力源装置和夹紧元件之间的传力机构。它把动力源产生的力传递给夹紧元件以实施对零件的夹紧。为满足夹紧设计需要，中间传力机构在传力过程中，可以改变力的大小和方向并可具有自锁功能。

2. 对夹紧装置的基本要求

夹紧装置设计的合理与否，直接影响着零件的加工质量、工人的工作效率和劳动强度等方面。为此，设计夹紧装置时应满足下列基本要求。

（1）夹紧装置应保证零件各定位面的定位可靠，而不能破坏定位。

（2）夹紧力大小要适中，在保证零件加工所需夹紧力大小的同时，应尽量减小零件的夹紧变形。

（3）夹紧装置要具有可靠的自锁，以防止加工中夹紧装置突然松开。

（4）夹紧装置要有足够的夹紧行程，以满足零件装卸空间的需要。

（5）夹紧动作要迅速，操作要方便、安全、省力。

（6）手动夹紧装置工人作用力一般不超过 80 N。

（7）夹紧装置的设计应与零件的生产类型相一致。

（8）夹紧装置的结构应紧凑，工艺性要好，尽量采用标准化元件。

5.3.2 夹紧力的确定

力的三要素是大小、方向和作用点。因此，夹紧力的大小、方向、作用点的确定就至关重要，它直接影响着夹紧装置工作的各个方面。但作为夹紧力，由于其作用的目的不同，所以夹紧力是有所区别的。在确定夹紧力时，首先要考虑夹具的整体布局问题，其次要考虑加工方法、加工精度、零件结构、切削力等方面对夹紧力的不同需要。

1. 夹紧力方向的确定原则

夹紧力作用方向主要影响零件的定位可靠性、夹紧变形、夹紧力大小等诸方面。选择夹紧力作用方向时应遵循下列原则：

（1）为了保证加工精度，主要夹紧力的作用方向应垂直于零件的主要定位基准，同时要保证零件其他定位面定位可靠。如图 5-17 所示，图（a）是正确的，图（b）是错误的。

（2）夹紧力的作用方向应尽量避开零件刚性比较薄弱的方向，以尽量减小零件的夹紧变形对加工精度的影响。例如图 5-18 中应避免图（a）的夹紧方式，可采用图（b）的夹紧方式。

（3）夹紧力的作用方向应尽可能有利于减小夹紧力。假设机械加工中零件只受夹紧力 F_j、切削力 F 和零件重力 F_G 的作用，这几种力的可能分布如图 5-19 所示。为保证零件加工中定位可靠，显然只有采用图（a）受力分布时夹紧力 F_j 最小。

2. 夹紧力作用点的确定原则

夹紧力作用点选择，包括作用点的位置、数量、布局、作用方式。它们对零件

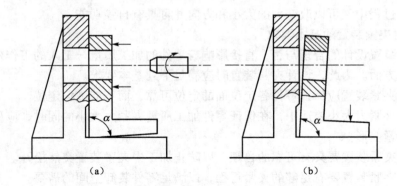

图 5-17 夹紧力作用方向与零件主要定位基准的关系

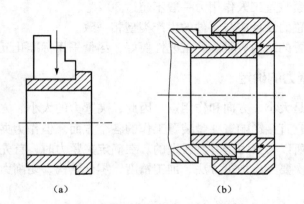

图 5-18 夹紧力作用方向对零件变形的影响

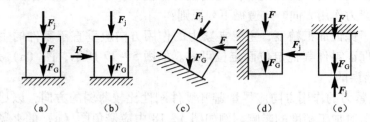

图 5-19 夹紧力作用方向对夹紧力大小的影响

的影响主要表现在：定位准确性和可靠性及夹紧变形；同时，作用点选择还影响夹紧装置的结构复杂性和工作效率。具体设计时应遵循下列原则：

（1）夹紧力作用点应正对定位元件限位面或落在多个定位元件所组成的定位域之内，以防止破坏零件的定位。如图 5-20 中，图（a）中夹紧力作用点是不正确的，夹紧时会破坏定位；图（b）的夹紧是正确的。

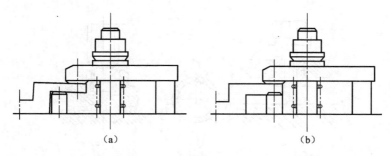

图 5-20　夹紧力作用点对零件定位的影响

（2）夹紧力作用点应落在零件刚性较好的部位上，以尽量减小零件的夹紧变形。如图 5-21 所示，图（a）是错误的，图（b）是正确的。

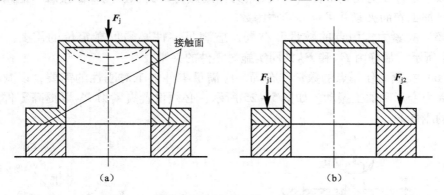

图 5-21　零件刚性对夹紧力作用点选择的影响

（3）夹紧力作用点应尽量靠近零件被加工面，以便最大限度地抵消切削力，提高零件被加工部位的刚性，降低由切削力引起的加工振动。如图 5-22 所示，夹紧力 F_{j1}、F_{j2} 不能保证零件的可靠定位，F_{j4} 的作用点距离加工部位较远，因此只有 F_{j3} 作用点选择最好。

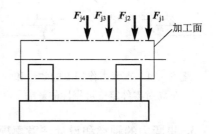

图 5-22　夹紧力作用点与零件被加工部位的位置关系

（4）选择合适的夹紧力作用点的作用形式，可有效地减小零件的夹紧变形、改善接触可靠性、提高摩擦因数、增大接触面积、防止夹紧元件破坏零件的定位和损伤零件表面等。针对不同的需要，与零件被夹紧面相接触的夹紧元件的夹紧面应采用如图 5-23 所示的相应形式。

由于零件毛坯面粗糙不平，所以对毛坯面夹紧时应采用球面压点，如图 5-23

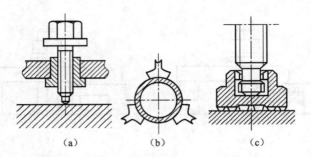

图 5-23 夹紧力作用点作用形式选择

所示。图（a）、（b）的零件是薄壁套筒，为了减小零件夹紧变形，应增大夹压面积，以使零件受力均匀。图（c）夹紧力作用点为大面积、网纹面接触，适用于对零件已加工表面夹紧并可提高摩擦因数。

（5）夹紧力作用点的数量和布局，应满足零件必须可靠定位的需要。如图 5-24 所示，最好由 F_{j1} 和 F_{j2} 共同实施对零件的夹紧。

（6）夹紧力作用点的数量和布局，应满足零件加工对刚性的需要，以减小零件的受力变形和加工振动。如图 5-25 所示，必须设置夹紧力 F_{j2} 以提高零件加工部位的刚性。

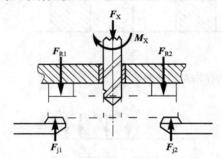

图 5-24 夹紧力作用点的数量和布局对零件定位可靠性的影响

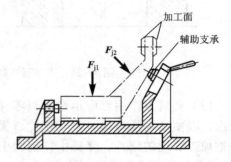

图 5-25 夹紧力作用点的数量和布局对零件刚性的影响

3. 夹紧力的种类和设计注意事项

1）夹紧力的种类

零件在夹具中装夹时，有时有多个夹紧力作用于零件，这些夹紧力的作用目的可能不尽相同，根据其作用目的的不同，将夹紧力分为下列三种：

（1）基本夹紧力。为保证零件已定好的位免遭切削力、重力、离心力等作用力破坏而施加的作用力，一般是在零件定位后才开始作用。如图 5-24 中的力 F_{j1} 和图 5-25 中的力 F_{j2}。

（2）辅助（定位）夹紧力。定位过程中，为保证零件可靠定位而施加的作用力。这种力与零件定位过程同步进行。如图 5-26 中的力 F_{j1}。

（3）附加夹紧力。为提高零件局部刚性而施加的作用力。一般在基本夹紧力作用后才开始作用。如图 5-24 中的力 F_{j2}。

2）夹紧力的设计注意事项

在设计夹紧力时，清楚零件装夹对上述三种夹紧力的需要是非常必要的，在搞清楚三种夹紧力需要的情况下，必须清楚三种夹紧力作用的时间顺序。辅助（定位）夹紧力一般应同时作用，但应注意各夹紧力作用主次和大小的差别，以防相互干涉。为提高效率，其他同种夹紧力最好同时作用。同时作用的夹紧力，应尽量采用联动或浮动夹紧机构。在某些情况下，某一夹紧力可能兼有上述多种夹紧力的作用，这时它的作用时间以其兼有作用的夹紧力的最先作用时间计。

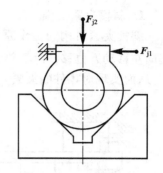

图 5-26 基本夹紧力和辅助（定位）夹紧力的区别

4. 夹紧力大小的确定原则

夹紧力的大小主要影响零件定位的可靠性、零件的夹紧变形以及夹紧装置的结构尺寸和复杂性。因此，夹紧力的大小应当适中。辅助（定位）夹紧力的大小一般以能保证零件可靠定位即可。附加夹紧力应能保证零件局部刚性、避免加紧变形为基本原则。在实际设计中，确定基本夹紧力大小的方法有两种：经验类比法和分析计算法。

采用分析计算法计算夹紧力时，实质上是解静力平衡的问题：首先以零件作受力体进行受力分析，受力分析时，一般只考虑切削力和零件夹紧力；然后建立静力平衡方程，求出理论夹紧力 F_L；最后还要考虑到实际加工过程的动态不稳定性，需要将理论夹紧力再乘上一个安全系数 K，就得出零件加工所需要的实际夹紧力 F_j，即

$$F_j = KF_L \tag{5-3}$$

式中：K——安全系数。一般取 $K = 1.5 \sim 3$，小值用于精加工，大值用于粗加工。

5.3.3　常用基本夹紧机构

夹紧装置可由简单夹紧机构直接构成，大多数情况下使用的是复合夹紧机构。夹紧机构的选择需要满足加工方法、零件所需夹紧力大小、零件结构、生产率等方面的要求。因此，在设计夹紧机构时，首先需要了解各种简单夹紧机构的工作特点（能产生的夹紧力大小、自锁性能、夹紧行程、扩力比等）。

1. 斜楔夹紧机构

斜楔夹紧机构的工作原理，如图 5-27 所示。在夹紧源动力 F_Q 的作用下，斜楔向左移动 L 位移，由于斜楔斜面的作用，将导致斜楔在垂直方向上产生夹紧行程 S，从而实现对零件的夹紧。斜楔夹紧机构的应用实例，如图 5-28 所示。

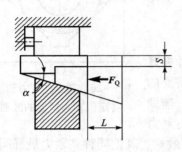
图 5-27 斜楔夹紧机构的工作原理

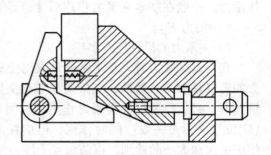
图 5-28 斜楔夹紧机构的应用实例

1）斜楔夹紧机构所能产生的夹紧力

计算夹紧时斜楔的受力分析如图 5-29 所示。

当斜楔处于平衡状态时。根据静力平衡，可列方程组如下

$$F_1 + F_{Rx} = F_Q$$
$$F_1 = F_W \tan \varphi_1$$
$$F_{Rx} = F_W \tan(\alpha + \varphi_2) \tag{5-4}$$

解上述方程组，可得斜楔夹紧所能产生的夹紧力

$$F_W = \frac{F_Q}{\tan \varphi_1 + \tan(\alpha + \varphi_2)} \tag{5-5}$$

式中：F_Q——斜楔所受的源动力，N；

F_W——斜楔所能产生的夹紧力的反力，N；

φ_1、φ_2——分别为斜楔与零件和夹具体间的摩擦角；

α——斜楔的楔角。

由于 φ_1、φ_2 和 α 均很小，设 $\varphi_1 = \varphi_2 = \varphi$ 夹紧力可简化为

$$F_W = \frac{F_Q}{\tan(\alpha + 2\varphi)} \tag{5-6}$$

2）斜楔夹紧的自锁条件

手动夹紧机构必须具有自锁功能。自锁是指对零件夹紧后，撤除源动力时，夹紧机构依靠静摩擦力仍能保持对零件的夹紧状态。根据这一要求，当撤除源动力后，斜楔受力分析如图 5-30 所示。

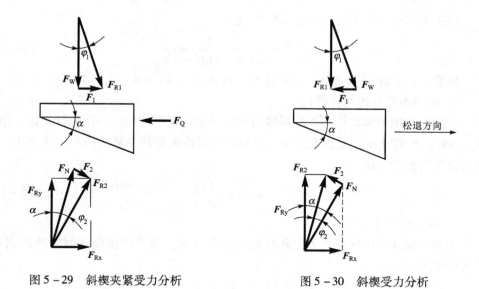

图 5-29 斜楔夹紧受力分析　　图 5-30 斜楔受力分析

由图可知，要使斜楔能够保证自锁，必须满足下列条件

$$F_1 \geqslant F_{Rx}$$
$$F_W \tan \varphi_1 \geqslant F_W(\alpha - \varphi_2) \tag{5-7}$$

由于角度 φ_1、φ_2 和 α 的值均很小，所以上式可近似写成

$$\varphi_1 \geqslant \alpha - \varphi_2 \tag{5-8}$$

即

$$\alpha \leqslant \varphi_1 + \varphi_2 \tag{5-9}$$

上式说明了斜楔夹紧的自锁条件是：斜楔的楔角必须小于或等于斜楔分别与零件和夹具体的摩擦角之和。钢铁表面之间的摩擦因数一般为 $f = 0.1 \sim 0.15$，而 $\tan \varphi = f$，所以可知摩擦角 φ_1 和 φ_2 的值为 $5°43' \sim 8°32'$。因此，斜楔夹紧机构满足自锁的条件是：$\alpha \leqslant 11° \sim 17°$。但为了保证自锁可靠，一般取 $\alpha = 6° \sim 8°$。由于气动、液压系统本身具有自锁功能，所以采用气动、液压夹紧的斜楔楔角可以选取较大的值，一般取 $\alpha = 15° \sim 30°$。

3) 斜楔夹紧的扩力比（扩力系数）

扩力比是指在夹紧源动力 F_Q 作用下，夹紧机构所能产生的夹紧力 F_W 与 F_Q 的比值，用符号 i_F 表示，即

$$i_F = \frac{F_W}{F_Q} \tag{5-10}$$

扩力比反映的是夹紧机构的省力与否。当 $i_F > 1$ 时，表明夹紧机构具有扩力特性，即以较小的夹紧源动力可以获得较大的夹紧力；当 $i_F < 1$ 时，则说明夹紧机构是缩力的。在夹紧机构设计中，一般希望夹紧机构具有扩力作用。

斜楔夹紧机构是扩力机构，其扩力比为

$$i_F = \frac{F_W}{F_Q} = \frac{1}{\tan\varphi_1 + \tan(\alpha + \varphi_2)} \quad (5-11)$$

显然：φ_1、φ_2 和 α 越小，i_F 就越大。当 $\varphi_1 = \varphi_2 = \alpha = 6°$，$i_F \approx 3$。

4）斜楔夹紧机构的行程比

一般把斜楔的移动行程 L 与零件需要的夹紧行程 S 的比值，称为行程比。用符号 i_s 表示。行程比从一定程度上反映了对某一零件夹紧的夹紧机构的尺寸大小。斜楔夹紧机构的行程比为：

$$i_s = \frac{L}{S} = \frac{1}{\tan\alpha} \quad (5-12)$$

5）应用注意事项

比较斜楔夹紧机构的扩力比和行程比可以发现：当不考虑摩擦时，两者相等，其大小均为：

$$i_F = \frac{F_W}{F_Q} = \frac{1}{\tan\alpha} = \frac{L}{S} = i_s \quad (5-13)$$

由此式可知：当夹紧源动力 F_Q 和斜楔行程 L 一定时，楔角 α 越小，则所能产生的夹紧力 F_W 越大，而夹紧行程 S 却越小。斜楔夹紧机构的这一重要特性表明：在选择楔角 α 时，必须同时兼顾扩力和夹紧行程，不可顾此失彼。

由于机械效率较低，所以斜楔夹紧机构很少直接应用于手动夹紧，而多应用于机动夹紧。应用于手动夹紧时，一般应与其他夹紧机构复合使用。

2. 螺旋夹紧机构

螺旋夹紧机构可以看作是一个螺旋斜楔，它是将斜楔斜面绕在圆柱上形成螺旋面。图 5-31 是手动单螺旋夹紧机构，转动手柄，使压紧螺钉 1 向下移动，通过压块 3 将零件夹紧。压块可增大夹紧接触面积，并防止压紧螺钉旋转时有可能破坏零件的定位和损伤零件表面。

3. 偏心夹紧机构

偏心夹紧机构是由偏心件来实现夹紧的一种夹紧机构。偏心件有偏心轮和凸轮两种。其偏心方法分别采用了圆偏心和曲线偏心两种，如图 5-32 所示。

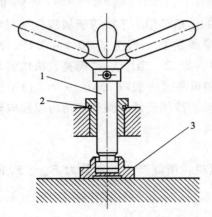

图 5-31 单螺旋夹紧机构
1—螺杆；2—压紧螺钉；3—压块

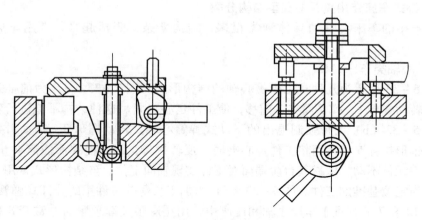

图 5-32 偏心夹紧形式

5.4 常见机床夹具

5.4.1 车床夹具

车床主要用于加工零件的内外圆柱面、圆锥面、螺纹以及端平面等。上述表面都是围绕机床主轴的旋转轴线而成形的,因此车床夹具一般都安装在车床主轴上,加工时夹具随机床主轴一起旋转,切削刀具作进给运动。

大家所熟悉的普通车床上常用的三爪自定心、四爪单动卡盘、各类顶尖及通用夹头等夹具在工作时,大多与车床主轴一起,带动工件高速回转,所以,车床夹具一般具有下述特点:

(1) 车床夹具多具有足够的强度、刚性和可靠的夹紧装置,以保证能牢固地夹持工件随同主轴高速回转,并克服离心惯性力和切削力。

(2) 车床夹具一般都具有较匀称的结构,以减少高速回转时的不平衡离心惯性力,当夹具总体结构不能保持比较匀称(如花盘角铁类结构)时,夹具上多设置有专门的静平衡结构(配重铁、平衡块等)。

(3) 车床夹具多为自动定心夹具(如三爪自定心卡盘、弹性夹头、弹性胀套等)。

(4) 夹具工作时,其对称轴线与机床主轴保持同轴,故夹具相对机床主轴的安装多具有较完善的对定结构(定心锥柄、定心轴颈、止口等结构)。

(5) 只要结构空间允许,夹具设计都尽量兼顾安全操作防护措施,例如必要的护板、护罩及封闭结构等。

1. 卧式车床专用夹具的典型结构分类

生产中的车床夹具的具体种类很多，结构繁杂，概括起来，常用车床夹具如下。

1）心轴类车床夹具

图 5-33 所示为几种常见弹簧心轴的结构形式。图 5-33（a）为前推式弹簧心轴。转动螺母 1，弹簧筒夹 2 前移，使工件定心夹紧。这种结构不能进行轴向定位。图 5-33（b）为带强制退出的不动式弹簧心轴。转动螺母 3，推动滑条 4 后移，使锥形拉杆 5 移动而将工件定心夹紧。反转螺母，滑条前移而使筒夹 6 松开。此处筒夹元件不动，依靠其台阶端面对工件实现轴向定位。该结构形式常用于以不通孔作为定位基准的工件。图 5-33（c）为加工长薄壁工件用的分开式弹簧心轴。心轴体 12 和 7 分别置于车床主轴和尾座中，用尾座顶尖套顶紧时，锥套 8 撑开筒夹 9，使工件右端定心夹紧。转动螺母 11，使筒夹 10 移动，依靠心轴体 12 的 30°锥角将工件另一端定心夹紧。

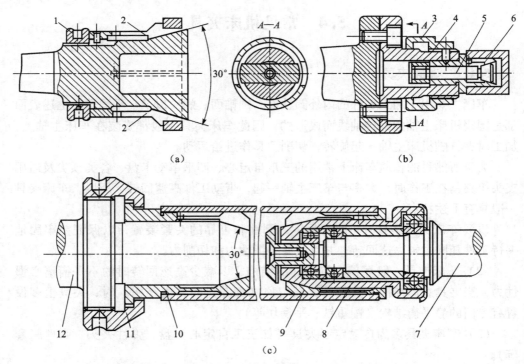

图 5-33 弹簧心轴
（a）前推式弹簧心轴；（b）不动式弹簧心轴；（c）分开式弹簧心轴
1、3、11—螺母；2、6、9、10—筒夹；4—滑条；5—拉杆；7、12—心轴体；8—锥套

图 5-34 所示为顶尖式心轴,工件以孔口 60°角定位车削外圆表面。当旋转螺母 6,活动顶尖套 4 左移,从而使工件定心夹紧。顶尖式心轴的结构简单、夹紧可靠、操作方便,适用于加工内、外圆无同轴度要求,或只需加工外圆的套筒类零件。被加工工件的内径 d_s 一般在 32～110 mm 范围,长度 L_s 在 120～780 mm 范围。

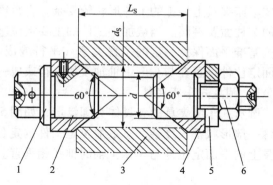

图 5-34 顶尖式心轴
1—心轴;2—固定顶尖套;3—工件;4—活动顶尖套;
5—快换垫圈;6—螺母

2)角铁式车床夹具

角铁式车床夹具的结构如图 5-35 所示,特点是具有类似角铁的夹具体。在角

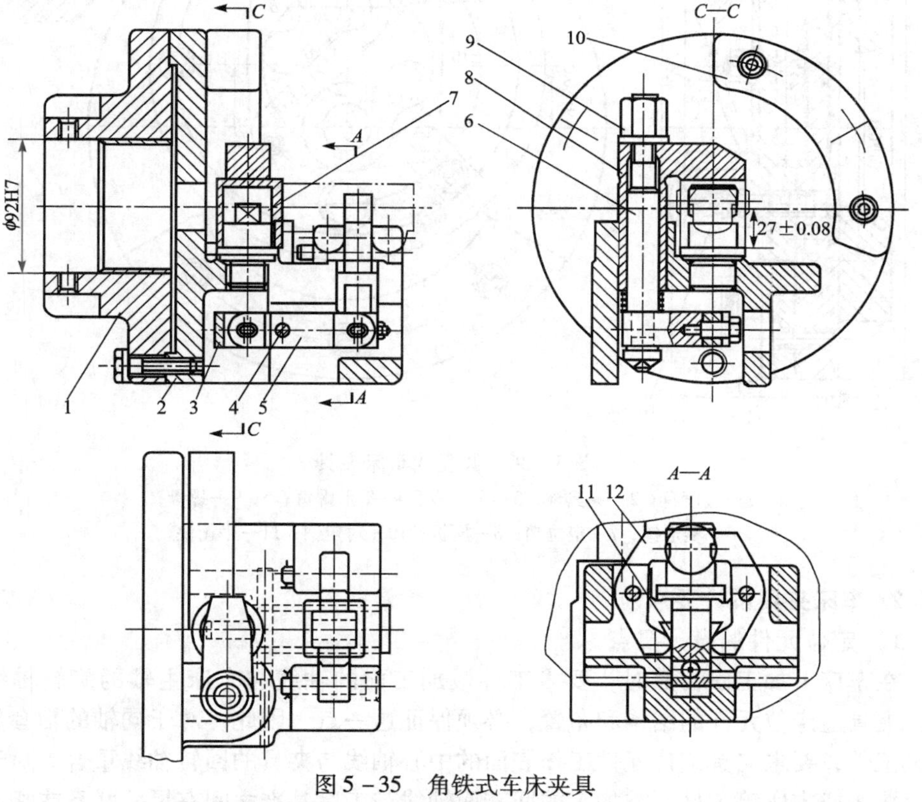

图 5-35 角铁式车床夹具
1—过渡盘;2—夹具体;3—连接块;4—销钉;5—杠杆;6—拉杆;7—定位销;
8—钩形压板;9—带肩螺母;10—平衡块;11—楔块;12—摆动压块

铁式车床夹具上加工的工件形状较复杂。它常用于加工壳体、支座、接头等类零件上的圆柱面及端面。当被加工工件的主要定位基准是平面，被加工面的轴线对主要定位基准平面保持一定的位置关系（平行或成一定的角度）时，相应地夹具上的平面定位件设置在与车床主轴轴线相平行或成一定角度的位置上。

3）圆盘式车床夹具

圆盘式车床夹具的夹具体为圆盘形，如图5-36所示。在圆盘式夹具上加工的工件一般形状都较复杂，多数情况是工件的定位基准为与加工圆柱面垂直的端面。夹具上的平面定位件与车床主轴的轴线相垂直。

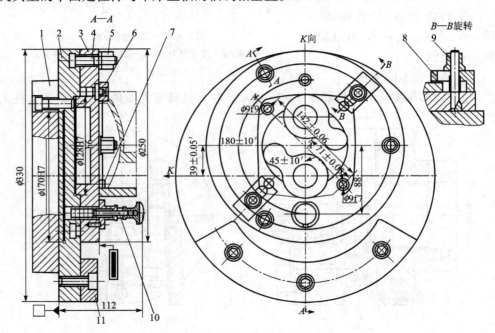

图5-36 圆盘式车床夹具

1—过渡盘；2—夹具体；3—分度盘；4—T形螺钉；5，9—螺母；
6—菱形销；7—定位销；8—压板；10—对定销；11—平衡块

2. 车床夹具设计要点

1）定位元件的设计要点

在车床上加工回转面时，要求工件被加工面的轴线与车床主轴的旋转轴线重合，夹具上定位元件的结构和布置，必须保证这一点。因此，对于同轴的轴套类和盘类工件，要求夹具定位元件工作表面的中心轴线与夹具的回转轴线重合。对于壳体、接头或支座等工件，被加工的回转面轴线与工序基准之间有尺寸联系或相互位置精度要求时，则应以夹具轴线为基准确定定位元件工作表面的位置，如图5-35

所示的夹具,就是根据专用夹具的轴线来确定定位销 7 的轴线及其台肩平面在夹具中的位置。

2) 夹紧装置的设计要点

在车削过程中,由于工件和夹具随主轴旋转,除工件受切削扭矩的作用外,整个夹具还受到离心力的作用。此外,工件定位基准的位置相对于切削力和重力的方向是变化的。因此,夹紧机构必须产生足够的夹紧力,自锁性能要良好。优先采用螺旋夹紧机构。对于角铁式夹具,还应注意施力方式,防止引起夹具变形。如图 5 - 37 所示,如果采用图 5 - 37 (a) 所示的施力方式,会引起悬伸部分的变形和夹具体的弯曲变形,离心力、切削力也会加剧这种变形;如能改用图 5 - 37 (b) 所示铰链式螺旋摆动压板机构显然较好,压板的变形不影响加工精度。

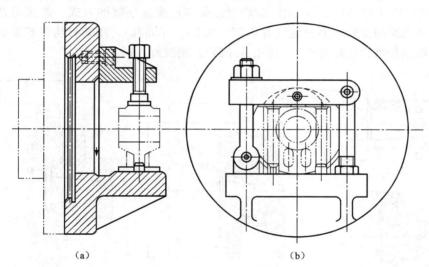

图 5 - 37　夹紧施力方式的比较

3) 夹具与机床主轴的连接

车床夹具与机床主轴的连接精度对夹具的加工精度有一定的影响。因此,要求夹具的回转轴线与卧式车床主轴轴线应具有尽可能小的同轴度误差。

心轴类车床夹具以莫氏锥柄与机床主轴锥孔配合连接,用螺杆拉紧。有的心轴则以中心孔与车床前、后顶尖安装使用。

根据径向尺寸的大小,其他专用夹具在机床主轴上的安装连接一般有两种方式:

(1) 对于径向尺寸 $D < 140$ mm,或 $D < (2 \sim 3)d$ 的小型夹具,一般用锥柄安装在车床主轴的锥孔中,并用螺杆拉紧,如图 5 - 38 (a) 所示。这种连接方式定心精度较高。

（2）对于径向尺寸较大的夹具，一般用过渡盘与车床主轴轴颈连接。过渡盘与主轴配合处的形状取决于主轴前端的结构。

图 5-38 （b）所示的过渡盘，其上有一个定位圆孔按 H7/h6 或 H7/js6 与主轴轴颈相配合，并用螺纹和主轴连接。为防止停车和倒车时因惯性作用使两者松开，可用压板将过渡盘压在主轴上。专用夹具则以其定位止口按 H7/h6 或 H7/js6 装配在过渡盘的凸缘上，用螺钉紧固。这种连接方式的定心精度受配合间隙的影响。为了提高定心精度，可按找正圆校正夹具与机床主轴的同轴度。

对于车床主轴前端为圆锥体并有凸缘的结构，如图 5-38 （c）所示，过渡盘在其长锥面上配合定心，用活套在主轴上的螺母锁紧，由键传递扭矩。这种安装方式的定心精度较高，但端面要求紧贴，制造上较困难。

图 5-38 （d）所示是以主轴前端短锥面与过渡盘连接的方式。过渡盘推入主轴后，其端面与主轴端面只允许有 0.05~0.1 mm 的间隙，用螺钉均匀拧紧后，即可保证端面与锥面全部接触，以使定心准确、刚度好。

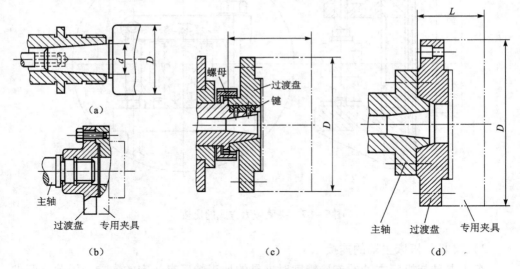

图 5-38 车床夹具与机床主轴的连接

过渡盘常作为车床附件备用，设计夹具时应按过渡盘凸缘确定专用夹具体的止口尺寸。过渡盘的材料通常为铸铁。各种车床主轴前端的结构尺寸，可查阅有关手册。

4）总体结构设计要点

（1）夹具的悬伸长度 L。车床夹具一般是在悬臂状态下工作，为保证加工的稳定性，夹具的结构应紧凑、轻便，悬伸长度要短，尽可能使重心靠近主轴。

夹具的悬伸长度 L 与轮廓直径 D 之比应参照以下数值选取：

直径小于 150 mm 的夹具，$L/D \leq 1.25$；

直径在 150~300 mm 之间的夹具，$L/D \leq 0.9$；

直径大于 300 mm 的夹具，$L/D \leq 0.6$。

(2) 夹具的静平衡。由于加工时夹具随同主轴旋转，如果夹具的总体结构不平衡，则在离心力的作用下将造成振动，影响工件的加工精度和表面粗糙度，加剧机床主轴和轴承的磨损。因此，车床夹具除了控制悬伸长度外，结构上还应基本平衡。角铁式车床夹具的定位元件及其他元件总是布置在主轴轴线一边，不平衡现象最严重，所以在确定其结构时，特别要注意对它进行平衡。平衡的方法有两种：设置平衡块或加工减重孔。

在确定平衡块的重量或减重孔所去除的重量时，可用隔离法作近似估算。即把工件及夹具上的各个元件，隔离成几个部分，互相平衡的各部分可略去不计，对不平衡的部分，则按力矩平衡原理确定平衡块的重量或减重孔应去除的重量。

为了弥补估算法的不准确性，平衡块上（或夹具体上）应开有径向槽或环形槽，以便调整。

(3) 夹具的外形轮廓。车床夹具的夹具体应设计成圆形，为保证安全，夹具上的各种元件一般不允许突出夹具体圆形轮廓之外。此外，还应注意切屑缠绕和切削液飞溅等问题，必要时应设置防护罩。

5.4.2 钻床夹具

1. 钻床夹具的特点

在一般钻床上对工件进行孔加工，多具有下述特点：

(1) 刀具本身的刚性较差。钻床上所加工的孔多为中小尺寸的孔，其工序内容不外乎钻、扩、铰、锪或攻螺纹等加工，所以，刀具直径往往较小，而轴向尺寸较大，刀具的刚性均较差。

(2) 多刀刃的不对称，易造成孔的形位误差。钻、扩、铰等孔加工刀具，多为多刃刀具，当刀刃分布不对称，或刀刃长度不相等，会造成被加工孔的制造误差，尤其是采用普通麻花钻钻孔，手工刃磨钻头所造成的两侧刀刃的不对称，极易造成被加工孔的孔位偏移、孔径增大及孔轴线的弯曲和歪斜，严重影响孔的形状、位置精度。

(3) 普通麻花钻头起钻时，孔位精度极差。普通麻花钻轴向尺寸大，结构刚性差，加上钻芯结构所形成的横刃，破坏定心，使钻尖运动不稳，往往在起钻过程中造成较大的孔位误差。在单件、小批量生产中，往往要靠操作工在起钻过程中不断地进行人工校正控制孔位精度，而在大批量高效生产中，则需依靠刀刃结构的改进和夹具对刀具的严格引导解决。

综合以上孔加工特点，钻床夹具的主要任务是要解决好工件相对刀具的正确加工位置的严格控制问题。在大批量生产中，为有效地解决钻头钻孔孔位精度不稳定问题，多直接设置带有刀具引导孔的模板，对钻头进行正确引导和对孔位进行强制性限制。尤其是对箱体、盖板类工件的钻孔，往往要同时由多支钻头一次性地钻出众多的孔，为保证加工孔系的位置精度，一定要通过一块精确的模板，把多个孔位由引导孔限制好。这种用来正确引导钻头控制孔位精度的模板，称为钻模板。

专业化、高效生产中的钻床夹具，通常具有较精确的钻模板，以正确、快速地引导钻头控制孔位精度，这是钻床夹具的最主要的特点。所以，习惯上又把钻床夹具称为钻模。为防止钻刃破坏钻模板上引导孔的孔壁，多在引导孔中设置高硬度的钻套，以维持钻模板的孔系精度。

2. 钻模设计和使用中应注意的问题

除上述结构特点外，设计和使用钻床夹具，尚需注意以下几个问题：

（1）应正确地确定夹具夹紧力的方向和大小。孔加工工序一般轴向力均较大，尤其是钻孔，普通钻头的横刃，极不利于钻削的进行，将产生相当大的轴向抗力，若夹紧工件的夹紧力方向选择不当，将会严重地影响钻削工件夹紧的可靠性，特别是当采用大直径、多钻头高速机动进给时。夹具设计，多把夹紧力与切削轴向力取在相同方向上，并直接指向夹具的主要定位基准面，以借助钻头的轴向切削力增大安装面上的摩擦力，保持工件加工过程中的稳固性。

（2）注意夹具与工作台间的牢固连接问题。由于普通麻花钻的螺旋结构，使得两个左右主切削刃的外缘处具有较大的正前角，当钻头即将钻通工件，钻心横刃不再受工件材料阻碍时，钻头原来所受的巨大轴向抗力由于钻心的穿透会瞬间消失，而此时尚未切出工件的左右钻刃外缘的正前角，由于主轴旋转的作用，使得钻头上所受的轴向力会突然反向，使进给机构的传动间隙反向，造成钻刃进给量的突然增大，从而造成较大的拔钻力（工件孔底材料咬住钻刃，施加给钻头的强大拉力）。这个拔钻力严重时，会把钻头从钻套中强行拉出，若钻头装夹牢固，则旋转着的钻头可能会把夹具中的工件连同模板同时拔出，造成事故。所以，除非是较小型的翻转式夹具，一般钻床夹具在专业化高效生产中，多强调与机床工作台保持牢固的连接，尤其是当钻孔孔径大于 20 mm，并采用较大进给量机动进给时，更应特别注意钻头即将钻通工件的一瞬间的安全性。

3. 钻床夹具的结构类型

钻床夹具应用广泛，种类较多，常用钻床夹具的结构类型，大致可分为固定式、回转式、翻转式、盖板式和滑柱式等几种主要类型。

1）固定式钻模

固定式钻模是指工件装上夹具后，直至所有孔加工工序内容完成的全过程中，工件及夹具始终保持不动的钻床夹具。这种夹具相对机床的位置固定不动，工件在夹具中的位置固定不动，钻套相对刀具的精确位置可以通过严格的调装，达到相当高的精度,整个夹具的活动环节很少,夹具的刚性较好,所以固定式钻模的钻孔位置精度较高。但钻孔的方向和位置不能变动,机动性差。一般情况下,固定式钻模往往由于钻模板的设置使夹具的敞开性变差,装卸工件较麻烦,所以,工件的装夹效率较低。

固定式钻模一般多用于机动性较好的摇臂钻床上,以便对多个孔依次换位钻削,或者用于组合多轴钻上,同时对多孔进行钻削,单孔加工可用于普通立钻上。

图 5-39 为一种固定式钻模,用以钻套筒工件上的小孔。夹具以心轴 8 和端面定位套 4 为工件提供定位基准依据,保证钻套 5 的轴线相对心轴的对称度、垂直度,从而保证被加工孔相对工件内孔的位置精度;夹具保证钻套的轴线相对端面定位套的环形端面间的距离,从而保证被加工小孔在工件上的轴向尺寸要求。削边偏心轮 2 上装有手柄,它与开口垫圈 9 和复位弹簧 3 一起组成偏心夹紧机构,可以快速地对工件进行装卸。由于是单孔加工,且孔径较小,钻孔可以在小型台钻上进行。

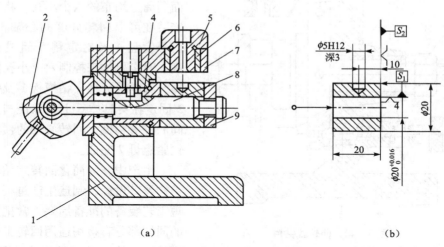

图 5-39 固定式钻模
1—夹具体;2—偏心轮;3—弹簧;4—端面定位套;5—钻套;
6—衬套;7—钻模板;8—心轴;9—开口垫圈

2) 回转式钻模

在中、小批量生产中,对于分布于同一圆周上的多个等直径孔的加工,往往采用回转式钻模来装夹工件。回转式钻模可以带动工件进行回转,以完成同一圆周上分布的多个孔的依次加工,孔的位置精度由钻套和夹具上的回转分度对定机构来保证。根据钻模板在夹具上不同的设置,可以把回转式钻模分为模板固定式和模板回转式两种。

模板固定式回转钻模的钻模板为固定式结构，一般与夹具体固连在一起，以保证钻套与钻头的严格同轴关系，减少二者间的摩擦与磨损，维持和提高钻套的引导精度，而工件则单独装在回转分度盘的心轴上，由心轴带动进行回转换位。工件上的加工孔位精度由工件相对钻套的回转精度，即分度盘、心轴的分度、对定精度来保证。

模板回转式钻模的钻模板与工件一起装在回转心轴上，将随同工件一起回转换位，这种结构的钻模把回转分度，对定的误差直接由心轴带给钻模板上的钻套，引起钻套轴线与钻头轴线间的同轴度误差，严重地破坏钻套的引导精度，钻套过大的歪斜量甚至会导致钻刃摩擦钻套孔壁，造成刀刃和钻套的损伤。这种钻模一般只是在工件孔的分度精度要求很低时，为简化夹具的分度、对定机构才采用，一般情况下较少应用这种结构。

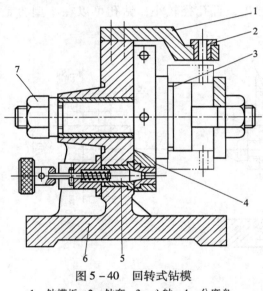

图 5-40 回转式钻模
1—钻模板；2—钻套；3—心轴；4—分度盘；
5—对定销；6—夹具体；7—锁紧螺母

图 5-40 为一模板固定式回转钻模，用于依次加工工件上同一截面圆周上均布的六个小孔，将工件安装在可以回转分度的心轴 3 上，由分度盘 4 及对定销 5 组成的分度、对定机构来控制六个小孔沿圆周分布的等分性。钻模板 1 及钻套 2 固定在夹具体 6 上，保证与刀具间的位置精度。回转心轴的锁紧由锁紧螺母 7 完成。

生产中，为简化回转式钻模的结构及其设计、制造生产过程，缩短工艺装备的准备周期，常把夹具的回转部分直接用通用回转工作台来代替，使钻模的结构大为简化，并提高夹具的通用化程度。

3) 翻转式钻模

翻转式钻模属于一种活动式钻模，工件一次性安装到夹具中后，可以借助夹具使用过程中的手动翻转，更换夹具相对刀具的加工方向和安装基面，从而可依次完成工件不同加工面上不同方位的孔加工。只是工件的这种翻转换面是通过手动翻转夹具实现的，所以要求工件及夹具的总质量不能太重。

通过手动的翻转换面，极大地提高钻模使用的机动性能，可在一次安装条件下实现小型工件上任意方向孔的加工。当小型工件具有空间交错的斜方向小孔加工要求时，往往优先考虑翻转式钻模的使用。由于这种钻模的活动性，使钻套相对钻头的位置关系不稳定，加上翻转造成夹具及工件的加工安装基准面不断地转换，所以，加工出的孔系精度往往不高。

4）盖板式钻模

钻床夹具最原始的形式就是一块钻模板，这就是盖板式钻模的原形，把模板盖在大型工件上并压紧，就可以把模板上的孔系复制在工件上。为保证模板的孔系相对工件的毛坯间较严格的位置关系，因此在模板上增加相对工件的定位元件及夹紧装置。由于盖板式钻模适合于小批量生产中大型机体、箱体工件的小孔孔系加工，所以其结构形式被保留下来。

图 5-41 为一种盖板式钻模，用来加工工件上孔周围的均布螺钉孔。为保证螺钉孔系相对上孔的位置度要求，钻模板采用由滚花手轮 2、钢球 3 和滑柱 5 组成的自动定心夹紧机构。拧紧手轮，螺钉挤压钢球，使沿圆周均布的三个滑柱均匀地顶紧工件上孔内壁，保证钻模板与工件上孔的位置关系。盖板的底平面直接与工件顶面紧密接触，保证钻套轴线与工件顶面的垂直关系，只要工件顶面在安装时相对钻床工作台保持平行，钻套就可以正确地引导钻头，完成孔的加工。弹簧锁环 6 用来套住三个滑柱，防止滑柱滑出心轴。

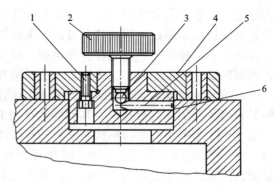

图 5-41　盖板式钻模
1—螺钉；2—滚花手轮；3—钢球；
4—钻模板；5—滑柱；6—弹簧锁环

盖板式钻模只有一块钻模板，没有夹具体，一般情况下它要借助于工件的平面，直接覆盖在工件上保持其与工件间的稳定接触和相对刀具的正确关系，所以要求工件接触面本身的形状精度应较高，质量要稳定，同批工件之间不能差异太大。当需要在工件非加工面上覆盖钻模板时，应选择毛坯面上质量较为稳定的区域设置模板上的支撑钉。

由于模板只起"模"的作用，一般模板材料结构不必选得过厚，大型盖板一般掌握其重量不超过 10 kg，在钻套及重要夹紧点处适当设置凸台和筋肋，只要能满足基本刚度条件即可。

5）滑柱式钻模

滑柱式钻模是一种应用广泛的中小型通用夹具，它具有能够在两个滑柱的引导下进行上下移动的钻模板，在手动或者气、液动力作用下，能够快速压紧工作，具有工件装夹方便、夹紧动作迅速、操作简便，易于实现自动化控制等优点。尤其适合于一些小型工件的孔加工。所以，在专业化生产和小批量生产中，滑柱式钻模都得到广泛的应用。

由于滑柱式钻模的实用性，其结构已标准化，系列化，使用时，可以直接购买或者根据工件的具体尺寸规格组装。所以，滑柱式钻模已属于通用夹具的范畴。

4. 钻模的设计要点

为防止孔加工过程中，刀具直接对钻模板上的引导孔进行挤压，摩擦甚至切削破坏，钻模板的引导孔一般都装有硬度较高的钻套引导刀具，所以，钻套的作用除可用来引导刀具，以保证被加工孔的位置精度外，还具有保护钻模板孔系精度的作用。另外，由于一般孔加工刀具的刚性较差，尤其像普通麻花钻，钻孔时在巨大轴向力作用下，极易发生弯曲失稳，所以钻套还可以起到对刀具的辅助支撑作用，防止刀具切削过程中的过大弯曲变形及切削振动，有效地提高工艺系统的刚性。

钻套又有钻模套，导套之称，其结构，尺寸已标准化。按钻套结构的不同，可分为固定钻套、可换钻套、快换钻套和特殊钻套几个种类。

（1）固定式钻套。固定钻套与钻模板为固定式连接，依靠钻套与钻模板间适当的材料过盈挤紧在模板孔中，其标准代号为 JB/T 8045.1—1995。

图 5-42 为固定钻套的结构。固定钻套按结构的不同分为 A 型、B 型两种，图 5-42（a）为 A 型固定钻套结构，其外形为套筒形，为防止使用时钻屑及油污流入钻套，固定式钻套在压入安装孔时，其上端应稍突出钻模板。图 5-42（b）为 B 型固定钻套，为带凸缘式结构，上端凸缘直接确定了钻套的压入位置，为安装提供方便，并提高钻套上端孔口的强度，防止钻头等在移动中撞坏钻套上口。

固定式钻套与安装孔间的配合，一般选为 H7/n6 或 H7/r6。紧固连接使钻套的孔位精度提高，但钻套的磨损更换比较困难，反复更换钻套易造成安装孔精度的破坏，所以不适用于磨损较严重的大批量、高效生产，一般多用于小批量生产中。

（2）可换钻套。可换钻套与钻模板的连接为可更换连接，见图 5-43（a）所示，钻套 1 通过衬套 3 与钻模板相连接，由衬套 3 来保护钻模板底孔。衬套与钻模板间的配合取 H7/n6 小过盈配合，而钻套与衬套间取 F7/m6 或 F7/k6 配合（这类配合只有在极个别情况下可能得到 -0.001 的小量过盈，一般均得到小间隙配合），便于钻套的更换。为防止钻头带动钻套旋转及钻头退刀时拔出钻套，采用钻套螺钉，压紧钻套。可换钻套、钻套螺钉及钻套用衬套均为标准结构，其代号分别为：可换钻套 JB/T 8045.2—1995；钻套用衬套 JB/T 8045.4—1995；钻套螺钉 JB/T 8045.5—1995。

（3）快换钻套。快换钻套为一种可以进行快速更换的钻套。当工件在工位上安装后，需要对一个孔位依次进行诸如钻、扩、铰等多道工序内容的加工时，由于孔径的不断扩大，所需的导套直径也需要不断改变，这种情况需要在工序间快速地更换导套，可以采用快换钻套。

图 5-43（b）为快换钻套结构，由图中对比可以看出快换钻套与可换钻套的

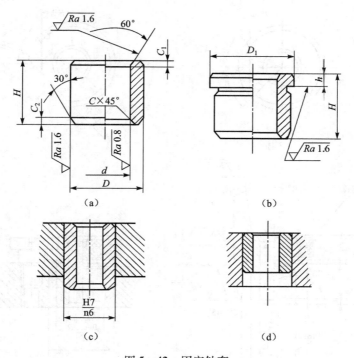

图 5-42 固定钻套

(a) A 型固定钻套；(b) B 型固定钻套；(c) $\dfrac{H7}{n6}$ 配合；(d) $\dfrac{H7}{r6}$ 配合

外形及装配结构大致相同，只是钻套螺钉的压紧台阶结构有所区别：快换钻套上口凸缘除专门设置有压紧台阶外，还将凸缘铣出一个缺边，当更换钻套时，只需将快换钻套逆时针转出压紧台阶，到凸缘的缺边处，就可向上提出钻套，进行更换，不需拆下钻套螺钉，达到快速更换的目的。因此，快换钻套的钻套螺钉拧紧后，螺钉头并不压紧在钻套的台阶上，而是使二者保持一个小间隙，以便钻套可以在台阶和缺边范围内进行转动；而可换钻套的钻套螺钉则是压紧在钻套台阶上的，钻套不能松动，这是二者间的又一区别。

（4）特殊钻套。特殊钻套为非标准件，是根据工件被加工孔的具体特点专门设计和制造的特殊结构钻套，在不能应用标准钻套的场合，可采用特殊钻套解决刀具的引导问题。图 5-44 为几种特殊钻套的应用。

5. 钻套有关参数

1）钻套内径公差带的选择

钻套的内径公差带应视加工内容及被引导刀具而选定：

（1）钻套内径公差带一般按基轴制选取，由于钻头，扩孔钻，铰刀等都是标准定值刀具，故应以刀具为基准依据。

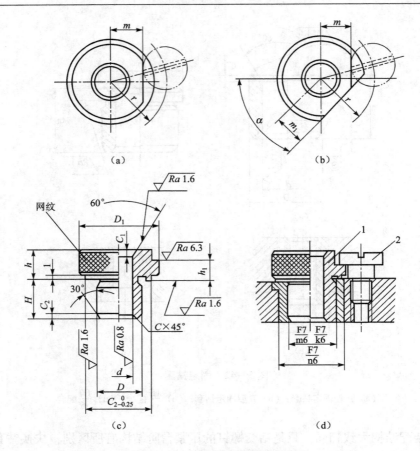

图 5-43 可换钻套与快换钻套
1—钻套；2—钻套螺钉；3—钻套用衬套

(2) 为防止刀具与钻套发生咬死，钻孔，扩孔时，钻套内径取 F7，粗铰时取 G7，精铰时取 G6。

(3) 当钻套引导的不是刀具的切削部，而是刀具的导柱时，可按基孔制取 H7/f7、H7/z6、H6/g5 配合。

2) 钻套高度 H

钻套高度 H 一般情况下按经验公式选取：

$$H = (1 - 2.5)d$$

式中：d——刀具直径公称尺寸。

钻套高度 H 过大，引导长度过大，会加剧刀具与钻套的磨损；引导长度过小，影响导向性能。当孔径尺寸较小，钻头刚性较差，可使：

$$H > 2.5d$$

第 5 章 零件的安装与夹具　203

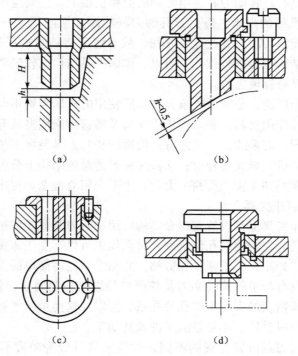

图 5-44　特殊钻套

3）排屑间隙

钻套下端与工件表面之间的距离 h（见图 5-44）用于排屑，一般应根据屑的粉碎情况及对钻头的引导精度要求，灵活确定其大小。

加工铸铁等脆性材料　　　　　$h = (0.3 \sim 0.7)d$

加工钢等塑性材料　　　　　　$h = (0.7 \sim 1.5)d$

钻深孔（$L/d > 5$）时　　　　$h = 1.5d$

斜面、弧面起钻　　　　　　　h 应尽量小

5.4.3　镗床夹具

镗床夹具一般是在镗床上加工箱体类、支座类工件上的孔所采用的夹具，镗床夹具大多具有下述特点：

(1) 利用镗床夹具所加工的孔，一般为孔径尺寸大于 30mm 的大、中型孔。

(2) 大多数镗床夹具都采用各种镗套引导镗杆或刀具，以提高刀具系统的刚性，保证同轴孔系及深孔的加工形状、位置精度要求。

(3) 利用镗套的精确引导，镗床夹具还可用在经过一定设备改装的普通车床、

铣床、钻床,及具有旋转动力和进给传动的简单设备上,夹具应用较为灵活。

(4) 受加工孔径的限制,镗孔刀具的刀杆较细,切削用量一般不太大,加上镗孔加工一般为连续切削,其过程较平稳,故对镗床夹具体本身的刚性要求不高,甚至简单的支架结构也能进行镗孔,所以,镗床夹具结构比较轻巧。与钻床夹具相类似,镗床夹具又有镗模之称。

镗床夹具应用广泛,分类也较杂,按其所使用的机床类别不同,可以有万能镗床用夹具,组合镗床用夹具,普通镗床用夹具及精密镗床用夹具等种类;按镗刀及镗杆设置方向不同,有卧式,立式之分;按镗套相对刀具及加工位置的不同,有前导式,后导式,前后双导式等种类;从镗床夹具的总体结构上分类,目前主要把镗床夹具分为有镗套类和无镗套类两个大类,本书介绍有镗套类镗床夹具。

1. 有镗套类镗床夹具

有镗套类镗床夹具上都设置有镗套结构,用来对刀具或镗杆进行引导。这类镗床夹具由于采用镗套直接控制孔位精度,镗孔加工可以不受机床精度的影响,甚至在其他通用机床,如车床,铣床,摇臂钻,立钻上,经过简单的设备改装,都可以用来镗孔。只要具有简单的旋转动力及较严格的进给控制装置,就可以利用支架,镗套系统加工较高精度的大、中型孔及孔系,所以,这类结构常被应用于各种技术革新及设备改造中对单件、小批量的工件镗孔加工。

按照镗套相对刀具设置位置的不同,此类夹具可分为单套前引导,单套后引导,双套单向引导,前后单套引导和前后双套引导等五种结构形式。

1) 单套前引导结构

图 5 – 45 (a) 为单套前引导式镗床夹具的镗套、刀具间的结构布置形式。所谓单套前引导,是指用单个镗套设置于刀具切削加工部的前方,对刀具的切削进行引导。这种结构一般适合于加工孔径 $D > 60$ mm 的通孔。镗套位于被加工孔的前方,镗杆引导部直径 d 必须小于孔径 D,才有可能穿过孔坯到达引导套。为减小支撑距离,导套与工件间距 h 应尽量小些,但考虑安装,测量、观察及清屑的方便,h 尺寸一般不应小于 20 mm,常按式 $h = (0.5 \sim 1)D$ 来选择。

由于是单镗套引导,所以镗杆或刀杆与机床主轴应保持刚性连接,镗套相对机床主轴间应保证较严格的同轴度要求。

2) 单套后引导结构

单套后引导结构见图 5 – 45 (b)、图 5 – 45 (c),单个镗套位于刀具及切削部的后面,这种布置适用于被加工孔径 D 较小或是盲孔。

为尽量增大刀杆的直径,提高刀具的刚性,此类设置结构可按被加工孔的长径比 L/D 的不同分为图 5 – 45 (b) 和图 5 – 45 (c) 两种结构情况:

(1) 当 $L/D < 1$ 时 见图 5 – 45 (b)。此时 $L < D$,即孔的深度较浅,一般不需要刀具的引导部分伸入工件被加工孔内,故允许镗杆或刀杆引导部直径 d 大于工件

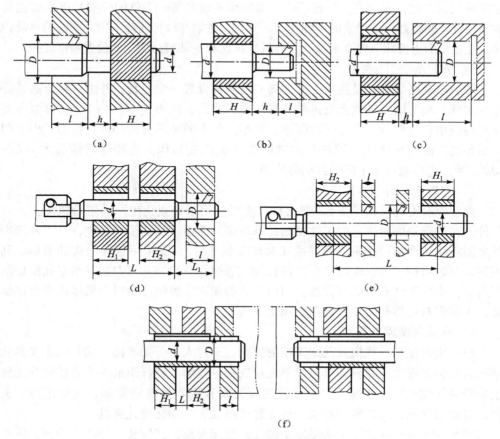

图 5-45 五种镗套设置结构形式

孔径 D，使刀具得到足够的刚度。

(2) 当 $L/D > 1$ 时 见图 5-45 (c)。此时 $L > D$，孔的深度大于孔径，此时由于孔镗到一定深度（孔深等于孔径）后，再往里镗，需要一定的镗杆引导部长度伸入孔内，故镗杆引导部直径 d 不能大于孔径 D，而且，只有取 d 小于 D，才能使导套对镗杆的支撑点前移，才能减小由镗刀尖到支撑点的这一段刀具悬伸量，从而减小镗杆的弯曲变形，提高刀具系统的刚性，减小切削振动，提高孔加工精度。

同单套前引导夹具相同，单套后引导结构夹具的刀杆与机床主轴间，也需要保持刚性连接。

3) 双套单引导结构

双套单引导结构是指在工件的一侧，一般是在刀具的后方，利用距离较远的两个镗套对刀具的镗杆进行引导，见图 5-45 (d)。这种结构多半用于机床主轴不便于直接靠近工件的孔端面（如深孔位于箱体的另一侧）。由于此类结构的镗套支架与工件间的相对位置关系往往较严格,而机床主轴与每一工件的位置精度误差使得主轴与镗套间很难保证严格的同轴精度,所以,主轴与镗杆间都采用非刚性的浮动连接,孔位精度直接靠双镗套来保证,与机床精度和主轴相对夹具的位置精度无关。

4)前后单套引导结构

前后单套引导结构是指在工件的前、后侧各设置一个镗套,并由一根长的镗杆作导向杆,加工同一轴线上安排的孔系或较深通孔,见图5-45(e)。这种引导支撑结构应用较为普遍,常用于对箱体、机座工件上的轴承座孔等进行镗削。由于两个引导支撑的跨度较大,镗杆与主轴间为浮动连接结构。当跨度间隔过大($L > 10d$)时,应注意增加中间辅助引导支撑。

5)前后双套引导结构

前后双套引导结构见图5-45(f),主要应用于专业化生产的组合机床上,对工件同时进行双面对镗。如工件两端孔系较深,需要较长的引导长度,且工件两端孔之间需保持严格的相对位置关系(同轴或相平行),多采用这种结构的引导。利用两端对镗结构,可以缩短整个工件孔加工的镗孔节拍,并可左右平衡对孔的切削扭力矩,提高工件安装的可靠性。而两端孔的相对位置精度由组合机床本身直接保证,可实现对箱体孔的多面,高效加工。

6)有镗套镗床夹具实例

根据生产批量,规模及孔加工精度质量,工件大小等要求的不同,镗床夹具的结构组成会有很大的差异,可以简单地由支架,镗套,镗杆组成一个直接装在工件上的轻便的镗孔支架系统,也可以使夹具配备有完善的自动装卸、自动定位、夹紧,自动引导及让刀机构而形成一台完整的高效、自动化镗孔夹具。

图5-46为一部加工车床尾座主轴孔的镗床夹具,其镗套引导结构为前、后单套引导结构。工件安装位置设置在夹具前、后镗套的中间部位,是一种最普遍的箱类工件镗孔设置方式。为保证工件孔的轴线相对前工序已加工好的底面间的平行度及相对底面横向小导轨表面间的垂直度要求,工件直接以底平面作为第一定位基准面,以底面横导轨的垂直侧面作第二定位基准面,以整个工件底部凸缘的一侧面作第三定位基准面(见图5-46所示),夹具以定位板3、4所组成的平面为工件提供第一定位基准依据三个定位点,以定位板3上的垂直导向窄面为工件提供第二定位基准依据两个定位点,以支撑钉7为工件提供最后一个点,使工件实现六点定位。工件的夹紧采用联动夹紧机构。拧紧螺钉6,杠杆式压板5压向工件,同时通过拉杆带动压板8使工件夹紧。镗杆10穿在前、后镗套2中,并通过浮动接头与主轴相连接。

2. 镗模设计要点

1)镗套

按镗套在工作中是否随镗杆运动,可以把镗套分为固定式和回转式两个大类:

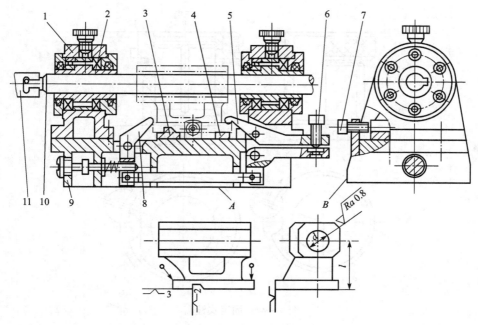

图 5-46　车床尾座孔镗模
1—支架；2—镗套；3，4—定位板；5，8—压板；6—夹紧螺钉；
7—可调支撑钉；9—镗模底座；10—镗刀杆；11—浮动接头

（1）固定式镗套。固定式镗套被固定安装在夹具导向支架上，不能随镗杆一起转动，所以，镗削过程中，镗杆在镗套中既有轴向的相对移动，又有较高的相对转动。镗套容易摩擦磨损而失去引导精度，只适用于线速度小于 0.3 m/s 的低速情况下，所以，固定式镗套应用时的孔径尺寸均较小，因此其外形、结构及应用情况有些像可换钻套。由于它结构简单，定心精度较高，在一般小尺寸的镗孔，扩孔、铰孔中，得到广泛应用。其结构已被标准化，镗套及其附件的标准代号分别为：镗套 JB/T 8046.1—1995，镗套用衬套 JB/T 8046.2—1995，镗套螺钉 JB/T 8046.3—1995。

如图 5-47 为固定镗套结构。根据镗套润滑方式的不同，固定镗套分为 A 型，B 型两种型号：A 型套为无润滑油槽式，须依靠镗杆上的供油系统或滴油来润滑；B 型套备有油杯、油槽结构，可实现较好的自润滑。

（2）回转式镗套。回转式镗套在镗孔过程中随同镗杆一起进行回转，所以镗套内壁相对于镗杆没有高速的转动，从而减少镗套内壁的磨损，可长期维持其引导精度。这种结构的镗杆相对夹具体间的转动环节设置在镗套的外部，并采用专门的高效、高精度回转结构，具有回转精度高、回转速度高、结构紧凑、镗套间隙小等特

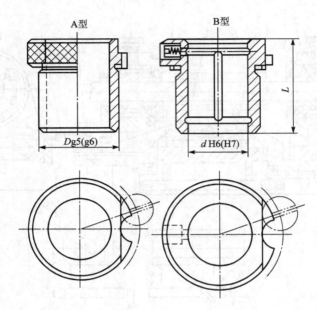

图 5-47 固定式镗套

点,比较适合于高速镗孔,一般应用于孔径较大、线速度大于 0.3 m/s 的场合。

根据回转支撑接触形式的不同,回转镗套可分成滑动式与滚动式两类,图 5-48 为两类回转式镗套的结构。图 5-48（a）为滑动式回转镗套,其回转结构采用滑动轴承 2,使镗套 1 可以自由回转,镗套内壁上开有键槽,可由镗杆上的键带动,而随镗杆一起回转。这种结构径向尺寸小,结构紧凑,回转精度很高,且内外套间为面接触形式,承载能力强,在充分润滑条件下,具有良好的减振性,常用

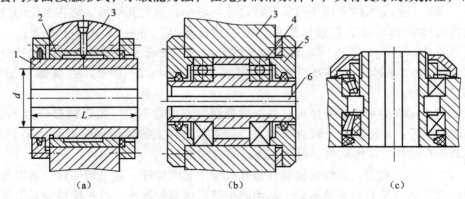

图 5-48 回转式镗套
(a) 滑动式回转镗套;(b) 滚动式回转镗套;(c) 立式滚动回转镗套
1、6—镗套;2—滑动轴承;3—镗模支架;4—滚动轴承;5—轴承端盖

于精镗加工。

图 5-48（b）、（c）为滚动式回转镗套，镗套与机架间由滚动轴承支撑。所以，可采用各类标准滚动轴承来制造，使设计，制造，维修方便，允许转速较高。但此类结构径向尺寸较大，回转精度受到滚动轴承精度影响，且由于内外套是滚动体的点、线接触，接触刚度差，承载能力较低。

图 5-48（c）结构为立式镗套，常被应用于刚性主轴结构的立镗前引导支撑。这类引导支撑的工作条件较差，多为立轴式下镗套布置结构、它经常受切屑及冷却液的冲刷，且不便于观察与清理，容易与镗杆发生研磨，所以常设有几重防尘保护装置。为能承受较大轴向载荷，镗套外支撑常采用圆锥滚子向心推力类轴承。

2）镗杆

镗杆与镗杆接头，对刀块等，都属于镗床刀具系统，而镗杆结构与镗床夹具有着十分密切的关系，它是镗床夹具设计的先决条件。镗杆结构，尺寸不确定，镗床夹具的设计就无法进行，所以，常把镗杆结构及尺寸与镗床夹具设计问题一起讨论。

（1）镗杆导向部常用结构。镗杆导向部的外形与镗套内孔相对应，也为圆柱形截面，根据镗杆与镗套内孔的润滑和摩擦的不同，常用的镗杆导向部结构可分为固定套导向结构和回转套引进结构。若镗套为固定式镗套，镗杆的导向部主要应考虑解决好润滑与磨损问题；镗套为回转式镗套，镗杆主要应考虑导键的引入与刀尖的定向导入问题。

图 5-49（a）为直接在圆柱导向面上开出螺旋形油槽的普通结构形，这种结构镗杆与镗套的接触面很大，没有能够容纳碎屑的安全空间——容屑槽，切屑容易随螺旋槽及间隙进入镗套内部而发生"咬死"现象。所以，这种结构的间隙量一般较大，润滑条件差，故导向精度较低。

图 5-49（b）为直槽型、图（c）为螺旋槽型导向结构，由于圆柱面上开出容屑槽，使得镗杆有一定的容屑能力，减少了"咬死"现象。同时，镗杆与镗套间接触面积减小，可有效地提高引导精度。螺旋槽型可以比直槽型减小切削振动。

图 5-49（d）为镶条式结构，可以进一步减小镗杆与镗套间的摩擦，允许的

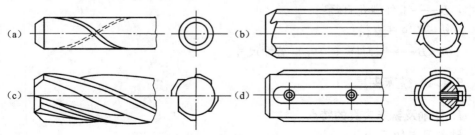

图 5-49　用于固定镗套的镗杆导向部分的结构

切削速度更高，多应用于镗杆导向部直径 $d > 500$ mm。另外，采用镶条结构可使磨损主要发生在材质较软的镶条上，镶条磨损后，可在基底部加衬垫，并重新修圆使用，所以引导精度较高。

图 5-50 为用于回转式镗套的镗杆引进结构。其中 5-50（a）为自动嵌入平键结构，镗杆在导向部前端设置浮动平键（见图），键底装有压缩弹簧，键前部顶面带有引入斜面，可应用于内壁开有键槽的镗套。在引入斜面的作用下，镗杆可以以任何方位进入镗套内。若浮动平键与键槽不对位，平键被镗套压入镗杆键槽内；在相对转动过程中，若平键与镗套键槽对齐位置，平键弹入键槽内，从而带动镗套一起回转。

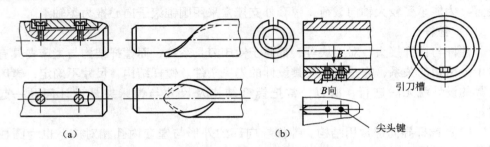

图 5-50 用于回转镗套的镗杆引进结构

图 5-50（b）镗杆具有 45°螺旋自动引导楔形头部，而镗套端部设有尖头键，在镗杆引入镗套过程中，若镗杆键槽与镗套不对位，45°引导楔会在尖头键的相互作用下，拨转镗套，使二者最终对位，保证键和刀尖能够准确地导入引刀槽中。

(2) 镗杆直径。确定镗杆直径，一般在考虑加工中具有足够的容屑空间、调刀测量观察空间以及清屑方便的前提下，镗杆直径应尽量取得大些，以提高镗杆的刚性，从而提高镗孔精度。一般情况下，镗杆直径 d 与镗孔直径 D 有如下关系：

$$d = (0.6 \sim 0.8) D$$

镗杆与孔坯的间隔可掌握以能放进一个刀方 B 为基本条件，即：

$$\frac{D-d}{2} = (1 \sim 1.5) B$$

式中：D——工件镗孔直径；

d——镗杆直径；

$B \times B$——镗刀杆（刀方）截面尺寸。

5.4.4 铣床夹具

1. 铣削及铣床夹具的特点

铣削具有如下特点：

(1) 铣削是一种冲击、振动很大的切削过程。铣刀为多齿刀具，且每一刀齿的切削为周期性的断续切削，切削面积和切削力不断发生变化，所以，铣削为一种切削力不稳定变化的过程，并伴随着强烈的冲击和振动。

（2）铣削的切削力较大。由于多刃多刀切削的高效性，使得铣削被广泛地用以代替刨削，应用于大批量生产中对毛坯件的粗加工工序中，所以铣削切削用量较大，切削力较大，使铣削成为一种重负荷切削。

（3）刀具需要经常调刀和换刀。由于大负荷切削，刀具材料的磨损率较大，生产中需要经常性地进行调刀和换刀。

针对以上铣削的加工特点，铣床夹具具有下列特点：

夹具本身应具有足够的强度及刚性，以适应工件重负荷切削的装夹需要；夹具都配备有较强大而可靠的夹紧系统，以保证夹紧有良好的自锁性和抗振性；夹具多半设置有专门的快速对刀装置，以减少调刀、换刀辅助时间，提高刀位精度。

2. 铣床夹具类型及结构

铣床夹具的分类方法很多，按其是否配备转位机构，分固定式和转位式；按转位分度方式的不同，又可分为直线分度式和回转分度式；而按照夹具所配备的机床进给方式，又有直线进给式，回转进给式和曲线靠模进给式三种类型。

1）直线进给式铣床夹具

（1）单件装夹铣床夹具。图 5-51 为一铣削套筒工件上端面通槽的铣床夹具，根据工件的外形特点及加工精度要求，夹具设置长 V 形块及端面组合定位系统。工件以外圆柱面在夹具长 V 形块 7 上定位，消除掉两个移动、两个转动共四个不定度，另以下端面在夹具支撑套 5 上定位，消除沿垂直方向的移动不定度，从而在夹具中实现五点定位。

扳动手柄，带动夹紧偏心轮 3 转动，可使活动 V 形块 6 进行左右移动，从而将工件夹紧和松开。

为完成快速调刀，夹具上设置有对刀块 2。利用夹具底面的定位键 4 与工作台 T 形槽的对定安装，可以迅速确定夹具体相对机床工作台的位置关系，保证 V 形块对称中心平面相对工作台纵向导轨的平行度。

这种夹具每次只能装一件工件，生产效率较低，多用于一般企业的小批量生产中。

（2）多件装夹铣床夹具。图 5-52 为一部铣削轴端四方头夹具。夹具一次可装夹四个工件，并可通过回转座 4 的 90°转位，实现一次装夹条件下完成四方端头两个方向上的铣削加工，提高了加工效率。利用工件的外圆柱形表面，夹具设置双面 V 形块 8 以实现工件的定位，并利用浮动压板 7 和螺母 6 将四个工件同时夹紧。工件四方尺寸由四片三面刃铣刀的组合距离保证。在铣完一个方向后，松开楔块 5，将工件连同回转座一起转过 90°后再行楔紧，即可进行另一个方向的铣削。利用这种装夹及转位，大大节省装夹和切削时间，使生产效率大为提高。

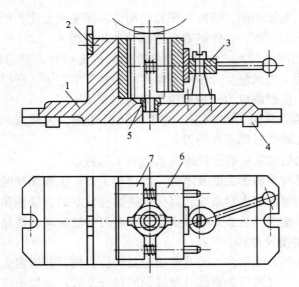

图 5-51 铣床夹具结构图
1—夹具体；2—对刀块；3—偏心轮；4—定位键；5—支撑套；6—活动 V 形块；7—固定（形块）

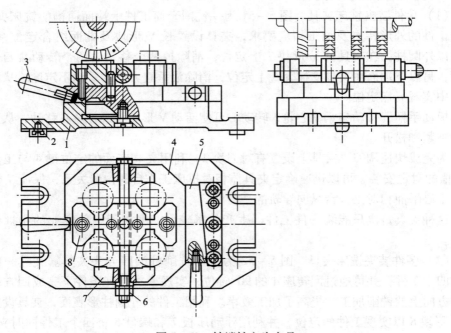

图 5-52 轴端铣方头夹具
1—夹具体；2—定位键；3—手柄；4—回转座；5—楔块；6—螺母；7—浮动压板；8—V 形块

第5章 零件的安装与夹具

2) 圆周进给式铣床夹具

圆周进给式铣床夹具一般是指安装在具有回转工作台的转盘铣床或鼓轮铣床上的夹具。在通用铣床上使用，夹具可专门配备回转工作台。通常，夹具可沿转台的圆周设置若干个；随着转台相对铣削床的圆周进给，将各夹具及工件依次送进切削区域，从而实现不间断地连续作业。这是一种高效率的铣削送进方式。

图 5-53 为一部回转工作台式专用铣床。为实现不间断地高速铣削，机床回转工作台上沿圆周设置十二部液动夹具进行自动夹紧。工件拨叉以内孔及其下端面和拨叉外侧面在夹具定位销 2 和挡销 4 上定位，并由液压缸 6 驱动拉杆 1 经快换垫圈 3 将工件夹紧。

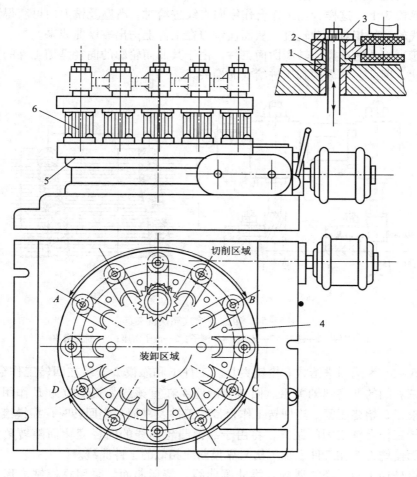

图 5-53 圆周进给铣床夹具

1—拉杆；2—定位销；3—快换垫圈；4—挡销；5—回转工作台；6—液压缸

整个回转工作台分成 AB 切削区和 CD 装卸区（见图 5-53）两大部分，并由电机通过蜗杆减速机构带动实现不停车的连续回转。这样，只需在 CD 区域设置自动装卸机构，或者专门安排人工进行工件的装卸，即可维持机床高效率的加工。

3）靠模进给式铣床夹具

靠模进给式铣床夹具是指利用与工件共同装夹在夹具上的专门靠模曲线轮廓，使工件获得相对刀具的进给运动，从而得到与靠模曲线相同或相似的工件曲面轮廓。

图 5-54 为直线进给式靠模铣夹具。其靠模 3 和工件 1 共同安装在夹具上，滚子滑座 5 与铣刀滑座 6 固连为一体，并借助于重锤或弹簧的拉力 F，使滚子 4 始终压紧在靠模 3 上。这样，当工作台作纵向直线进给时，滑座及铣刀便可获得滚子沿靠模曲线轮廓的相对运动轨迹，从而使铣刀在工件上仿出靠模曲线来。

对于平面凸轮这类回转型曲面工件，由于其曲面轮廓的向径是随工件的转角而发生变化，因此，常采用圆周进给式靠模夹具。

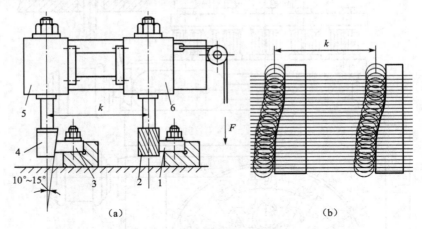

图 5-54 直线进给式靠模铣夹具
1—工件；2—铣刀；3—靠模；4—滚子；5—滚子滑座；6—铣刀滑座

图 5-55 为圆周进给式靠模铣夹具。工件 1 和靠模 2 安装在回转工作台 3 上，并保持三者间的严格同轴关系。回转台滑座 4 在重锤或弹簧的拉力 F 作用下，使靠模与滚子 5 始终压紧。当回转工作台带动工件及靠模一起回转时，靠模滚子轴线相对回转工作台轴线间的距离，将由于靠模凸轮曲线的向径变化而随转角发生变化，从而使铣刀 6 在工件上加工出与靠模曲线相似的工件曲线。

在机械加工中，经常遇到各类非圆曲线、特形曲面，采用靠模铣成形工件曲面，是一种经常采用的工艺方法。这种方法只需通过一块精密的曲线模板，就可以在普通设备或专用铣床上，完成特形曲面轮廓的批量生产。

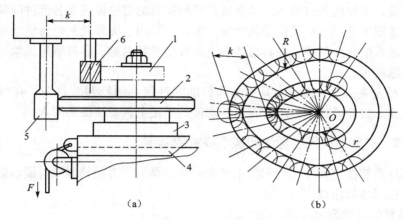

图 5-55 圆周进给式靠模铣夹具
1—工件；2—靠模；3—回转工作台；4—滑座；5—滚子；6—铣刀

5.5 专用夹具设计方法

前面我们分析了工件的装夹机构，本节重点讨论设计夹具的基本步骤、夹具总装图上尺寸、公差配合和技术要求的标注以及夹具结构工艺性问题。

5.5.1 设计步骤与方法

（1）研究原始资料明确设计任务。为明确设计任务，首先应分析研究工件的结构特点、材料、生产类型和本工序加工的技术要求以及前后工序的联系；然后了解加工所用设备、辅助工具中与设计夹具有关的技术性能和规格；了解工具车间的技术水平等。

（2）确定夹具的结构方案，绘制结构草图拟定夹具的结构方案时，主要解决如下问题：

① 根据六点定则确定工件的定位方式，并设计相应的定位装置；
② 确定刀具的对刀或引导方法，并设计对刀装置或引导元件；
③ 确定工件的夹紧方式和夹紧装置；
④ 确定其他元件或装置的结构形式，如定位键、分度装置等；
⑤ 考虑各种装置、元件的布局，确定夹具体和总体结构。

（3）绘制夹具总装图。夹具总装图应遵循国家标准绘制，图形比例尽量取1:1。夹具总装图必须能够清楚地表示出夹具的工作原理和构造，以及各种装置或元件之间的位置关系和装配关系。主视图应选取操作者的实际工作位置。

绘制总装图的顺序是：先用双点划线绘出工件的主要部分及轮廓外形，并显示出加工余量；工件视为透明体，尽量清楚表明夹具的定位原理及各元件间的位置关系。然后按照工件的形状及位置依次绘出定位、导向、夹紧及其他元件或装置的具体结构；最后绘制夹具体。夹具总装图上应标出夹具名称、零件编号，填写零件明细表、标题栏等。

(4) 绘制夹具零件图。夹具中的非标准零件都必须绘制零件图。在确定这些零件的尺寸、公差或技术要求时，应注意使其满足夹具总装图的要求。

5.5.2 夹具有关尺寸标注和技术要求的制定

在夹具总装图上标注尺寸和技术要求的目的是为了方便绘制零件图、装配和检验。应有选择地标注以下内容。

1. 夹具的尺寸要求标注

(1) 夹具的外形轮廓尺寸；
(2) 与夹具定位元件、引导元件以及夹具安装基面有关的配合尺寸、位置尺寸及公差；
(3) 夹具定位元件与工件的配合尺寸；
(4) 夹具引导元件与刀具的配合尺寸；
(5) 夹具与机床的联结尺寸及配合尺寸；
(6) 其他主要配合尺寸；

2. 夹具的有关形状、位置精度要求标注

(1) 定位元件间的位置精度要求；
(2) 定位元件与夹具安装面之间的相互位置精度要求；
(3) 定位元件与对刀引导元件之间的相互位置精度要求；
(4) 引导元件之间的相互位置精度要求；
(5) 定位元件或引导元件对夹具找正基面的位置精度要求；
(6) 与保证夹具装配精度有关的或与检验方法有关的特殊的技术要求。

3. 夹具的有关尺寸公差和形位公差标注

夹具的有关尺寸公差和形位公差通常取工件上相应公差的 $1/5 \sim 1/2$。当工序尺寸公差是未注公差时，夹具上的尺寸公差取为 ± 0.1 mm（或 $\pm 10'$），或根据具体情况确定；当加工表面未提出位置精度要求时，夹具上相应的公差一般不超过 $(0.002 \sim 0.005)$。在具体选用时，要结合生产类型、工件的加工精度等因素综合考虑。对于生产批量较大、夹具结构较复杂，而加工精度要求又较高的情况，夹具公差值可取得小些。这样，虽然夹具制造较困难，成本较高，但可以延长夹具的寿命，并可靠保证工件的加工精度，因此是经济合理的；对于批量不大的生产，则在保证加工精度的前提下，可使夹具的公差取得大些，以便于制造。设计时可查阅《机床夹具设计手册》作参考。另外，为便于保证工件的加工精度，在确定夹具的距离尺寸时,基本尺寸应为工件相应尺寸的平均值。极限偏差一般应采用双向对称分布。

4. 与工件的加工精度要求无直接联系的夹具尺寸公差

与工件的加工精度要求无直接联系的夹具尺寸公差,如定位元件与夹具体、导向元件与衬套、镗套与镗杆的配合等,一般可根据元件在夹具中的功用凭经验或根据公差配合国家标准来确定。设计时,还可参阅《机床夹具设计手册》等资料。

5.5.3 机床夹具的精度分析

进行加工精度分析可以帮助我们了解所设计的夹具在加工过程中产生误差的原因,以便探索控制各项误差的途径,为制定验证、修改夹具技术要求提供依据。

用夹具装夹工件进行机械加工时,工艺系统中影响工件加工精度的因素有:定位误差 ΔD、夹紧误差 ΔJ、夹具在机床上的安装误差 ΔA 和加工过程中其他因素引起的加工误差 ΔG。上述各项误差均导致刀具相对工件的位置不准确,而形成总的加工误差 $\Sigma \Delta$。以上各项误差应满足公式:

$$\Sigma \Delta = \Delta D + \Delta A + \Delta J + \Delta G < \delta$$（工件的工序尺寸公差（或位置公差））。

式中:δ——工件的工序尺寸公差值。

此式称误差计算不等式,各代号代表各误差在被加工表面工序尺寸方向上的最大值。

实　　训

一、填空题

1. 工件装夹的实质,就是在机床上对工件进行_____和_____。
2. 工件装夹的目的,则是通过_____和_____而使工件在加工过程中始终保持其正确的加工位置,以保证达到该工序所规定的技术要求。
3. 按工件在加工过程中实现定位的方式来分,常见的工件的装夹方法可归纳为两类:_____和_____。
4. 工件在夹具中定位的目的,就是要使_____在夹具中占有一致的正确加工位置。
5. 工件直接装入夹具,依靠工件上的_____与夹具的_____相接触,而占有正确的相对位置,不再需要找正便可将工件夹紧。
6. 专用机床夹具主要适用于生产批量_____,_____相对稳定的场合。
7. 工件相对于刀具的位置取决于_____的正确位置和_____的正确位置。
8. 用专用夹具装夹进行加工时,一般都采用_____加工,所以,为了预先调整刀具的位置,在夹具上设有确定刀具位置或引导刀具方向的_____。

9. 工件在定位时应该采取的定位支承点数目，或者说，工件在定位时应该被限制的自由度数目，完全由工件在该工序的_____所确定。

10. 工件用平面定位时，常用的定位元件有各种形式的_____和_____。

11. 工件用外圆柱面定位时，常用的定位元件是_____和_____。

12. 可调支承主要用于_____，而又以_____。

13. 辅助支承只能起提高_____的_____作用，而决不能允许它破坏基本支承应起的主要定位作用。

14. 由于一对定位副存在_____和_____，从而使定位基准相对于限位基准发生位置移动，产生基准位移误差。

15. 工件定位时，几个定位支承点重复限制同一个自由度的现象，称为_____。

16. 按某一种工件的某道工序的加工要求，由一套预先制造好的标准元件拼装成的"专用夹具"称为_____夹具。

17. V形块定位元件适用于工件以_____面定位。

18. 定位误差由两部分组成，即基准位置误差和_____误差。

19. 在使用圆偏心轮夹紧工件时能保证自锁，则应使圆偏心轮上任意一点的_____角都小于该点工作时的_____角。

20. 机床夹具的动力夹紧装置由_____、中间传力机构和_____所组成。

21. 套类零件采用心轴定位时，长心轴限制了_____个自由度；短心轴限制了_____个自由度。

22. 钻套按其结构形式可分为_____钻套、_____钻套、_____和非标准钻套四种。

23. 几个定位元件重复限制同一个自由度的定位，是_____。

24. 多点联动夹紧机构中必须有_____元件。

25. 由于工件定位所造成的加工面相对其_____的位置误差，称为定位误差。

二、选择题

1. 工件采用心轴定位时，定位基准面是（　　）。
A. 心轴外圆柱面　　B. 工件内圆柱面　　C. 心轴中心线　　D. 工件外圆柱面

2. 机床夹具中，用来确定工件在夹具中位置的元件是（　　）。
A. 定位元件　　B. 对刀—导向元件　　C. 夹紧元件　　D. 连接元件

3. 工件以圆柱面在短V形块上定位时，限制了工件（　　）个自由度。
A. 5　　B. 4　　C. 3　　D. 2

4. 在一平板上铣通槽，除沿槽长方向的一个自由度未被限制外，其余自由度均被限制，此定位方式属于（　　）。

第 5 章 零件的安装与夹具

A. 完全定位　　　B. 部分定位　　　C. 欠定位　　　D. 过定位

5. 布置在同一平面上的两个支承板相当于的支承点数是（　　）。
   A. 2 个　　　B. 3 个　　　C. 4 个　　　D. 无数个

6. 下面对工件在加工中定位的论述不正确的是（　　）。
   A. 根据加工要求，尽可能采用不完全定位
   B. 为保证定位的准确，尽可能采用完全定位
   C. 过定位在加工中是可以允许的
   D. 在加工中严格禁止使用欠定位

7. 机床夹具中夹紧装置应满足以下除（　　）之外的基本要求。
   A. 夹紧动作准确
   B. 夹紧机构的自动化与实际情况适用
   C. 夹紧力应尽量大
   D. 夹紧装置结构应尽量简单

8. 没有限制工件的全部自由度，但能满足本工序加工要求的定位属于（　　）。
   A. 完全定位　　　　　　B. 不完全定位
   C. 过定位　　　　　　　D. 欠定位

9. 无论几个支撑点与工件接触，都只能限制工件的一个自由度的支撑是（　　）。
   A. 固定支撑　　　B. 可调支撑　　　C. 自位支撑　　　D. 辅助支撑

10. 设计夹具时，定位元件的误差约等于工件公差的（　　）。
    A. 2 倍　　　B. 1/2　　　C. 1/3

11. 工件以平面定位时，所使用的主要定位元件有（　　）。
    A. 支承钉　　　B. V 形铁　　　C. 削边销

12. 在三爪卡盘上，用反爪装夹工件时，它限制了工件（　　）个自由度。
    A. 三　　　B. 四　　　C. 五

13. 车削形位精度要求高的较长轴类工件时，一般应采用（　　）为定位基准。
    A. 外圆　　　B. 阶台端面　　　C. 前后中心孔

14. 三个支承点对工件平面定位，能限制（　　）个自由度。
    A. 2　　　B. 3　　　C. 4　　　D. 5

15. 在车床上加工轴类零件，用三爪长盘安装工件，它的定位是（　　）。
    A. 六点定位　　　B. 五点定位　　　C. 四点定位　　　D. 七点定位
    E. 三点定位

16. 外圆柱工件在套筒孔中的定位，当工件定位基准和定位孔较长时，可限制（　　）自由度。
    A. 两个移动　　　B. 两个转动　　　C. 两个移动和两个转动

17. 一般情况下，由于夹具体的体积较大且要求具有一定的尺寸稳定性，小易变形，所以最好是用（　　）制造。
   A. 铸铁　　　　　B. 铸钢　　　　　C. 铸铅

18. 在夹具中布置六个支承点，限制了全部六个自由度，使工件的位置完全确定，称为（　　）。
   A. 完全定位　　　B. 欠定位　　　　C. 过定位

19. 选择定位基准时，一般都选用（　　）基准，因为它接触面积较大，夹持方便，无论从准确度和受力变形来看，都较为合理。
   A. 设计　　　　　B. 装配　　　　　C. 加工

20. 采用手动夹紧装置时，夹紧机构必须具有（　　）性。
   A. 自锁　　　　　B. 平衡　　　　　C. 平稳

21. 在夹具中，用圆柱芯轴来作工件上圆柱的定位元件时，它可限制工件的（　　）自由度。
   A. 三个　　　　　B. 四个　　　　　C. 五个　　　　　D. 六个

22. 在夹具中，长圆柱芯轴，作工件定位元件，可限制工件的（　　）自由度。
   A. 三个　　　　　B. 四个　　　　　C. 五个

23. 在夹具中，用较短的V形铁对工件的外圆柱表面定位时，它可以限制工件的（　　）自由度。
   A. 两个　　　　　B. 三个　　　　　C. 四个　　　　　D. 六个

24. 当加工的孔需要依次进行钻削、扩削、铰削多种加工时，应采用（　　）。
   A. 固定钻套　　　B. 可换钻套　　　C. 快换钻套

25. 用三个支承点对工件的平面定位，能限制（　　）自由度。
   A. 三个移动　　　B. 三个移动　　　C. 一个移动、两个转动

26. 在夹具中，用来确定刀具对工件的相对位置和相对进给方向，以减少加工中位置误差的元件和机构统称（　　）。
   A. 刀具导向装置　B. 定心装置　　　C. 对刀块

27. 机床夹具中需要考虑静平衡要求的是哪一类夹具（　　）。
   A. 车床夹具　　　B. 钻床夹具　　　C. 镗床夹具　　　D. 铣床夹具

28. 夹具的动力装置中，最常见的动力源是（　　）。
   A. 汽动　　　　　B. 汽液联动　　　C. 电磁　　　　　D. 真空

第 6 章

装配工艺基础

将加工好的各个零件（或部件）根据一定的技术条件连接成完整的机器（或部件）的过程，称为柴油机（或部件）的装配。船舶柴油机是由几千个零件组成的，其装配工作是一个相当复杂的过程。

柴油机的装配是柴油机制造过程中最后一个阶段的工作。一台柴油机能否保证良好的工作性能和经济性以及可靠地运转，很大程度上决定于装配工作的好坏，即装配工艺过程对产品质量起决定的影响。因此，为了提高装配质量和生产率，必须对与装配工艺有关的问题进行分析研究。例如，装配精度、装配方法、装配组织形式、柴油机装配工艺过程及其应注意的问题和装配技术规范等等。

6.1 装配精度及装配尺寸链

6.1.1 装配精度

船舶柴油机制造时，不仅要求保证各组成零件具有规定的精度，而且还要求保证机器装配后能达到规定的装配技术要求，即达到规定的装配精度。柴油机的装配精度既与各组成零件的尺寸精度和形状精度有关，也与各组成部件和零件的相互位置精度有关。尤其是作为装配基准面的加工精度，对装配精度的影响最大。

例如，为了保证机器在使用中工作可靠，延长零件的使用寿命以及尽量减少磨损，应使装配间隙在满足机器使用性能要求的前提下尽可能小。这就要求提高装配精度，即要求配合件的规定尺寸参数同装配技术要求的规定参数尽可能相符合。此外，形状和位置精度也尽可能同装配技术要求中所规定的各项参数相符合。

为了提高装配精度，必须采取一些措施：
(1) 提高零件的机械加工精度；

(2) 提高柴油机各部件的装配精度;
(3) 改善零件的结构,使配合面尽量减少;
(4) 采用合理的装配方法和装配工艺过程。

柴油机及其部件中的各个零件的精度,很大程度上取决于它们的制造公差。为了在装配时能保证各部件和整台柴油机达到规定的最终精度(即各部分的装配技术要求),这就有必要利用尺寸链的原理来确定柴油机及其部件中各零件的尺寸和表面位置的公差。根据尺寸链的分析,可以确定达到规定的装配技术要求所应采取的最适当的装配方法和工艺措施。

6.1.2 装配尺寸链

装配尺寸链:任何一个机构,如活塞连杆机构、配气机构等,都是由若干个相互关联的零件所组成,这些零件的尺寸就反映它们之间的关系,并形成尺寸链。这种表示机构中各零件之间相互关系的尺寸链,就称之为装配尺寸链。

装配尺寸链可由装配图看出,如图 6-1 所示为活塞与气缸配合的装配尺寸链图。图中 (b) 所示为其相应的尺寸链简图。

装配尺寸链中的封闭环,它在装配前是不存在的,而是在装配后才形成的,如图 6-1 (b) 中的 N。封闭环通常就是装配技术要求。其中如果某组成环的尺寸增大(其他各组成环不变情况下),使封闭环的尺寸也随之增大,则此组成环称为增环,如果某组成环尺寸增大,使封闭环的尺寸随之减少,则此组成环称为减环。

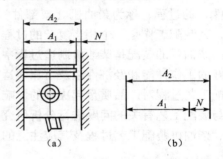

图 6-1 活塞与气缸套的配合的尺寸链图

封闭环的基本尺寸等于所有各组成环基本尺寸的代数和,即等于所有增环的基本尺寸之和减去所有减环的基本尺寸之和。它可由下式表示:

$$N = \sum_{z=1}^{m} A_z - \sum_{j=m+1}^{n-1} A_j \qquad (6-1)$$

式中:N——封闭环的基本尺寸;
A_z——A_1、A_2、A_m 为各增环的基本尺寸;
m——增环数;
A_j——A_{m+1}、A_{m+2}、A_{n-1} 为各减环的基本尺寸;
n——尺寸链的环数(包括封闭环在内)。

为了使装配达到规定的装配技术要求,从尺寸链的观点看,就是要保证尺寸链中的封闭环达到规定的精度要求。尺寸链封闭环的公差等于所有各组成环的公差之和。它可由下式表示：

$$\delta_N = \delta_{A_1} + \delta_{A_2} + \delta_{A_3} + \cdots + \delta_{A_{n-1}} = \sum_{i=1}^{n-1} \delta_{A_i} \qquad (6-2)$$

式中：δ_N——封闭环的公差；

δ_{A_i}——各组成环的公差；

n——尺寸链的环数（包括封闭环在内）。

以上是用完全互换法计算尺寸链的基本公式。

分析柴油机的装配尺寸链时，应从装配图中，找出各个零件或部件之间的相互关联的尺寸链关系，然后按照装配技术要求，找出以此技术要求为封闭环的装配尺寸链。同理，根据各个部件的装配技术要求，依次找出机器的全部装配尺寸链。

例1 柴油机压缩室高度装配尺寸链及其计算。

图 6-2 所示为柴油机各零件所组成的尺寸链关系图。为了保证柴油机的压缩比，压缩容积必须保持恒定，即压缩室的高度必须一定。压缩室高度以 N 表示。N 是在装配后形成的，因此，N 为封闭环。从柴油机的装配图中，可以找出由固定件和运动件等为组成环所构成的尺寸链。

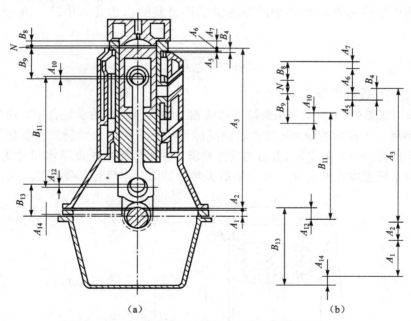

图 6-2 柴油机压缩室高度计算尺寸链图

图中：

A_1——主轴承孔轴线至机座上平面的距离；

A_2——机座垫片厚度；

A_3——机体总高度;
B_4——机体上装气缸套的凹坑深度;
A_5——气缸套垫片厚度;
A_6——气缸套凸肩高度;
A_7——气缸盖垫片厚度(压缩后的尺寸);
B_8——气缸盖凸台高度;
B_9——活塞销轴线至活塞顶平面之距离;
A_{10}——连杆小端孔与活塞销间隙的一半;
B_{11}——连杆大小端孔轴线距离;
A_{12}——连杆大端孔与曲柄销间隙的一半;
B_{13}——曲柄半径;
A_{14}——主轴承孔至主轴颈间隙的一半。

以上各尺寸参数都直接影响到压缩室的高度。因此,压缩室高度 N 的基本尺寸为:

$$N = (A_1 + A_2 + A_3 + A_5 + A_6 + A_7 + A_{10} + A_{12} + A_{14}) - (B_4 + B_8 + B_9 + B_{11} + B_{13})$$

而压缩室高度公差 δ_N 等于所有各组成环公差的总和(其中尺寸 B_i 以 A_i 来代替),即:

$$\delta_N = \sum_{i=1}^{14} \delta_{A_i} \tag{6-3}$$

式中: δ_{A_i} ——各组成环的公差。

例 2 如图 6-3 所示,在柴油机的曲轴主轴颈与止推轴承配合中,由主轴颈、两个止推环、主轴承的轴向尺寸和轴向间隙形成一个装配尺寸链。根据使用要求,规定轴向间隙为 $N = 0^{+\Delta sN}_{+\Delta xN}$,由结构设计要求,主轴颈轴向长度基本尺寸为 A_1,主轴承轴向长度基本尺寸为 A_3。试计算有关零件轴向基本尺寸和公差带。

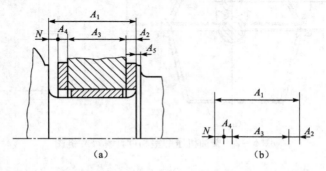

图 6-3 曲轴主轴颈与止推轴承配合及轴向尺寸的尺寸链

根据尺寸链方程式,两个止推环的基本尺寸可用下式表示:

$$A_2 + A_4 = A_1 - A_3 - N$$

设两个止推环厚度相等,即 $A_2 = A_4$,得

$$A_2 = A_4 = \frac{1}{2}(A_1 - A_3 - N)$$

根据封闭环公差方程式,各组成环公差与封闭环公差存在下列不等式:

$$\sum_{i=1}^{n-1} \delta_{A_i} = \delta_1 + \delta_2 + \delta_3 + \delta_4 \leq \delta_N$$

用等公差的分配方法求得各组成环的平均公差为:

$$\delta_{A_i M} = \frac{\delta_N}{n-1}$$

由于各组成环零件加工不太困难,而且组成环环数不多,可以采用极值解法。

求出平均公差后,还要根据各组成环制造的难易程度和经济合理性,进行调整,调整后各组成环的公差之和仍应满足不等式的要求。

组成环 A_2、A_4 容易加工,公差可以减小;组成环 A_1 加工较难保证需要增大公差值而 A_3 维持其平均公差值,加工还不是很困难。

确定各组成环的上、下偏差:

组成环 A_1 为包容尺寸按基准孔考虑,下偏差为零;A_3 则为被包容尺寸按基准轴考虑,上偏差为零,A_2、A_4 作为协调环,其偏差不能再按单向偏差形式考虑,而由尺寸链的计算来确定。

为了制造方便,取 A_2、A_4 的上偏差相等($\Delta_{SA_2} = \Delta_{SA_4}$)和下偏差相等($\Delta_{XA_2} = \Delta_{XA_4}$)。由下式可分别求得 A_2、A_4 的上、下偏差。

$$\Delta_S N = \sum_{i=1}^{m} \Delta_S A_i - \sum_{j=m+1}^{n-1} \Delta_X A_j$$

$$\Delta_X N = \sum_{i=1}^{m} \Delta_X A_i - \sum_{j=m+1}^{n-1} \Delta_S A_j$$

6.2 装配方法

装配方法与解装配尺寸链的方法是密切相关的。为了达到规定的装配技术要求,解尺寸链确定部件或柴油机装配中各个零件的公差时,必须保证它们装配后所形成的累积误差不大于部件或柴油机按其工作性能要求所允许的数值。

常用的装配方法有完全互换装配法、不完全互换装配法、选择装配法、修配法、调整法五种。

6.2.1 完全互换装配法

完全互换装配法的实质是:以完全互换为基础来确定机器中各个零件的公差,

零件不需要作任何挑选、修配或调整,装配成部件或机器后就能保证达到预先规定的装配技术要求。

用完全互换装配法时,解尺寸链的基本要求是:各组成环的公差之和不得大于封闭环的公差。可用下式来表示

$$\sum_{i=1}^{n-1} \delta_{A_i} \leq \delta_N \qquad (6-4)$$

为了实现上述装配方法,应将每个零件的制造公差预先给予规定,实践中常采用等公差法和等精度法来解决这个问题。

用完全互换装配法的主要优点是:
(1) 可以保证完全互换性,装配过程较简单;
(2) 可以采用流水装配作业,生产率较高;
(3) 不需要技术水平高的工人;
(4) 机器的部件及其零件的生产便于专业化,容易解决备件的供应问题。

但是,这种方法也存在一定的缺点:对零件的制造精度要求较高,当环数较多时有的零件加工显得特别困难。因此,这种方法只适用于生产批量较大、装配精度较高而环数少的情况,或装配精度要求不高的多环情况中。

针对这种情况,尤其对多环且装配精度要求高的场合,可采用不完全互换装配法。

6.2.2 不完全互换装配法

不完全互换装配法又称部分互换装配法。这种方法的实质是:考虑到组成环的尺寸分布情况,以及其装配后形成的封闭环的尺寸分布情况,可以利用概率论给组成环的公差规定得比用完全互换装配法时的公差大些,这样在装配时,大部分零件不需要经过挑选、修配或调整就能达到规定的装配技术要求,但有很少一部分零件要加以挑选、修配或调整才能达到规定的装配技术要求。换句话说,用这种装配方法时,有很少一部分尺寸链的封闭环的公差将超过规定的公差范围,不过可将这部分尺寸链控制在一个很小的百分数之内,此百分率称为"危率"(或"冒险率")。这样,根据封闭环的公差计算组成环的公差时,必须考虑到危率和组成环的尺寸分布曲线的形状。

不完全互换装配法在大批量生产中,装配精度要求高和尺寸链环数较多的情况下使用,显得更优越。

6.2.3 选择装配法

选择装配法就是将尺寸链中组成环(零件)的公差放大到经济可行的程度,然后从中选择合适的零件进行装配,以达到规定的装配技术要求。用此法装配时,

可在不增加零件机械加工的困难和费用情况下，使装配精度提高。

选择装配法在实际使用中又有两种不同的形式：直接选配法和分组装配法。

1. 直接选配法

所谓直接选配就是从许多加工好的零件中任意挑选合适的零件来配套。一个不合适再换另一个，直到满足装配技术要求为止。例如，在柴油机活塞组件装配时，为了避免机器运转时活塞环在环槽内卡住，可以凭感觉直接挑选易于嵌入环槽的合适尺寸的活塞环。

这种方法的优点是不需要预先将零件分组，但挑选配套零件的时间较长，因而装配工时较长，而且装配质量在很大程度上取决于装配工人的经验和技术水平。

2. 分组装配法

这种方法的实质是将加工好的零件按实际尺寸的大小分成若干组，然后按对应组中的一套零件进行装配，同一组内的零件可以互换，分组数愈多，则装配精度就愈高。零件的分组数要根据使用要求和零件的经济公差来决定。部件中各个零件的经济公差数值，可能是相同的，也可能是不相同的。

零件的分组数以 K 表示，可按下式计算：

$$K = \frac{\delta'_{A_i}}{\delta_{A_i}} \tag{6-5}$$

式中：δ'_{A_i}——零件的经济公差（零件的制造公差）；

δ_{A_i}——零件的组公差（零件分组后在该组内的尺寸变动范围）。

由于部件中各个零件的 δ'_{A_i} 和 δ_{A_i} 不一定相同，因此应按最大的 K 来分组，并且以对应组内完全互换为基础，对应组内各零件尺寸的公差及其上、下偏差必须满足完全互换装配法的各个公式的要求。

利用这种方法，可不减小零件的制造公差而显著地提高装配精度，但它也有一些缺点。例如，增加了检验工时和费用，在对应组内的零件才能互换，因而在一些组级可能剩下多余的零件不能进行装配等。因此，分组装配法主要用以解决装配精度要求高、环数少（一般不超过四个环）的尺寸链的部件装配问题。例如，柴油机制造中的活塞销和活塞销孔、燃油设备的柱塞副、针阀副、齿轮油泵等的装配中，已广泛采用。

6.2.4 修配法

当装配尺寸链中封闭环的精度要求很高且环数较多，采用上述各种装配方法都不适合时，可采用修配法。

修配法的实质是：为使零件易于加工，有意地将零件的公差加大。在装配时则通过补充机械加工或手工修配的方法，改变尺寸链中预先规定的某个组成环的尺寸，以达到封闭环所规定的精度要求。这个预先被规定要修配的组成环称为"补偿环"。

如果将尺寸中各组成环按经济公差 δ'_{A1}、δ'_{A2}、…、δ'_{An-1} 进行加工，则装配后封闭环的实际变动量（以 Δ_N 表示）为：

$$\Delta_N = \sum_{i=1}^{n-1} \delta'_{Ai} \quad (6-6)$$

这时，装配后 Δ_N 将比允许变动量（即规定的封闭环的公差 δ_N）大，其差位为 Δ_K：

$$\Delta_K = \Delta N - \delta_N = \sum_{i=1}^{n-1} \delta'_{Ai} - \delta_N \quad (6-7)$$

差值 Δ_K 称为"尺寸链的最大补偿量"，即装配时的最大修配量。装配时，修配尺寸链中某一预先被规定作为补偿环的那个组成环的尺寸，以达到封闭环的精度要求。

用修配法解装配尺寸链时，一方面要保证各组成环有经济的公差，另一方面不要使补偿量 Δ_K 过大，以致造成修配工作量过大。此外，还必须选择容易加工的组成环作为补偿环。

修配法的优点是：可以扩大组成环的制造公差，并且能够得到高的装配精度，特别对于装配技术要求很高的多环尺寸链，更为显著。

修配法的缺点是：没有互换性，装配时增加了钳工的修配工作量，需要技术水平较高的工人，由于修配工时难以掌握，不能组织流水生产等。因此，修配法主要用于单件小批量生产中解高精度的装配尺寸链。在通常情况下，应尽量避免采用修配法，以减少装配中钳工工作量。

6.2.5 调整法

调整法与修配法基本类似，也是应用补偿件的方法。调整法的实质是：装配时不是切除多余金属，而是改变补偿件的位置或更换补偿件来改变补偿环的尺寸，以达到封闭环的精度要求。

例如，柴油机的配气机构中所采用的一种螺钉补偿件，用以调整进气门和摇臂之间的装配间隙。利用此补偿件后，不但能使机构中各零件的制造变得容易，而且在气门间隙增大的情况下，可以及时进行调整，以保证机器正常运转，并延长了机构的使用寿命。

与修配法相似，用调整法解尺寸链时，其最大调整量（补偿量）Δ_K 可用修配法的 Δ_K 的公式来计算。

用调整法装配时，常用的补偿件有螺钉、垫片、套筒、楔子以及弹簧等。

调整法装配有如下优点：

(1) 可加大组成环的尺寸公差，使组成环各个零件易于制造；

(2) 用可调整的活动补偿件（如上例所述调整螺钉）使封闭环达到任意精度；

(3) 装配时不用钳工修配，工时易掌握，易于实现流水生产；

(4) 在装配过程中，通过调整补偿件的位置或更换补偿件的方法来保证机器正常工作性能。

但是用调整法解装配尺寸链也有其缺点，例如，增加了尺寸链的零件数（补偿件），即增加了机器的组成件数。

调整法适用于封闭环精度要求高的尺寸链，或者在使用中零件因温升及磨损等原因其尺寸有变化的尺寸链。

6.3 装配组织形式及装配工艺规程

6.3.1 装配的组织形式

装配的组织形式主要取决于生产规模、装配过程的劳动量和产品的结构特点等因素。

目前，在柴油机制造中，装配的组织形式主要有两种，即固定式装配和移动式装配。

1. 固定式装配

固定式装配是指全部工序都集中在一个工作地点（装配位置）进行。这时装配所需的零件和部件全部运送到该装配位置。

固定式装配又可分为按集中原则进行和按分散原则进行两种方式。

(1) 按集中原则进行的固定式装配。全部装配工作都由一组工人在一个工作地点上完成。由于装配过程有各种不同的工作，所以这种组织形式要求有技术水平较高的工人和较大的生产面积，装配周期一般也较长。因此，这种装配组织形式只适于单件小批量生产的大型柴油机、试制产品以及修理车间等的装配工作。

(2) 按分散原则进行的固定式装配。把装配过程分为部件装配和总装配，各个部件分别由几组工人同时进行装配，而总装配则由另一组工人完成。这种组织形式的特点是工作分散，允许有较多的工人同时进行装配，使用的专用工具较多，装配工人能得到合理分工，实现专业化，技术水平和熟练程度容易提高。所以，装配周期可缩短，并能提高车间的生产率。因此，在单件小批量生产条件下，也应尽可能地采用按分散原则进行的固定式装配。当生产批量大时，这种方式的装配过程可分成更细的装配工序，每个工序只需一组工人或一个工人来完成。这时工人只完成一个工序的同样工作，并可从一个装配台转移到另一个装配台。这种产品（或部件）固定在一个装配位置而工人流动的装配形式称为固定式流水装配，或称固定装配台的装配流水线。

固定式流水装配生产时装配台安排在一条线上，装配台的数目由装配工序数目来决定，装配时产品不动，装配所需的零件不断地运送到各个装配台。

固定装配台的装配流水线，是固定式装配的高级形式。由于装配过程的各个工序都采用了必要的工夹具，工人又实现了专业化工作，因此，产品的装配时间和工人的劳动量都有所减少，生产率得以显著提高。

这种装配方式在中、大功率柴油机的成批生产中已广泛采用。

2. 移动式装配

移动式装配是指所装配的产品（或部件）不断地从一个工作地点移到另一个工作地点，在每一个工作地点上重复地进行着某一固定的工序，在每一个工作地点都配备有专用的设备和工夹具；根据装配顺序，不断地将所需要的零件及部件运送到相应的工作地点。这种装配方式称为装配流水线。

根据产品移动方式不同，移动式装配又可分为下列两种形式：

（1）自由移动式装配。自由移动式装配的特点是，装配过程中产品是用手推动（通过小车或辊道）或用传送带和起重机来移动的，产品每移动一个位置，即完成某一工序的装配工作。

在拟定自由移动式装配工艺规程时，装配过程中的所有工序都按各个工作地点分开，并尽量使在各个工作地点所需的装配时间相等。

这种装配方式，在中型柴油机的成批生产中被广泛采用。

（2）强制移动式装配。强制移动式装配的特点是，装配过程中产品由传送带或小车强制移动，产品的装配直接在传送带或小车上进行。它是装配流水线的一种主要形式。强制移动式装配在生产中又有两种不同的形式：一种是连续运动的移动式装配，装配工作在产品移动过程中进行，另一种是周期运动的移动式装配，传送带按装配节拍的时间间隔定时地移动。

这种装配方式，在小型柴油机大量生产中被广泛采用。

除上述两种装配组织形式外，对大型低速柴油机的装配，还出现一种固定形式的分段装配法。这种装配方式的特点是，将柴油机连同管路附件、行走平台和扶梯等，分成若干个分段，如机座、曲轴、机架、气缸体、上、下部行走平台分段等，各分段可同时进行分装配，然后再将装好的分段运送到总装试车台上进行总装配。

这种装配方式的优点是：分段装配可平行地进行，缩短了装配时间，可实现装配工作专业化，避免长时间高空作业，提高总装试车台的周转率等。

6.3.2 装配工艺规程

机器装配工艺规程同零件机械加工工艺规程一样，是工厂在一定生产条件下用以组织和指导生产的一种工艺文件。

1. 拟定装配工艺规程的依据和原始资料

1）拟定装配工艺规程的依据

拟定装配工艺规程时，必须考虑几个原则：

① 产品质量应能满足装配技术要求；
② 钳工修配工作量尽可能减到最少，以缩短装配周期；
③ 产品成本低；
④ 单位车间面积的生产率最高；
⑤ 充分使用先进的设备和工具。

2）拟定装配工艺规程的原始资料

拟定装配工艺规程时，必须根据产品的特点和要求，生产规模和工厂具体情况来进行，不能脱离实际。因此，必须掌握足够的原始资料，主要的原始资料是：

① 产品的总装图、部件装配图以及主要零件的工作图（施工图）；
② 产品验收技术条件；
③ 所有零件的明细表；
④ 工厂生产规模和现有生产条件；
⑤ 同类型产品工艺文件或标准工艺等参考资料。

通过对产品总装图、部装图和主要零件图的分析，可以了解产品每一部分的结构特点、用途和工作性能，了解各零件的工作条件以及零件间的配合要求，从而在装配工艺规程拟定时，采用必要措施，使之完全达到图纸要求。分析装配图还可以发现产品结构的装配工艺性是否合理，并提出改进产品设计的意见。

产品的验收技术条件是机器装配中必须保证的。熟悉验收技术条件，是为了更好地采取措施，使拟定的装配工艺规程，达到预定的装配质量要求。

生产规模和工厂条件，决定了装配组织形式和装配方法以及采用的装配工具。

2. 装配工艺规程的内容及其拟定步骤

如前所述，装配工艺规程是组织和指导装配生产过程的技术文件，也是工人进行装配工作的依据。因此，它必须包含以下几个方面内容：

① 合理的装配顺序和装配方法；
② 装配组织形式；
③ 划分装配工序和规定工序内容；
④ 选择装配过程中必需的设备和工夹具；
⑤ 规定质量检查方法及使用的检验工具；
⑥ 确定必需的工人等级和工时定额。

掌握了必要的原始资料后，就可以着手进行装配工艺规程的拟定工作。拟定装配工艺规程的步骤大致如下。

① 分析研究装配图及技术要求。从中了解机器的结构特点，查明尺寸链和确

定装配方法（即选择解尺寸链的方法）。

② 确定装配的组织形式。根据生产规模和产品的结构特点，就可以确定装配组织形式。例如：大批量生产的中、小型柴油机，可采用移动式装配流水线，小批量生产的中型柴油机，可采用固定式装配流水线。

③ 确定装配顺序（即装配过程）。装配顺序基本上是由机器的结构特点和装配形式决定的。装配顺序总是先确定一个零件作为基准件，然后将其他零件依次地装到基准件上去。例如，柴油机的总装顺序总是以机座为基准件，其他零件（或部件）逐次往上装。可以按照由下部到上部、由固定件→运动件→固定件、由内部到外部等规律来安排装配顺序。

④ 划分工序和确定工序内容。在划分工序时必须注意：前一工序的活动应保证后一工序能否顺利地进行，应避免有妨碍后一工序进行的情况，采用移动式流水线装配时，工序的划分必须符合装配节拍的要求。

⑤ 选择装配工艺所需的设备和工夹具。应根据产品的结构特点和生产规模，尽可能地选用最先进的合适的装配工夹具和设备。

⑥ 确定装配质量的检验方法及检验工具。

⑦ 确定工人等级及工时定额。应根据工厂具体情况和实际经验及统计资料来确定工人等级和制定工时定额。

⑧ 确定产品、部件和零件在装配过程中的起重运输方法。

⑨ 编写装配工艺文件。装配工艺文件有过程卡（装配工序卡）和操作指导卡等。过程卡是为整台机器编写的，它包括完成装配工艺过程所必须的一切资料。操作指导卡是专为某一个较复杂的装配工序或检验工序而编写的，它包括完成此工序的详细操作指示。

⑩ 确定产品的试验方法并拟定试验大纲。

6.4 装配技术

在柴油机装配过程中，各零件的安装与连接除采用螺栓紧固外，通常还采用单配技术、黏结技术和过盈配合等装配技术。

6.4.1 单配技术

在许许多多的自然现象中，存在着这样一个事实，即大量的随机变量都服从或近似地服从正态分布规律。例如，在一批同样的零件尺寸测量中，它的误差分布就符合正态分布规律。

当零件批量生产时，由于零件的分布误差符合正态分布规律，所以只要保证零件间配合性质按公差要求选配，就可以满足零件间配合的要求，这样做是经济的；

但在柴油机制造和装配中，有时会遇到一些需要现场加工，并且装配精度要求较高的零件。这些零件数目较少，而且有些零件的加工精度很难保证，不可能用选配的办法达到配合要求，这样，就出现了单配的技术，即根据已经生产出的零件的尺寸生产与之相配的零件。单配的零件有可能出现名义尺寸的改变，但这种变化一般不大，所以，配合公差仍可按图纸要求。单配后的零件配合精度较高，经济性较好。

在柴油机制造和装配中，单配技术的应用范围较小，主要用在一些配对定位的场合，例如，在凸轮轴传动机构中，中间齿轮（或链轮）轴与机架之间的圆柱定位销、栏杆接头处的圆锥定位销、气缸体与链箱拼装定位的紧配螺栓、活塞填料函法兰与气缸体的定位销孔、盘车轮与曲轴的紧配螺栓等。

这些定位销或螺栓大多采用圆柱形，也有少量采用圆锥形。圆柱配合面的优点是加工方便，缺点是定位销或螺栓与孔的配合精度要求较高。否则不能达到必需的紧密配合要求，且经多次拆装后，孔与定位销或螺栓之间的配合精度不能保持，容易松动。

圆锥形配合面的特点正好相反，虽然加工圆锥形配合面比加工圆柱形配合面困难一些，但却容易达到紧密配合，经多次装拆，配合面也不易松动。

6.4.2 黏结技术

黏结技术是使用黏结剂将零件黏结在一起，使零件之间具有一定的接合强度和密封性。由于化工技术的发展，黏结剂具有越来越好的性能：优良的黏结强度、耐水、耐热、耐化学药品、不易发霉、具有密封性。这就为黏结剂的广泛使用创造了条件。

在柴油机制造与装配中，在很多需要密封或需要一定的接合强度的位置使用黏结技术。例如，盖板的平面或螺栓螺纹处涂黏结剂密封；机架道门的橡胶密封圈的制作，需要将橡胶条按实际长度下料后，黏结成橡胶圈，并黏结在道门上；双头螺柱种紧时，通常将种入的螺纹处涂黏结剂，使种入的螺柱不容易松动。

黏结剂分有机黏结剂和无机黏结剂两种，其中有机黏结剂使用较为普遍。黏结剂大多由专业厂家提供，胶合时应注意以下问题：

1) 表面处理

表面处理是针对胶黏物和被黏物两方面的特性，对被黏物表面进行处理，从而达到与胶黏剂完全相适应的最佳状态，这样才能发挥出胶黏剂的最大效能。

表面处理分表面清洗、机械处理和化学处理三种。不同材料经脱脂去污、机械处理、再经化学处理，能不同程度的提高黏结强度。在黏结的表面处理中，不管何种方法处理后，都不得用手去接触被黏面，以免被黏面重新被玷污。

2) 涂胶

涂胶应在表面处理后8h以内进行，有时要涂上底胶来保护清洗过的表面。涂胶的方法很多，常用的有涂刷法、喷涂法、灌注法。涂胶要均匀，胶层要薄，厚薄要一致，要防止产生缺胶和漏胶，同时在胶合时要当心胶层内产生夹空和气泡。

3）固化

涂胶黏合后，就可进行固化。若用室温固化工艺，则放置 2~4 h 后，即开始凝胶，24 h 后基本固化。

6.4.3 过盈配合

在安装过程中，有许多零件间需要紧密配合，用以防止连接脱落或需要传递大的扭矩，于是产生了过盈配合技术。过盈配合就是利用材料的弹性使孔扩大、变形，套在轴上，当孔复原时，产生对轴的箍紧力，使两零件连接。当金属在弹性限度内变形时，总有一个恢复变形的力存在，恢复力形成作用在两配合面上的正压力。正压力越大，两配合件就越不容易脱落，可传递较大的扭矩，过盈技术在柴油机安装过程中应用很广泛，如 MAN B&W 大型低速柴油机活塞冷却芯管与法兰装配、燃油和排气凸轮与凸轮轴的装配、链轮与凸轮轴装配、燃油和排气滚轮装配中销轴与滚轮套筒的装配、Sulzer 柴油机的各凸轮轴段连接等。

过盈连接的配合面多为圆柱面，也有圆锥形式的配合面。采用圆柱面过盈配合时，如果过盈量较小或零件较小，一般用压入法装配；当过盈量较大或零件尺寸较大时，常用温差法装配。

采用温差法装配时，可加热包容件或冷却被包容件，也可同时加热包容件和冷却被包容件，以形成装配间隙，由于这个间隙，零件配合面的不平度不致被擦平，因而连接的承载能力比用压入法装配高。压入法过盈连接拆卸时，配合面易被擦伤，不易多次装拆。

圆锥面过盈连接利用包容件与被包容件相对轴向位移获得过盈配合。可用螺纹连接件实现相对位移，近年来，利用液压装拆的圆锥面过盈连接应用日渐广泛。圆锥面过盈连接的压合距离短，装拆方便，装拆时配合面不易擦伤，可用于多次装拆的场合。

1. 热过盈装配

热过盈装配就是通过加热包容件，使之膨胀，尺寸变大，然后进行安装，这种工艺亦称红套。

例如 MAN B&W 柴油机活塞冷却芯管与法兰的装配、燃油和排气凸轮以及链轮与凸轮轴的装配等均采用红套的方法进行。

红套时应注意以下几点：

1）加热温度的控制

红套加热的温度应保证红套时的装配间隙。红套装配的间隙一般取：

$$\Delta = \delta \quad 或 \quad \Delta = 0.001D \tag{6-8}$$

式中：Δ——红套装配的间隙，mm；
  δ——孔与轴配合的过盈量，mm；
  D——轴径，mm。

按照这个要求，红套装配时的加热温度应为：

$$t = \frac{\Delta + \delta}{\lambda D} + t_0 \text{ 或 } t = \frac{2\delta}{\lambda D} + t_0 \qquad (6-9)$$

式中：λ——加热零件的线膨胀系数，铜质：$\lambda = 1.8 \times 10^{-5}$（1/℃）；

  钢质：$\lambda = 1.1 \times 10^{-5}$（1/℃）；

  t_0——装配时的环境温度。

例如：MAN B&W S46MC-C 型柴油机燃油凸轮与凸轮轴的装配，凸轮轴的直径为 $\phi 200_{-0.029}^{\ 0}$ mm，燃油凸轮的孔径为 $\phi 200_{-0.240}^{-0.194}$ mm，其装配过盈量 $\delta = 0.165 \sim 0.24$ mm，取红套的装配间隙为 $\Delta = 0.001D = 0.2$ mm（近似等于平均过盈量），为保险起见，过盈量取最大值，即 $\delta = 0.24$ mm，设环境温度 $t_0 = 25$℃，则红套时的加热温度为：

$$t = \frac{\Delta + \delta}{\lambda D} + t_0 = \frac{0.2 + 0.24}{1.1 \times 10^{-5} \times 200} + 25 = 225 \text{（℃）}$$

应当注意的是，以上计算得出的加热温度，前提是要求加热均匀，并应防止零件变形，因此通常采用烘箱电热或油煮等加热方式，且达到加热温度后，需再保温一段时间，才能进行装配。对于一些尺寸和重量较大的零件，采用气割火焰加热时，由于加热温度不均匀，零件各处的膨胀量不一样，则应适当提高加热温度。

2）事先备好内径测量样棒

为确保红套时的装配间隙，使装配能顺利完成，应事先准备好加热零件内径测量的样棒，在装配前，用样棒检查零件的内孔直径，确认达到要求后，再进行装配。

样棒可用 10~15 mm 圆钢做成，两端磨光磨尖，其长度为套合处的孔径应该膨胀到的预定套合尺寸，装配时只要样棒能通过，则可以进行套合。

3）红套定位工具

在红套时，零件安装的具体位置是有严格规定的，而红套过程要求能迅速准确，因此红套时一般要用定位工具来定位。如凸轮红套在凸轮轴上时，凸轮的轴向位置和圆周方向的位置均匀需要精确定位，为了操作方便，如图 6-4 所示，一般采用定位环来定位，其操作过程是：

① 在凸轮轴上划线，标记出凸轮的轴向和圆周方向的位置；

② 将凸轮轴在 V 形铁上固定好，并使需安装凸轮所对应的刻线朝上，在凸轮轴相应的位置安装定位环，并使定位环上的刻线对准凸轮轴上的刻线，这样可将凸轮轴上的刻线引至定位环上，以方便检查和调整。为方便拆装，定位环一般设计成

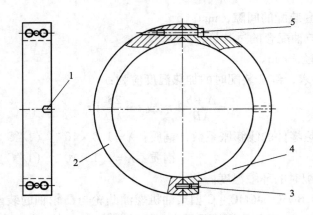

图 6-4 凸轮红套定位环

1—刻线槽及刻线；2—定位环下半块；3—定位销；4—定位环上半块；5—内六角螺栓

哈夫式；

③ 将凸轮加热到所需的温度后，迅速套入凸轮轴，并与定位环靠死，然后调整凸轮，使凸轮上规定的角度线与定位环上的刻线对准，等凸轮稍稍冷却后，便可以在凸轮轴上固定，这时即可拆下定位环。

4）红套操作时的注意事项

红套操作时首先应注意安全保护，零件较小，用手拿时，一定要戴石棉手套；零件较大时，需用吊具吊起，也应戴石棉手套操作，以免烫伤；加热后一定要用量棒检查后才能装配，套入时应迅速，一旦发现有问题时，应果断拆下重新加热红套。

2. 冷过盈装配

冷过盈装配也叫冷套，其方法是将被包容零件冷却，使其收缩，尺寸变小，然后立即将其装配，待恢复到常温后，则与配合的零件形成过盈配合。

冷过盈装配中，通常采用液氮作为冷却剂来冷却零件。液氮为低温液化气体，在标准大气压力下，其液氮沸点为 -195.65℃。

在柴油机的装配中，经常使用冷套技术。例如燃油、排气滚轮的装配中，销轴和滚轮导筒的配合为过盈配合，采用冷套；在排气阀驱动油缸的装配过程中，密封衬套与泵座是过盈配合，采用冷套。

冷套时应注意以下问题：

（1）冷却容器的选择。因为液氮是低温液化气体，温度非常低，很多材料在低温下会脆裂，因此选择冷却容器的材料应保证在这种低温下不发生脆裂，通常选用钢质材料做成的容器。另外，由于液氮在常温下就会气化，所以为节省液氮的使用量，对冷却容器还应适当的保温。

（2）安全问题。在冷套的操作过程中，应注意安全保护。在往冷却容器里加入液氮或将零件放进液氮过程中，由于温差非常大，液氮会迅速沸腾和飞溅，应注意避免液氮飞溅到皮肤上，造成冻伤，尤其是在夏天，穿着较少时，应更加小心。

（3）零件冷却时的放入和取出。零件在放进和取出时，应考虑好放入和取出的方法。由于冷套时，冷却的零件一般很小，可用细铁丝缠好后放进液氮中，细铁丝则露在外面，等冷却好后，戴上石棉手套，用细铁丝将零件取出，解下细铁丝后再安装。

（4）冷却情况检查。冷套时，被冷却的零件必须达到所需的冷却温度才能进行装配，与红套不同的是被冷却零件的温度是不便于测量检查的，只能通过观察零件与液氮的反应情况来判断零件的温度，一般当液氮不再沸腾时，说明零件的温度已接近液氮的温度，可以取出进行装配。因为液氮沸腾后即气化蒸发，当冷却容器较小时，一次装入的液氮量不足以将零件冷却到所需的温度，可分几次加入液氮，直到零件不再沸腾为止。

（5）冷却前应检查零件表面是否有伤痕，以免在冷却时，由于低温脆硬和热应力而产生裂纹。

实际工作中，零件的装配是采用红套还是冷套，应当从成本等诸多方面来选择，一般选择尺寸和重量较小的零件进行加热或冷却。

3. 液压过盈装配

当过盈配合的表面是锥面时，多采用液压扩孔装配的方法进行安装。例如 Sulzer 柴油机的燃油、排气凸轮装配以及凸轮轴段的联轴器安装等，均采用液压扩孔装配。

1）安装参数的确定方法

锥面配合的过盈量与配合锥面之间的相互位移有关，位移越大，过盈量就越大。因此要保证装配后使用正常，确保过盈量达到设计要求，就必须保证安装时，位移量达到相应的数值。为此必须确定相应的安装参数，安装时，当相应参数达到要求时，即可认为达到安装所需要的过盈量。

根据安装的方法不同，安装参数也不一样，如果安装零件的壁厚不均匀，通常采用确定配合零位的方法，来确定位移量；如果安装零件的壁厚均匀，则通常采用计算零件外径增大值的方法来确定位移量。

（1）零位问题。当 Sulzer 柴油机的燃油、排气凸轮装配时，为了获得准确的轴向压入量，燃油、排气凸轮与衬套配合的零线位置的确定是很重要的。在零线位置时凸轮内孔与衬套外圆正好完全接触，配合既没有间隙也没有过盈。确定零线位置的方法较多，使用得较多的是实测法。其测量方法是：

① 将凸轮和衬套清洗干净；

② 将凸轮置于平台上，孔的大端朝上，放入衬套，并在衬套上施加一个轴向

推力 F_0（或用加重的方法进行），此时将千分表表座吸在凸轮端面上，表针打到衬套的端面上，预压一定的量，注意表针要与衬套端面垂直，并将表盘的读数调节为零；

③ 将轴向力加大到 F_1，读出千分表反转的读数 l_1，即为衬套进入凸轮的距离。依此将轴向力加大到 F_2，F_3，…，F_i，同时读出千分表反转的读数 l_2，l_3，… l_i，一般 4～5 点即可；

④ 如图 6-5 所示，将轴向以 F 为纵坐标，以 l 为横坐标作 Fl 图，因为在弹性变形范围内，所以各点的连线为一直线，设连线的延长线与 l 轴交于 A 点，点 A 即为衬套与凸轮配合的轴向压入量的零位。

（2）联轴器外套外径增大量的计算。如果安装零件的壁厚均匀，则通常采用计算零件外径增大值的方法来确定位移量。图 6-6 为 Sulzer 型柴油机凸轮轴段的联轴器，联轴器由联轴器外套 1 和联轴器内套 2 两个零件组成，联轴器外套 1 与联轴器内套 2 之间是锥面配合，锥度一般为 1:80，联轴器内套与轴段之间有一定的间隙，安装时先将联轴器套入两个轴段，然后用液压使联轴器外套 1 相对于联轴器内套 2 产生一定的位移，便产生了过盈配合，由于过盈配合，使联轴器内套产生弹性变形，直径缩小，并紧箍在轴段上，联轴器内套 2 与凸轮轴段 3 之间产生一定的径向压力，此压力会使联轴器内套 2 与凸轮轴段之间产生静摩擦力，进而可以传递转矩。

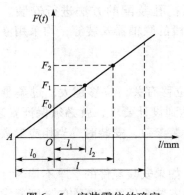

图 6-5 安装零位的确定

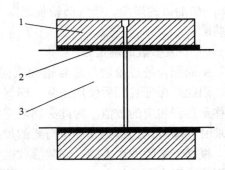

图 6-6 凸轮轴段联轴器
1—联轴器外套；2—联轴器内套；3—凸轮轴段

传递转矩的能力取决于静摩擦力的大小，而静摩擦力的大小取决于联轴器内套 2 与凸轮轴段 3 之间的径向压力和摩擦系数，在材料和环境一定的情况下，摩擦系数是一定的，如钢质材料之间，在干摩擦的情况下，摩擦系数为 0.14～0.15，因此传递转矩的能力取决于联轴器内套 2 与凸轮轴段 3 之间的径向压力。

联轴器内套 2 与凸轮轴段 3 之间的径向压力的大小，取决于联轴器内套 2 外锥面所承受的径向压力,而联轴器外套 1 在给联轴器内套 2 一个径向压力的同时,本身也会受到联轴器内套 2 的反作用力,即联轴器内套 2 也给联轴器外套 1 同样的径向压力,这个径向压力会使联轴器外套 1 的直径弹性增大,径向压力越大,联轴器外套 1 的直径弹性增大的数值越大。根据这个原理,可计算得出联轴器外套直径增大的量,在安装时,只要测量出联轴器外套 1 外圆直径的增大量达到计算的数值,即可认为安装到位。

2) 液压过盈装配的装配工艺

图 6-7 为 Sulzer RTA52U 型柴油机凸轮轴的 SKF 联轴器,其安装过程如下:

(1) 将所有待装零件去毛刺,清洗干净。在联轴器的配合锥面上涂一层干净的润滑油;

(2) 将两段凸轮轴段的标记对准;

(3) 连接两轴段时,两凸轮轴段之间的轴向间隙不可超过 1 mm,并且两轴段的圆周方向位置必须正确,可通过检查燃油凸轮的排列来确认;

(4) 将联轴器推入凸轮轴,按图 6-7 所示的轴向位置,将联轴器内套 2 定位;

(5) 将高压油软管 12 与高压油泵 11 以及联轴器外套 3 上的 R 环形空间接口连接好,打开接头附近的旋塞;

(6) 将手摇泵 13 安装在联轴器外套 3 上的 HPC 接头上,往安装间隙 P 处泵入液压油,直到安装间隙被挤压到联轴器内套 2 的厚端。用高压油泵 11 向环形空间 R 泵油,直到油从放气旋塞溢出;

(7) 关闭放气旋塞,用高压油泵 11 向环形空间 R 加压,驱使联轴器外套 3 向联轴器内套 2 的厚端移动,注意油泵的压力绝对不能超过 25 MPa。在装配过程中,应不断地用手摇泵 13 向安装间隙泵油,确保联轴器内套 2 与联轴器外套 3 之间始终有一层油膜存在。当联轴器外套 3 的外径增大量达到所需的数值后,可认为安装到位;

(8) 打开旋塞 5,释放安装间隙中的油压,使安装间隙中的液压油流回手摇泵 13 中,然后打开放泄阀 6,释放环形空间 R 中的油压;

(9) 拆除高压软管 12。用旋塞堵住油孔,并保证环形空间中剩余的油不会漏掉;

(10) 用螺栓 4 将锁归板安装妥当。注意,在首次安装时,必须先将螺母 7 拧紧,再用螺栓 4 安装好锁紧板 9。

联轴器安装完毕后,应测量联轴器内套 2 厚端伸出联轴器外套 3 的长度,并做记录,在以后的安装过程中,可不再测量联轴器外套 3 外圆的增大量,而直接测量联轴器内套 2 厚端伸出联轴器外套 3 的长度与记录尺寸相符即可。

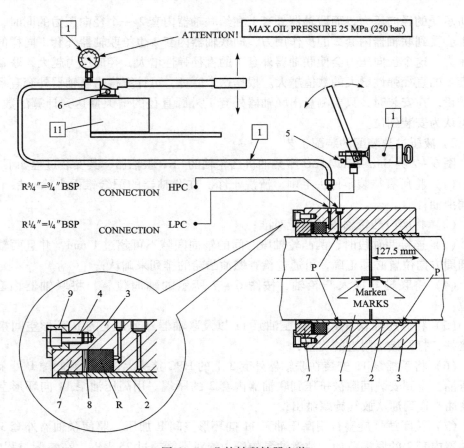

图 6-7 凸轮轴联轴器安装

1—凸轮轴；2—联轴器内套；3—联轴器外套；4—螺栓；5—旋塞；6—放泄阀；
7—螺母；8—密封环；9—锁紧板；10—油压表；16—高压油泵；12—高压软管；13—手摇泵；
P—安装间隙；R—环形空间；HPC—高压油接头；LPC—低压油接头

6.5 常用装配工具

机械装配离不开工具，在柴油机的装配过程中，除了使用一些通常用的工具外，还经常用一些专用的工夹具，如：双头螺栓紧固器、液压拉伸器、活塞环扩张器等。

6.5.1 紧固工具

柴油机的零件装配，大多采用螺纹连接，因此经常用到紧固工具。常用装配通用工具有梅花扳手、开口扳手、开口-梅花扳手、冲击梅花扳手、内六角扳手、右角螺丝刀、扭力扳手等。

图 6-8 所示的是各种用来拧紧螺栓、螺母的扳手，（a）～（e）用于外六方的螺栓、螺母，（f）用于六内方的螺栓。

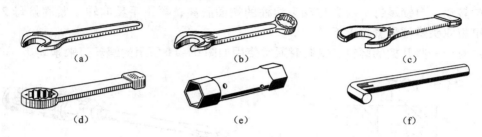

图 6-8　各种扳手

(a) 开口扳手；(b) 开口-梅花套扳手；(c) 开口冲击扳手；
(d) 梅花冲击扳手；(e) 双头管形六角扳手；(f) 六内角扳手

对于一些有力矩要求的紧固件，紧固时需要用力矩扳手，图 6-9 所示的即为力矩扳手。图中扭力扳杆（a）、接杆（b）、套筒（c）组合起来使用，通过使用不同型号的套筒（c）可适应不同螺栓、螺母紧固的需要，而开口扭力扳手（d）则只能适应某一种型号的螺栓或螺母。

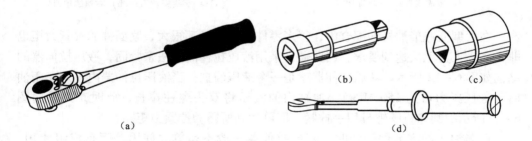

图 6-9　扭力扳手

(a) 扭力扳手；(b) 接杆；(c) 套筒；(d) 开口扭力扳手

在选择紧固用的工具时，应尽可能使用梅花扳手或套筒，因为它们的刚性较好，不易造成六方的损伤，而开口扳手的刚度相对就差一些，应尽可能少使用。

在种紧双头螺柱时，为紧固方便，一般采用双头螺柱紧固器来拧紧，其结构如图 6-10 所示。双头螺柱紧固器由紧固螺母 2 和自锁螺钉 1 两个零件组成，两零件用左牙螺纹（反螺纹）连接，紧固螺母 2 下部的螺纹与所需种紧的双头螺柱相配，紧固螺母 2 和自锁螺钉 1 的上方都铣有六方，以便使用梅花扳手或套筒来拧紧或松开。

种紧双头螺柱时，先将自锁螺钉1拧到适当位置，然后将紧固螺母2拧入双头螺柱，当自锁螺钉1的圆头顶住双头螺柱的端面时，由于自锁螺钉1与紧固螺母2是反螺纹，所以紧固螺母2会使自锁螺钉1与双头螺柱顶紧，从而带动双头螺柱转动，将其种紧。要拆除双头螺柱种紧器时，只需将自锁螺钉1顺着双头螺柱拧紧的方向转动，自锁螺钉1就会与双头螺柱的端面脱离，再用手反向转动紧固螺母2，即可将双头螺柱种紧器拆下。

对于一些开槽的螺钉，安装时通常使用如图6-11所示的螺丝刀来紧固。

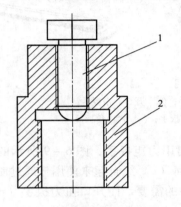
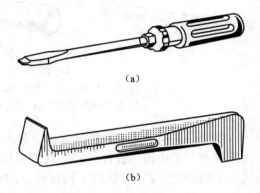

图6-10 双头螺柱紧固器
1—紧固螺母；2—自锁螺钉

图6-11 螺丝刀
（a）一字头螺丝刀；（b）右角螺丝刀

在大型低速柴油机的配合中，很多零件尺寸重量都很大，紧固件的拧紧力矩也非常高，人力无法达到要求，因此通常采用液压拉伸的方法来紧固，液压拉伸器的结构如图6-12所示。液压拉伸器就是一个液压油缸，当液压拉伸器内充入高压油时（液压压力可达150 MPa），油缸内的液压将双头螺柱拉长，此时，只需用图6-13所示的圆棒将圆螺母用手拧紧，即可达到所需的拧紧力矩。

在柴油机的零部件安装时，液压拉伸器一般不是单独使用，而是成组使用，即几个液压拉伸器同时使用，将所需拧紧的螺柱同时泵压拉伸，然后拧紧圆螺母，这样可使各个螺柱受力均匀。根据不同的要求，每组的数量不一样，如图6-14所示，某气缸盖安装时，是六个液压拉伸器一起使用，将六个气缸盖螺栓同时泵紧。

6.5.2 测量工具

在柴油机装配过程中，经常要做各种测量，除了常用的外径千分尺、量缸表、游标卡尺外，还使用如图6-15所示的各种通用的测量工具。

第6章 装配工艺基础

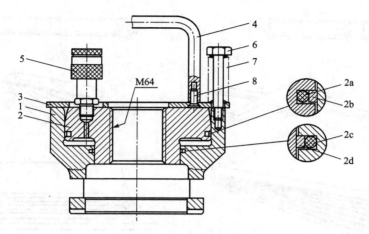

图 6 – 12　液压拉伸器

1—液压缸；2—活塞；2a—O形密封环；2b—滑环；2c—O形密封环；
2d—滑环；3—盖；4—把手；5—液压油接头；6—螺钉；7—弹簧；8—沉头螺钉

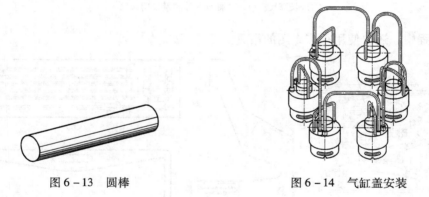

图 6 – 13　圆棒　　　　　　　　图 6 – 14　气缸盖安装

除此之外，还有很多专用的测量工具或模板，如图6–16和图6–17所示。

图6–16是一套用于测试气动元件的装置，包括空气泵a，压力表b、c、d，高压软管e，调整工具f和测量接头g、h等。

图6–17中，（a）是测规，用于检查排气阀杆盘的磨损；（b）是臂档表，用于检查曲柄臂的臂距差；（c）样板，用于测量活塞头部形状。

6.5.3　起吊工具

大型船用低速柴油机的零件较大，人力难以搬动和装配，很多情况下采用行车起吊，因此运用的起吊工具也很多。

图6–18所示的是常用的吊耳和钢丝绳。除了这些通用的吊具外，在柴油机的

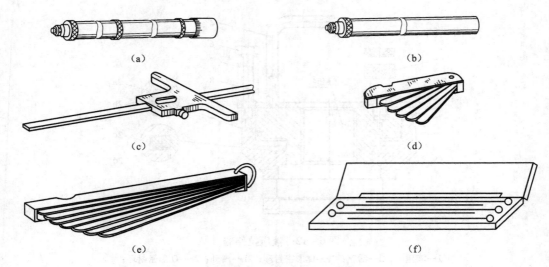

图 6-15 常用测量工具
(a) 内径千分尺；(b) 标准长度接杆；(c) 深度尺；(d) 短塞尺；
(e) 长塞尺；(f) 主轴承间隙测量专用塞尺

装配过程中，还要使用很多专用的吊具。

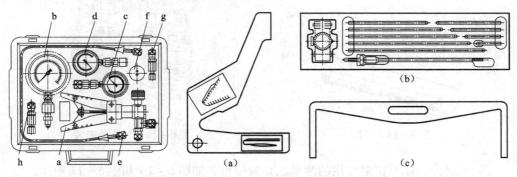

图 6-16 气动元件测试装置　　　图 6-17 各种专用量具、样板

图 6-19 所示是一个活塞组件的吊装工具，它有四个孔，可通过螺栓与活塞顶部的螺纹孔相连，用于活塞组件的安装和拆卸。图 6-20 所示为十字头组件的吊装工具，它安装在十字头与活塞杆连接的平面上，用于十字头组件组装时的起吊，也可用于十字头连杆组件在总装时的起吊。

6.5.4　其他专用工具

大型低速柴油机的专用装配工具很多，这里只介绍几项。

如图 6-21 所示，这是两种卡环钳，专用于各种卡环的安装。

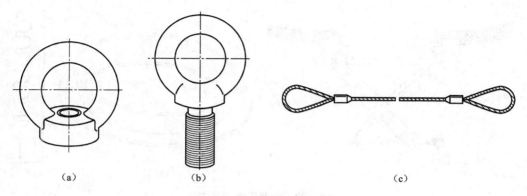

图 6-18 常用吊装工具
(a) 内螺纹吊耳;(b) 外螺纹吊耳;(c) 钢丝绳

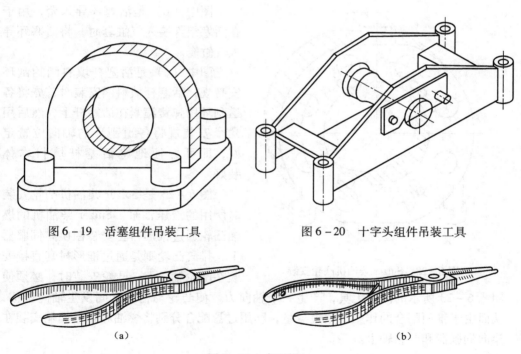

图 6-19 活塞组件吊装工具　　　　图 6-20 十字头组件吊装工具

图 6-21 卡环钳
(a) 内卡环钳;(b) 外卡环钳

  图 6-22 为一组活塞组件的安装工具,图中(a)是活塞环扩张器,专用于活塞环的安装和拆卸,当摇动摇把,使丝杆转动时,丝杆上一正一反的螺纹,就会带动杠杆及杠杆上的卡爪移动,使两卡爪之间的距离增大,从而将活塞环张开,将活塞环装入活塞环槽后,再反向转动丝杆,即可将活塞环安装好。

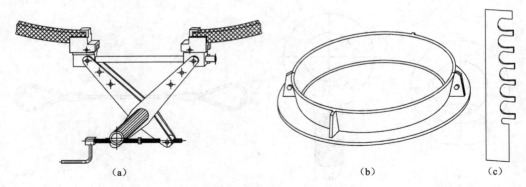

图 6-22 活塞组件安装工具

(a) 活塞环扩张器；(b) 活塞环导入套；(c) 活塞杆填料函的刮环安装规

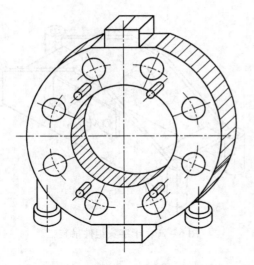

图 6-23 Sulzer 柴油机凸轮安装

图中（b）是活塞环导入套，用于在活塞组件装入气缸套时，将活塞环导入气缸套。

图中（c）是活塞杆填料函的刮环安装规，活塞杆填料函安装时首先将各道刮环用弹簧箍紧在活塞杆上，然后用几个安装规将各道刮环的轴向位置定好，即可方便地将活塞杆填料本体装好。

图 6-23 是 Sulzer 柴油机凸轮安装时所用的液压油缸。Sulzer 柴油机的燃油凸轮通过锥形衬套安装在换向伺服器上，排气凸轮则是通过锥形衬套直接安装在凸轮轴段上，凸轮安装时，必须使用图 6-23 所示的液压工具，产生一个轴向力，使凸轮与衬套之间发生轴向位移，从而由于锥面配合的作用产生过盈量，利用过盈配合分别将燃油和排气凸轮安装在换向伺服器和凸轮轴上。

实 训

一、简答题

1. 何谓零件、组件和部件，何谓机器的总装配？
2. 何谓装配精度？包括哪些内容？

3. 装配尺寸链是如何形成的？

4. 保证装配精度的方法有哪几种？各适用于什么场合？

5. 有一轴，孔配合，配合间隙为 +0.04 ~ +0.26 mm，已知轴的尺寸为 (50 − 0.1) mm，孔的尺寸为 (50 +0.02) mm，用完全互换法进行装配，能否保证装配精度？用大数互换法，能否保证精度？

6. 什么叫装配单元，为什么要把机器分成许多独立的装配单元，什么叫装配单元的基准零件？

7. 影响装配精度的主要因素是什么？

8. 简述制定装配工艺规程的内容和步骤。

9. 完全互换法、不完全互换法、分组互换法、修配装配法、调整装配法各有什么特点，各应用于什么场合？

二、单项选择

1. 装配系统图表示了（　　）。
A. 装配过程　　　B. 装配系统组成　　C. 装配系统布局　　D. 机器装配结构

2. 一个部件可以有（　　）基准零件。
A. 一个　　　　　B. 两个　　　　　　C. 三个　　　　　　D. 多个

3. 汽车、拖拉机装配中广泛采用（　　）。
A. 完全互换法　　B. 大数互换法　　　C. 分组选配法　　　D. 修配法

4. 高精度滚动轴承内外圈与滚动体的装配常采用（　　）。
A. 完全互换法　　B. 大数互换法　　　C. 分组选配法　　　D. 修配法

5. 机床主轴装配常采用（　　）。
A. 完全互换法　　B. 大数互换法　　　C. 修配法　　　　　D. 调节法

6. 装配尺寸链组成的最短路线原则又称（　　）原则。
A. 尺寸链封闭　　B. 大数互换　　　　C. 一件一环　　　　D. 平均尺寸最小

7. 修选配法通常按（　　）确定零件公差。
A. 经济加工精度　　　　　　　　　　B. 零件加工可能达到的最高精度
C. 封闭环　　　　　　　　　　　　　D. 组成环平均精度

8. 装配的组织形式主要取决于（　　）。
A. 产品重量　　　B. 产品质量　　　　C. 产品成本　　　　D. 生产规模

三、判断题

1. 零件是机械产品装配过程中最小的装配单元。

2. 套件在机器装配过程中不可拆卸。

3. 过盈连接属于不可拆卸连接。

4. 配合精度指配合间隙（或过盈）量大小，与配合面接触面大小无关。

5. 配合精度仅与参与装配的零件精度有关。

6. 采用固定调节法是通过更换不同尺寸的调节件来达到装配精度。

四、计算题

1. 一装配尺寸链如习图 6-1 所示，按等公差分配，用极值法求出各组成环公差并确定上下偏差。

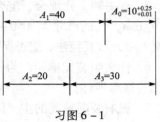

习图 6-1

2. 如习图 6-2 所示，车床装配时，已知主轴箱中心高尺寸 $A_1 = 200 \pm 0.1$，尾架体中心高尺寸 $A_2 = 150 \pm 0.1$，垫板厚度 $A_3 = 50^{+0.2}_{0}$。

（1）用上述三种部件装配一批车床时，用极值法计算该车床主轴中心线与尾架中心线间距分散范围。

（2）如要求尾架中心线比主轴中心线高 0.02~0.05，采用修刮垫板的方法，并要求最小修刮量有 0.05，垫板修刮前的制造公差仍为 +0.2，其公差尺寸应为多少？

（3）某一台产品，实测 $A_1 = 200.05$，$A_2 = 150.04$，要达到上述两中心高间距 0.02~0.05，垫板应刮研到什么尺寸？

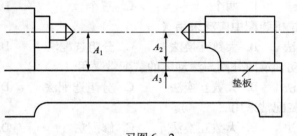

习图 6-2

第 7 章
机械加工质量技术分析

随着机器速度、负载的增高以及自动化生产的需要，对机器性能的要求也不断提高，因此保证机器零件具有更高的加工精度也越发显得重要。我们在实际生产中经常遇到和需要解决的工艺问题，多数也是加工精度问题。研究机械加工精度的目的是研究加工系统中各种误差的物理实质，掌握其变化的基本规律，分析工艺系统中各种误差与加工精度之间的关系，寻求提高加工精度的途径，以保证零件的机械加工质量，机械加工精度是本课程的核心内容之一。

7.1 机械加工精度

7.1.1 机械加工精度概述

1. 加工精度与加工误差

1）加工精度

加工精度是指零件加工后的实际几何参数（尺寸、形状和位置）与理想几何参数的符合程度。符合程度越高，加工精度越高。一般机械加工精度是在零件工作图上给定的，其包括：

① 零件的尺寸精度：加工后零件的实际尺寸与零件理想尺寸相符的程度。
② 零件的形状精度：加工后零件的实际形状与零件理想形状相符的程度。
③ 零件的位置精度：加工后零件的实际位置与零件理想位置相符的程度。

2）加工精度及其获得方法。由于在加工过程中有很多因素影响加工精度，所以同一种加工方法在不同的工作条件下所能达到的精度是不同的。任何一种加工方法，只要精心操作，细心调整，并选用合适的切削参数进行加工，都能使加工精度得到较大的提高，但这样会降低生产率，增加加工成本。加工误差 δ 与加工成本 C

成反比关系。某种加工方法的加工经济精度不应理解为某一个确定值，而应理解为一个范围，在这个范围内都可以说是经济的。

（1）获得尺寸精度的方法。

① 试切法。即试切—测量—再试切—直至测量结果达到图纸给定要求的方法。试切法生产效率低，但它不需要复杂的装置，加工精度主要取决于工人的技术水准和计量器具的精度，常用于单件小批量生产，特别是新产品试制。

② 定尺寸刀具法。用刀具的相应尺寸（如钻头、铰刀、扩刀等）来保证工件被加工部位尺寸精度的方法称为定尺寸刀具法。影响尺寸精度的主要因素有：刀具的尺寸精度、刀具与工件的位置精度等。定尺寸刀具法操作简便，生产效率高，加工精度也较稳定。可用于各种生产类型。

③ 调整法。按工件预先规定的尺寸调整好机床、刀具、夹具和工件之间的相对位置，并在一批工件的加工过程中保持这个位置不变，以保证获得一定尺寸精度的方法称为调整法。影响调整法精度的主要因素有：测量精度、调整精度、重复定位精度等。当生产批量较大时，调整法有较高的生产率。调整法对调整工的要求高，对机床操作工的要求不高，常用于成批生产和大量生产中。

④ 自动控制法。用测量装置、进给装置和控制系统组成一个自动加工系统，加工过程中的测量、补偿调整、切削等一系列工作依靠控制系统自动完成。基于程控和数控机床的自动控制法加工，其质量稳定，生产率高，加工柔性好，能适应多品种生产，是目前机械制造的发展方向和计算机辅助制造的基础。

（2）获得形状精度的方法。

① 轨迹法。利用切削运动中刀尖的运动轨迹形成被加工表面形状精度的方法称为轨迹法。刀尖的运动轨迹取决于刀具和工件的相对成形运动，因而所获得的形状精度取决于成形运动的精度。普通的车削、铣削、刨削、磨削均属于轨迹法。

② 仿形法。刀具按照仿形装置进给对工件进行加工的方法称为仿形法。仿形法所获得的形状精度取决于仿形装置的精度和其他成形运动精度。仿形车、仿形铣等均属仿形法加工。

③ 成形法。利用成形刀具对工件进行加工的方法称为成形法。成形刀具代替一个成形运动。所获得的形状精度取决于刀具的形状精度和其他成形运动精度。如用成形刀具或砂轮的车、铣、刨、磨、拉等均属于成形法。

④ 展成法。利用工件和刀具作展成切削运动进行加工的方法成为展成法。被加工表面是工件和刀具作展成切削运动过程中所形成的包络面，刀刃形状必须是被加工面的共轭曲线。所获得的形状精度取决于刀具的形状精度和展成运动精度。如滚齿、插齿、磨齿、滚花键等均属于展成法。

（3）获得位置精度的方法。工件的位置要求的保证取决于工件的装夹方法及其精度。工件的装夹方式有：

① 直接找正装夹。将工件直接放在机床上，用划针、百分表和直角尺或通过目测直接找正工件在机床上的正确位置之后再夹紧。图7-1（a）所示为用四爪卡盘装夹套筒，先用百分表按工件外圆 A 找正，再夹紧工件进行加工外圆 B，保证 A、B 圆柱面的同轴度。此法生产效率极低，对工人技术水准要求高，一般用于单件小批量生产中。

② 划线找正装夹。工件在切削加工前，预先在毛坯表面上划出加工表面的轮廓线，然后按所划的线将工件在机床上找正（定位）再夹紧。如图7-1（b）所示的车床床身毛坯，为保证床身各加工面和非加工面的位置尺寸及各加工面的余量，可先在钳工台上划好线，然后在龙门刨床工作台上用千斤顶支承床身毛坯，用划针按线找正并夹紧，再对床身底平面进行刨削加工。由于划线找正既费时，又需技术水准高的划线工，定位精度较低，故划线找正装夹只用于批量不大、形状复杂而笨重的工件，或毛坯尺寸公差很大而无法采用夹具装夹的工件。

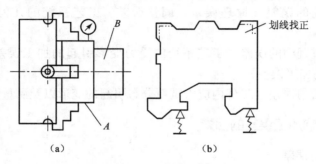

图7-1 工件找正装夹
（a）直接找正；（b）划线找正

③ 用夹具装夹。夹具是用于装夹工件的工艺装备。夹具固定在机床上，工件在夹具上定位、夹紧以后便获得了相对刀具的正确位置。因此工件定位方便，定位精度高而稳定，生产率高，广泛用于大批和大量生产中。

3）加工误差

实际加工不可能做得与理想零件完全一致，总会有大小不同的偏差，零件加工后的实际几何参数对理想几何参数的偏离程度，称为加工误差。加工误差的大小表示了加工精度的高低。生产实际中用控制加工误差的方法来保证加工精度。

2. 研究机械加工精度的方法

因素分析法：通过分析、计算或实验、测试等方法，研究某一确定因素对加工精度的影响。一般不考虑其他因素的同时作用，主要是分析各项误差单独的变化规律；

统计分析法：运用数理统计方法对生产中一批工件的实测结果进行数据处理，用以控制工艺过程的正常进行。主要是研究各项误差综合的变化规律，只适合于大批量的生产条件。

在实际生产中,常把两种方法结合起来使用。单因素分析方法可以帮助获得误差因素的影响规律。统计分析法寻找判断产生加工误差的可能原因,然后运用单因素分析法,找出影响加工精度的主要原因,以便采取有效的工艺措施提高加工精度。

3. 原始误差

在机械加工中,机床、夹具、工件和刀具构成的系统称为工艺系统。由于工艺系统本身的结构和状态、操作过程以及加工过程的物理力学现象而产生的刀具和工件之间的相对位置关系发生偏移的各种因素称为原始误差。这些误差在各种不同的具体工作条件下都会以各种不同的方式(或扩大、或缩小)反映为工件的加工误差。

工艺系统的原始误差主要有:

(1) 加工前的误差(原理误差、调整误差、工艺系统的几何误差、定位误差);

(2) 加工过程中的误差(工艺系统的受力变形引起的加工误差、工艺系统的受热变形引起的加工误差);

(3) 加工后的误差(工件内应力重新分布引起的变形以及测量误差)等。

7.1.2 影响加工误差的因素

1. 加工原理误差

由于采用近似的加工运动或近似的刀具轮廓所产生的加工误差,称为加工原理误差。

(1) 采用近似的刀具轮廓形状:用成型刀具加工复杂的曲面时,要使刀具刃口做的完全符合理论曲线的轮廓,有时非常困难,往往采用圆弧、直线等简单近似的线形代替理论曲线。例如:模数铣刀铣齿轮。

(2) 采用近似的加工运动:在许多场合,为了得到一定要求的工件表面,必须在工件或刀具的运动之间建立一定的联系。从理论上讲,应采用完全准确的运动联系。但是,采用理论上完全准确的加工原理有时使机床或夹具的结构极为复杂,致使制造困难,反而难以达到较高的加工精度,有时甚至是做不到的。例如:车削蜗杆时,由于蜗杆螺距 $Pg = \pi n$,而 $\pi = 3.1415926\cdots$,是无理数,所以螺距值只能用近似值代替。因而,刀具与工件之间的螺旋轨迹是近似的加工运动。

2. 机床调整误差

机床调整是指使刀具的切削刃与定位基准保持正确位置的过程。主要包括:

(1) 进给机构的调整误差:主要指进刀位置误差;

(2) 定位组件的位置误差:使工件与机床之间的位置不正确,而产生误差;

(3) 范本（或样板）的制造误差：使对刀不准确。

3. 装夹误差

工件在装夹过程中产生的误差，为装夹误差。装夹误差包括定位误差和夹紧误差。

定位误差是指一批工件采用调整法加工时因定位不正确而引起的尺寸或位置的最大变动量。定位误差由基准不重合误差和定位副制造不准确误差造成。

1) 基准不重合误差

在零件图上用来确定某一表面尺寸、位置所依据的基准称为设计基准。在工序图上用来确定本工序被加工表面加工后的尺寸、位置所依据的基准称为工序基准。一般情况下，工序基准应与设计基准重合。在机床上对工件进行加工时，须选择工件上若干几何要素作为加工（或测量）时的定位基准（或测量基准），如果所选用的定位基准（或测量基准）与设计基准不重合，就会产生基准不重合误差。基准不重合误差等于定位基准相对于设计基准在工序尺寸方向上的最大变动量。

定位基准与设计基准不重合时所产生的基准不重合误差，只有在采用调整法加工时才会产生，在试切法加工中不会产生。

2) 定位副制造不准确误差

工件在夹具中的正确位置是由夹具上的定位组件来确定的。夹具上的定位组件不可能按基本尺寸制造得绝对准确，它们的实际尺寸（或位置）都允许在分别规定的公差范围内变动。同时，工件上的定位基准面也会有制造误差。工件定位面与夹具定位组件共同构成定位副，由于定位副制造得不准确和定位副间的配合间隙引起的工件最大位置变动量，称为定位副制造不准确误差。

基准不重合误差的方向和定位副制造不准确误差的方向可能不相同，定位误差取为基准不重合误差和定位副制造不准确误差的向量和。

4. 工艺系统集合误差

1) 机床的几何误差

加工中刀具相对于工件的成形运动一般都是通过机床完成的，因此，工件的加工精度在很大程度上取决于机床的精度。机床制造误差对工件加工精度影响较大的有：主轴回转误差、导轨误差和传动链误差。机床的磨损将使机床工作精度下降。

(1) 主轴回转误差。机床主轴是装夹工件或刀具的基准，并将运动和动力传给工件或刀具，主轴回转误差将直接影响被加工工件的精度。

主轴回转误差是指主轴各瞬间的实际回转轴线相对其平均回转轴线的变动量。它可分解为径向圆跳动、轴向窜动和角度摆动三种基本形式。

① 产生主轴径向回转误差的主要原因有：主轴几段轴颈的同轴度误差、轴承本身的各种误差、轴承之间的同轴度误差、主轴挠度等。但它们对主轴径向回转精度的影响大小随加工方式的不同而不同。采用滑动轴承作支承时，主轴以其轴颈在

轴承孔内旋转。对于车床类机床，在加工过程中，主轴的受力方向是一定的，主轴轴颈被切削力压向轴承孔表面的固定地方。这时主轴轴颈的不同部位和轴承孔内的某一固定部位相接触，所以轴颈的圆度误差会使主轴回转产生纯径向跳动，而轴承孔的形状误差对主轴回转精度的影响很小。如图 7 – 2（a）所示。对于镗床类机床，作用在主轴上的切削力是随镗刀的旋转而转动的，轴颈上的某一固定部位与轴承孔表面的不同部位相接触，因此轴承孔的圆度误差会引起镗床主轴的纯径向跳动，而镗床主轴轴颈形状误差对主轴回转精度的影响不大，如图 7 – 2（b）所示。

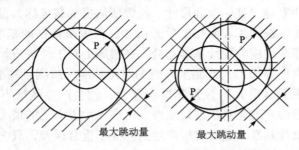

图 7 – 2　滑动轴承对主轴回转精度的影响

主轴采用滚动轴承作支承时，引起主轴纯径向跳动的因素较多，除了轴承本身的精度外，还与轴承相配合件的精度有关。滚动轴承外圈和内圈的滚道形状精度和位置精度对主轴纯径向跳动的影响与滑动轴承类似。滚动体的形状误差和尺寸的不一致会造成主轴的纯径向跳动。当直径较大的滚动体位于左边时，会使内圈右移，即主轴位置右移；相反，当直径较大的滚动体位于右边时，会使内圈位置左移，即主轴位置左移。由于滚动体保持架的转速低于内圈的转速，因此，它所引起的纯径向跳动频率较低。滚动轴承的间隙对主轴的纯径向跳动也是有影响。轴承内圈是薄壁零件，受力后很容易变形，主轴轴颈的圆度误差将导致内圈变形而引起主轴的纯径向跳动。同理，轴承外圈也是薄壁零件，装到箱体孔中后，箱体孔的圆度误差也将引起外圈滚道产生变形，引起主轴的纯径向跳动。

② 主轴回转精度对加工精度的影响。考察原始误差对加工误差的影响要分析误差的敏感方向和非敏感方向。加工误差对加工精度影响最大的方向，为误差的敏感方向。一般称法线方向为误差的敏感方向，切线方向为非敏感方向。例如：车削外圆柱面，加工误差敏感方向为外圆的直径方向。下面以在镗床上镗孔、车床上车外圆为例来说明主轴回转误差对加工精度的影响。

镗削加工：镗刀回转，工件不转。

假设由于主轴的纯径向跳动而使轴线在 y 坐标方向作简谐运动（图 7 – 3），其频率与主轴转速相同，简谐幅值为 A；则：

$$Y = A\cos\varphi \quad (\varphi = \omega t)$$

且主轴中心偏移最大（等于 A）时，镗刀尖正好通过水平位置 1 处。

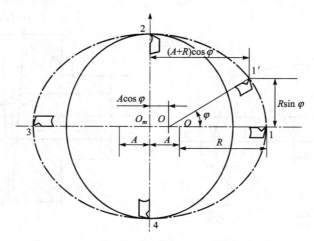

图 7-3　镗孔时纯径向跳动对加工精度的影响

当镗刀转过一个 φ 角时（位置 1'），刀尖轨迹的水平分量和垂直分量分别计算得：

$$X = A\cos\varphi + R\cos\varphi = (A+R)\cos\varphi$$
$$Y = R\sin\varphi$$

将上面两式平方相加得：

$$\frac{Y^2}{(A+R)^2} + \frac{Y^2}{R^2} = 1$$

表明此时镗出的孔为椭圆形。

车床加工：工件回转，刀具移动。

假设主轴轴线沿 y 轴作简谐运动（图 7-4），在工件的 1 处（主轴中心偏移最大之处）切出的半径比在工件的 2、4 处切出的半径小一个幅值 A；在工件的 3 处切出的半径比在工件的 2、4 处切出的半径大一个幅值 A。

这样，上述四点工件的直径都相等，其他各点直径误差也很小，所以车削出的工件表面接近于一个真圆。

$$Y^2 + Z^2 = R^2 + A^2\sin^2\varphi$$

由此可见，主轴的纯径向跳动对车削加工工件的圆度影响很小。

产生轴向窜动的主要原因是主轴轴肩端面和轴承承载端面对主轴回转轴线有垂直度误差。主轴的轴向窜动对车内、外圆的加工精度没有影响，但加工端面时，会使加工的端面与内外圆轴线产生垂直度误差。

主轴每转一周，要沿轴向窜动一次，使得切出的端面产生平面度误差（图

7-5)。当加工螺纹时,会产生螺距误差。

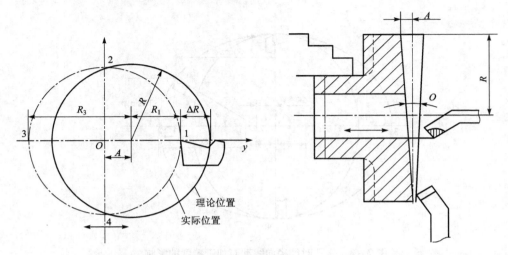

图7-4 车削时纯径向跳动对加工精度的影响　　图7-5 主轴轴向窜动对车端面的影响

主轴纯角度摆动对加工精度的影响,取决于不同的加工内容。

车削加工时工件每一横截面内的圆度误差很小,但轴平面有圆柱度误差(锥度)。

车外圆:得到圆形工件,但产生圆柱度误差(锥体)

车端面:产生平面度误差

镗孔时,由于主轴的纯角度摆动使得主轴回转轴线与工作台导轨不平行,使镗出的孔呈椭圆形,如图7-6所示。

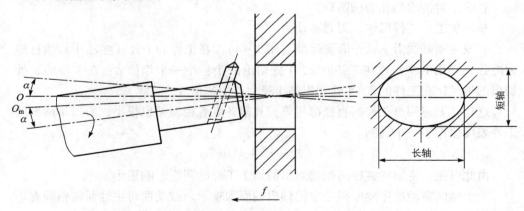

图7-6 主轴纯角度摆动对镗孔精度的影响

提高主轴回转精度的措施:主要是要消除轴承的间隙。适当提高主轴及箱体的制造精度，选用高精度的轴承，提高主轴部件的装配精度，对高速主轴部件进行平衡，对滚动轴承进行预紧等，均可提高机床主轴的回转精度。

（2）导轨误差。导轨是机床上确定各机床部件相对位置关系的基准，也是机床运动的基准。车床导轨的精度要求主要有以下三个方面：在水平面内的直线度；在垂直面内的直线度；前后导轨的平行度（扭曲）。

① 导轨在水平面内的直线度误差：卧式车床导轨在水平面内的直线度误差 ΔY 将直接反映在被加工工件表面的法线方向（加工误差的敏感方向）上，对加工精度的影响最大。容易使工件产生圆柱度误差，如图 7-7 所示。

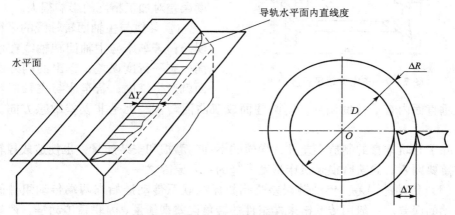

图 7-7 车床导轨在水平面内直线度引起的误差

② 导轨在垂直平面内的直线度误差：卧式车床导轨在垂直面内的直线度误差 ΔZ 可引起被加工工件的形状误差和尺寸误差。但 ΔZ 对加工精度的影响要比 ΔY 小得多，如图 7-8 所示。

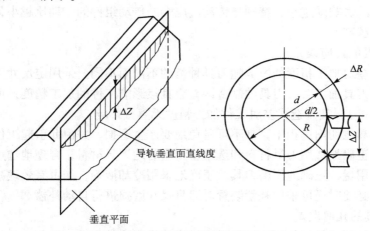

图 7-8 车床导轨在垂直面内直线度引起的加工误差

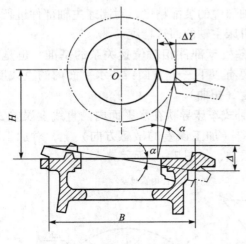

图 7-9 车床导轨平行度误差

③ 前后导轨存在平行度误差（扭曲）时，刀架运动时会产生摆动，刀尖的运动轨迹是一条空间曲线，使工件产生形状误差。由图 7-9 可见，当前后导轨有了扭曲误差 Δ 之后，由几何关系可求得 $\Delta Y \approx (H/B)\Delta$。一般车床的 $H/B \approx 2/3$，外圆磨床的 $H/B \approx 1$，车床和外圆磨床前后导轨的平行度误差对加工精度的影响很大。

④ 导轨与主轴回转轴线的平行度误差：若车床与主轴回转轴线在水平面内有平行度误差，车出的内外圆柱面就产生锥度；若车床与主轴回转轴线在垂直面内有平行度误差，则圆柱面成双曲回转体。因是非误差敏感方向，故可略。

除了导轨本身的制造误差外，导轨的不均匀磨损和安装质量，也使造成导轨误差的重要因素。导轨磨损是机床精度下降的主要原因之一。

(3) 传动链误差。传动链误差是指机床内联系传动链始末两端传动组件间相对运动的误差。一般用传动链末端组件的转角误差来衡量。内联系传动链：两端件之间的相对运动量有严格要求的传动链，为内联系传动链。例如：车削螺纹的加工，主轴与刀架的相对运动关系不能严格保证时，将直接影响螺距的精度。

减少传动链传动误差的措施：① 减少传动件的数目，缩短传动链：传动组件越少，传动累积误差就越小，传动精度就越高。② 传动比越小，传动组件的误差对传动精度的影响就越小：特别是传动链尾端的传动组件的传动比越小，传动链的传动精度就越高。

2) 刀具的几何误差

刀具误差对加工精度的影响随刀具种类的不同而不同。采用定尺寸刀具、成形刀具、展成刀具加工时，刀具的制造误差会直接影响工件的加工精度；而对一般刀具（如车刀等），其制造误差对工件加工精度无直接影响。

任何刀具在切削过程中，都不可避免地要产生磨损，并由此引起工件尺寸和形状地改变。正确地选用刀具材料和选用新型耐磨地刀具材料，合理地选用刀具几何参数和切削用量，正确地刃磨刀具，正确地采用冷却液等，均可有效地减少刀具的尺寸磨损。必要时还可采用补偿装置对刀具尺寸磨损进行自动补偿。

3) 夹具的几何误差

夹具的作用是使工件相当于刀具和机床具有正确的位置，因此夹具的制造误差对工件的加工精度（特别是位置精度）有很大影响。夹具误差包括：① 夹具各组件之间的位置误差；② 夹具中各定位组件的磨损。

7.1.3 加工过程中存在的误差

1. 工艺系统受力变形引起的误差

1）基本概念

机械加工工艺系统在切削力、夹紧力、惯性力、重力、传动力等的作用下，会产生相应的变形，从而破坏了刀具和工件之间的正确的相对位置，使工件的加工精度下降。如图 7 - 10（a）示，车细长轴时，工件在切削力的作用下会发生变形，使加工出的轴出现中间粗两头细的情况；又如在内圆磨床上进行切入式磨孔时，如图 7 - 10（b），由于内圆磨头轴比较细，磨削时因磨头轴受力变形，而使工件孔呈锥形。

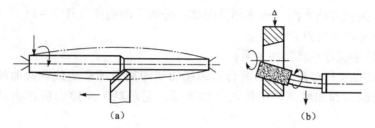

图 7 - 10 工件受力变形

垂直作用于工件加工表面（加工误差敏感方向）的径向切削分力 F_y 与工艺系统在该方向上的变形 y 之间的比值，称为工艺系统刚度 k，

$$K = \frac{F_y}{Y}$$

式中的变形 Y 不只是由径向切削分力 F_y 所引起，垂直切削分力 F_z 与走刀方向切削分力 F_x 也会使工艺系统在 y 方向产生变形，故：

$$Y = Y_{F_x} + Y_{F_y} + Y_{F_z}$$

2）工件刚度

工艺系统中如果工件刚度相对于机床、刀具、夹具来说比较低，在切削力的作用下，工件由于刚度不足而引起的变形对加工精度的影响就比较大，其最大变形量可按材料力学有关公式估算。

对于夹一头一端悬空的可按悬臂梁刚度公式估算：$Y_{\text{工件}} = \frac{F_y L^3}{3EI}$　　$K_{\text{工件}} = \frac{3EI}{L^3}$

对于两顶或一夹一顶的可按简支梁刚度公式估算：$Y_{\text{工件}} = \frac{F_y L^3}{48EI}$　　$K_{\text{工件}} = \frac{48EI}{L^3}$

式中　　L——工件的长度（mm）；

　　　　E——材料的弹性模量（N/mm²）；

　　　　I——工件截面的惯性矩（mm⁴）；

　　　　$Y_{工件}$——外力在梁上的最大位移（mm）。

3）刀具刚度（$K_{刀具}$）

对于外圆车刀在加工表面法线（y）方向上的刚度很大，其变形可以忽略不计。镗直径较小的内孔，刀杆刚度很差，刀杆受力变形对孔加工精度就有很大影响。刀杆变形也可以按材料力学有关公式估算。

4）机床部件刚度

（1）机床部件刚度。机床刚度是机床各部分抵抗变形的能力，机床刚度不足会使工件工艺系统变形增大，产生加工误差。

机床部件由许多零件组成，机床部件刚度迄今尚无合适的简易计算方法，目前主要还是用实验方法来测定机床部件刚度。分析实验曲线（图7-11）可知，机床部件刚度具有以下特点：

① 变形与载荷不成线性关系；

② 加载曲线和卸载曲线不重合，卸载曲线滞后于加载曲线。两曲线间所包容的面积就是载入和卸载循环中所损耗的能量，它消耗于摩擦力所作的功和接触变形功；

③ 第一次卸载后，变形恢复不到第一次加载的起点，这说明有残余变形存在，经多次加载卸载后，加载曲线起点才和卸载曲线终点重合，残余变形才逐渐减小到零；

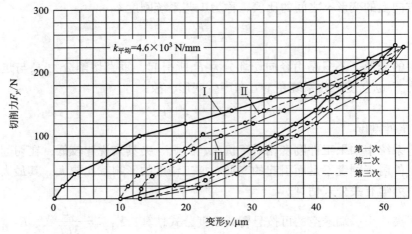

图7-11　车床刀架部件的刚度曲线

Ⅰ——次加载；Ⅱ—二次加载；Ⅲ—三次加载

④ 机床部件的实际刚度远比我们按实体估算的要小。

(2) 影响机床部件刚度的因素。

① 连接面接触变形的影响。连接表面的接触刚度将随着法向载荷的增加而增大，并受接触表面材料、硬度、表面粗糙度、表面纹理方向，以及表面集合形状误差等因素的影响。

② 摩擦力的影响；

③ 低刚度零件的影响；

④ 间隙的影响。

5) 工艺系统刚度及其对加工精度的影响

在机械加工过程中，机床、夹具、刀具和工件在切削力作用下，都将分别产生变形 $Y_{机}$、$Y_{夹}$、$Y_{刀}$、$Y_{工}$，致使刀具和被加工表面的相对位置发生变化，使工件产生加工误差。工艺系统刚度的倒数等于其各组成部分刚度的倒数和。

工艺系统刚度对加工精度的影响主要有以下几种情况：

(1) 由于工艺系统刚度变化引起的误差。工艺系统的刚度随受力点位置的变化而变化。从而引起系统变形差异，使零件产生加工误差。

① 在两顶尖间车削短而粗的轴时，由于工件刚度较大，在切削力作用下的变形相对机床、夹具和刀具的变形要小很多，故可以忽略不计。此时，工艺系统的总变形完全取决于机床床头、尾架（包括顶尖）和刀架（包括刀具）的变形，工件产生的误差为双曲线圆柱度误差。

② 在两顶尖间车削细长轴时，由于工件细长，刚度小，在切削力作用下，其变形大大超过机床夹具和刀具的受力变形。因此，机床、夹具和刀具的受力变形可以忽略，工艺系统的变形完全取决于工件的变形，工件产生腰鼓形圆柱度误差。

(2) 由于切削力变化引起的误差。加工过程中，由于工件的加工余量发生变化、工件材质不均等因素引起的切削力变化，使工艺系统变形发生变化，从而产生加工误差。

若毛坯 A 有椭圆形状误差（如图 7 – 12）。让刀具调整到图上双点划线位置，由图可知，在毛坯椭圆长轴方向上的背吃刀量为 a_{p1}，短轴方向上的背吃刀量为 a_{p2}。由于背吃刀量不同，切削力不同，工艺系统产生的让刀变形也不同，对应于 a_{p1} 产生的让刀为 y_1，对应于 a_{p2} 产生的让刀为 y_2，故加工出来的工件 B 仍然存在椭圆形状误差。由于毛坯存在圆度误差 $\Delta_{毛} = a_{p1} - a_{p2}$，因而引起了工件的圆度误差 $\Delta_{工} = y_1 - y_2$，且 $\Delta_{毛}$ 愈大，$\Delta_{工}$ 愈大，这种现象称为加工过程中的毛坯误差复映现象。$\Delta_{工}$ 与 $\Delta_{毛}$ 之比值 ε 称为误差复映系数，它是误差复映程度的度量。

尺寸误差（包括尺寸分散）和形状误差都存在复映现象。如果我们知道了某加工工序的复映系数，就可以通过测量毛坯的误差值来估算加工后工件的误差值。

(3) 由于夹紧变形引起的误差。工件在装夹过程中，如果工件刚度较低或夹紧力的方向和施力点选择不当，将引起工件变形，造成相应的加工误差。

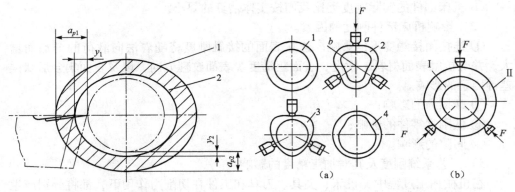

图 7-12 毛坯形状误差复映　　图 7-13 夹紧不当引起的工件变形

6）减小工艺系统受力变形的途径

由前面对工艺系统刚度的论述可知，若要减少工艺系统变形，就应提高工艺系统刚度，减少切削力并压缩它们的变动幅值。具体如下：

（1）提高工艺系统刚度。

① 提高工件和刀具的刚度，减小刀具、工件的悬伸长度，以提高工艺系统的刚度。有些工件因其自身刚度很差，加工中将产生变形因而引起加工误差，因而必须设法提高工件自身的刚度。常用的方法有：采用跟刀架或中心架，以减少工件的支撑长度；采用反走刀法，使工件从原来的轴向受压变为轴向受拉，也可以提高工件和刀具的刚度。

② 减小机床间隙，提高机床刚度：采用预加载荷，使有关配合产生预紧力，而消除间隙。

③ 采用合理的装夹方式和加工方式。对于薄壁件，夹紧时应选择适当的夹紧方法和夹紧部位，否则会产生很大的形状误差。如图 7-14 所示磨削薄板工件，由

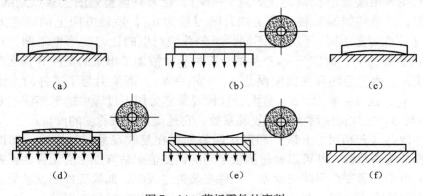

图 7-14 薄板零件的磨削

于工件本身有形状误差，用电磁吸盘吸紧时，工件将产生弹性变形，磨削后松开工件，因为弹性恢复工件表面仍有形状误差（翘曲）。解决办法是在工件和电磁吸盘之间垫入一橡皮（厚度0.5 mm以下）。当吸紧时，橡皮被压缩，工件变形减少，经过几次反复磨削，逐渐修正工件的翘曲，将工件磨平。

（2）减小切削力及其变化。合理地选择刀具材料，增大前角和主偏角，适当减少进给量和切削深度，对工件材料进行合理的热处理以改善材料地加工性能等，都可使切削力减小。

2. 工艺系统受热变形引起的误差

工艺系统热变形对加工精度的影响比较大，特别是在精密加工和大件加工中，由热变形所引起的加工误差有时可占工件总误差的40%～70%。机床、刀具和工件受到各种热源的作用，温度会逐渐升高，同时它们也通过各种传热方式向周围的物质和空间散发热量。当单位时间传入的热量与其散出的热量相等时，工艺系统就达到了热平衡状态。

1）工艺系统的热源

热总是由高温处向低温处传递。热的传递方式有三种：传导传热、对流传热和辐射传热。

引起工艺系统的热变形的热源可分为内部热源和外部热源两大类。内部热源主要指切削热和摩擦热，它们产生于工艺系统内部，属于传导传热；外部热源主要是指环境温度和各种热辐射，属于对流传热，它对大型和精密件的加工影响较大。

切削热是工件和刀具变形的主要热源，而摩擦热是机床变形的主要热源。

2）工艺系统受热变形引起的误差：

（1）工件受热变形。切削加工中，工件的热变形主要由切削热引起，有些大型精密零件同时还受环境温度的影响。由于工件形状、尺寸以及加工方法的不同，传入工件的热量也不一致，其温升和热变形对加工精度的影响也不尽相同。例如，轴类零件在切削或磨削加工时，一般是均匀受热，温度逐渐升高，其直径逐渐增大，增大部分将被刀具切去，故当工件冷却后，形成圆柱度和径向及轴向尺寸误差。细长轴在顶尖间车削时，热变形将引起工件内部的热应力，造成工件受热伸长导致其弯曲变形。精密丝杠磨削时，工件的热变形引起螺距累积误差。床身导轨的磨削，由于零件的加工面与底面的温差所引起的热变形也很大的。

工件粗加工时的热变形，一般不引起人们的注意，但在流水线、自动线以及工序高度集中的加工中，应给予足够的重视，否则将给紧接着的精加工工序带来很大的危害。例如，某厂在流水线上加工箱体类零件的孔系时，粗镗孔后接着进入精镗工序，由于粗精工序停留时间太短，粗加工的热变形精镗时尚未稳定，精镗后，零件内部的热效应还继续作用，从而造成孔的尺寸和形状误差。

（2）刀具热变形。切削过程中，一部分切削热传给刀具，尽管这部分热量很少（高速切削时只占1%~2%），但由于刀体较小，热容量较小，因此，刀具的温度可以升的很高，高速钢车刀的工作表面温度可达700℃~800℃。刀具受热伸长量一般情况下可达0.03~0.05 mm，从而产生加工误差，影响加工精度。

不过一般来说，刀具能迅速达到热平衡，刀具的磨损又能与刀具的受热伸长进行部分的补偿，故刀具热变形对加工质量的影响并不显著。

（3）机床受热变形。由于各种机床的结构不同，热量分布不均匀，从而各部件产生的热变形不同，所以各种机床对于工件加工精度的影响方式和影响结果也各不相同。

对于龙门刨床、导轨磨床等大型机床，由于床身较长，如导轨面与底面间稍有温差，就会产生较大的弯曲变形，故床身的热变形是影响加工精度的主要因素，摩擦热和环境温度是其主要热源。例如一台长12 m、高0.8 m的导轨磨床的床身，若导轨面与床身底面温差为1℃时，其弯曲变形量可达0.22 mm。床身上下表面产生温差的原因，不仅是由于工作台运动时导轨面摩擦发热所致，环境温度的影响也是主要原因之一。例如在夏天，地面温度一般低于车间室温，因此床身中凸，冬天则地面温度高于车间室温，因此床身中凹。

对于车、铣、钻、镗类机床，主轴箱中的齿轮、轴承的摩擦发热、主轴箱中油池的发热是其主要热源，使主轴箱及与其相结合的床身或立柱的温度升高而产生较大的热变形，图7-15所示为常见的几种机床的热变形趋势：图（a）是车床的热变形趋势，图（b）是铣床的热变形趋势，图（c）是平面磨床的热变形趋势，图（d）是双端面铣床的热变形趋势。

3）减小工艺系统热变形的途径

（1）减少发热和隔热。为减少机床的热变形，凡是可能分离出去的热源，如电动机、变速箱、液压系统、冷却系统等，均应移出。对于不能分离的热源，如主轴轴承、丝杠螺母副、高速运动的导轨副等，则可以从结构、润滑等方面改善其摩擦特性，减少发热；也可用隔热材料将发热部件和机床大件（如床身、立柱等）隔离开来。

对于发热量大的热源，如果既不能从机床内移出，又不便隔热，则可采用冷却措施，如增加散热面积或使用强制式的风冷、水冷、循环润滑等，控制机床的局部温升和热变形。

（2）改善散热条件。单纯地减少温升有时不能收到满意的效果，可采用热补偿的方法使机床的温度场比较均匀，从而使机床产生不影响加工精度的均匀变形。

（3）控制温度变化，均衡温度场。由于工艺系统温度变化，引起工艺系统热变形，从而产生加工误差，并且具有随机性。因而，必须采取措施控制工艺系统温度变化，保持温度稳定。使热变形产生的加工误差具有规律性，便于采取相应措置予以补偿。如图7-16所示立轴平面磨床，为了平衡主轴箱发热对立柱前壁的影

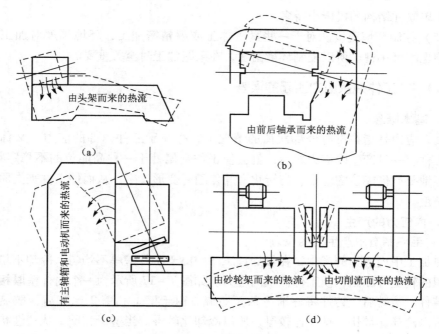

图 7-15 机床受热变形
(a) 车床；(b) 铣床；(c) 立式平面磨床；(d) 双端面铣床

响，用管道将主轴箱的热空气输送给立柱后壁，使前后壁温度分布均匀对称，从而减少立柱的倾斜，采取这一措施后，使被加工的平面度误差减少 1/4~1/3。

当机床达到热平衡时，工艺系统的热变形趋于稳定，因此，设法使工艺系统尽快达到热平衡，既可以控制温度，又可以提高生产率。例如在工作前让机床高速空转，使机床迅速达到热平衡，然后再加工等。

（4）改进机床结构。机床大件的结构和布局对机床的热态特性有很大影响。以加工中心为例，在热源的影响下，单立柱结构的机床会产生相当大的扭曲变形，而双立柱结构的机床由于左右对称，仅产生垂直方向的热位移，很容易通过调整的方法予以补偿。因此双立柱结构的机床的热

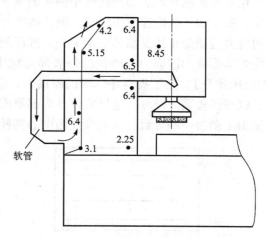

图 7-16 机床热均衡

变形比单立柱结构的机床小得多。

（5）控制环境温度。对于一些紧密加工或超精密加工，环境温度对加工质量的影响也不可小视。所以控制环境温度，在某些加工时至关重要。

7.1.4 工件残余应力引起的误差

1. 基本概念

残余应力是指在没有外部载荷的情况下，存在于工件内部的应力，又称内应力。工件上一旦产生内应力之后，就会使工件金属处于一种高能位的不稳定状态，它本能地要向低能位的稳定状态转化，并伴随有变形发生，从而使工件丧失原有的加工精度。

2. 内应力的产生

1）毛坯制造中产生的内应力

热加工中内应力的产生，在热处理工序中由于工件壁厚不均匀、冷却不均、金相组织的转变等原因，使工件产生内应力。如图7-17所示为一个内外壁厚相差较大的铸件。浇铸后，铸件将逐渐冷却至室温。由于壁1和壁2比较薄，散热较容易，所以冷却比较快。壁3比较厚，所以冷却比较慢。当壁1和壁2从塑性状态冷到弹性状态时，壁3的温度还比较高，尚处于塑性状态。所以壁1和壁2收缩时壁3不起阻挡变形的作用，铸件内部不产生内应力。但当壁3也冷却到弹性状态时，壁1和壁2的温度已经降低很多，收缩速度变得很慢。但这时壁3收缩较快，就受到了壁1和壁2的阻碍。因此，壁3受拉应力的作用，壁1和2受压应力作用，形成了相互平衡的状态。如果在这个铸件的壁1上开一个口，则壁1的压应力消失，铸件在壁3和2的内应力作用下，壁3收缩，壁2伸长，铸件就发生弯曲变形，直至内应力重新分布达到新的平衡为止。推广到一般情况，各种铸件都难免产生冷却不均匀而形成的内应力，铸件的外表面总比中心部分冷却得快。特别是有些铸件（如机床床身），为了提高导轨面的耐磨性，采用局部激冷的工艺使它冷却更快一些，以获得较高的硬度，这样在铸件内部形成的内应力也就更大些。若导轨表面经过粗加工剥去一些金属，这就像在图中的铸件壁1上开口一样，必将引起内应力的

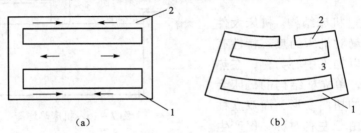

图7-17 铸件内应力及变形

重新分布并朝着建立新的应力平衡的方向产生弯曲变形。为了克服这种内应力重新分布而引起的变形,特别是对大型和精度要求高的零件,一般在铸件粗加工后安排进行时效处理,然后再作精加工。

2) 冷校直产生的内应力

丝杠一类的细长轴经过车削以后,棒料在轧制中产生的内应力要重新分布,产生弯曲,如图 7-18 所示。冷校直就是在原有变形的相反方向加力 F,使工件向反方向弯曲,产生塑性变形,以达到校直的目的。在 F 力作用下,工件内部的应力分布如图(b)所示。当外力 F 去除以后,弹性变形部分本来可以完成恢复而消失,但因塑性变形部分恢复不了,内外层金属就起了互相牵制的作用,产生了新的内应力平衡状态,如图(c)所示,所以说,冷校

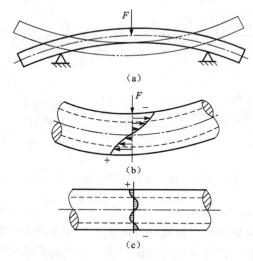

图 7-18 校直引起的内应力

直后的工件虽然减少了弯曲,但是依然处于不稳定状态,还会产生新的弯曲变形。

3) 切削加工产生的内应力

在切削加工过程中的力和热的作用下,使被加工表面产生塑性变形,也能引起内应力,并在加工后引起工件变形。

3. 减小内应力变形误差的途径

(1) 改进零件结构。设计零件时,尽量做到壁厚均匀,结构对称,以减少内应力的产生。

(2) 增设消除内应力的热处理工序。

① 高温时效:缓慢均匀的冷却,适用于铸、锻、焊件;

② 低温时效:缓慢均匀的冷却,适用于半精加工后的工件,主要是消除工件的表面应力;

③ 自然时效:自然释放;

(3) 合理安排工艺过程。粗加工和精加工宜分阶段进行,使工件在粗加工后有一定的时间来松弛内应力。

7.1.5 提高加工精度的途径

减小加工误差的方法主要有两种:误差预防和误差补偿(减小原始误差、转移原始误差、均分原始误差、均化原始误差以及误差补偿)。

1. 误差预防技术

（1）直接减小原始误差法。主要是在查明影响加工精度的主要原始误差因素之后，设法对其直接进行消除或减小的方法。

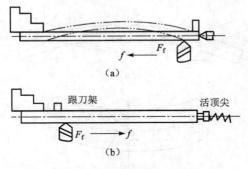

图 7-19 反拉法切削细长轴
(a) 正向进给；(b) 反向进给

例如：加工细长轴时，主要原始误差因素是工件刚性差，因而，采用反向进给切削法，并加跟刀架，使工件拉伸，从而达到减小变形的目的，如图 7-19 所示。再如在磨削中，由于采用了弹性加压和树脂胶和加强工件刚度的办法，使工件在自由状态下得到固定，解决了薄片零件加工平面度不易保证的难题。

（2）转移原始误差法。它是把影响加工精度的原始误差转移到不影响或少影响加工精度的方向上。实际上就是转移工艺系统的几何误差、受力变形和热变形。误差转移的实例很多。如当机床精度达不到零件加工要求时，常常不是一味地提高机床精度，而是从工艺上或夹具上想办法，创造条件，使机床的几何误差转移到不影响加工精度的方面去。例如：车床的误差敏感方向是工件的直径方向，所以，转塔车床在生产中都采用"立刀"安装法，把刀刃的切削基面放在垂直平面内，这样可把刀架的转位误差转移到误差不敏感的切线方向，如图 7-20 所示。

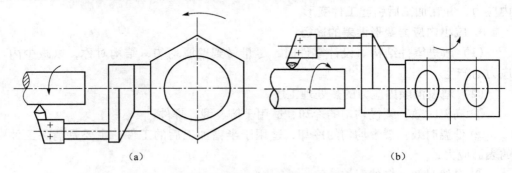

图 7-20 立轴转塔车床刀架转位误差的转移

（3）均分原始误差法。在加工中，由于毛坯或上道工序误差的存在，往往造成本工序的加工误差，或者由于工件材料性能的改变，或者上道工序的工艺改变，引起原始误差发生较大的变化，这种误差的变化，对工序的影响主要有两种，一是误差复映，一是定位误差扩大。如果采用采用分组调整，把误差均分：即把工件安误差大小分组，若分成 n 组，则每组零件的误差就缩小 $1/n$，然后按各组分别调整加

第7章 机械加工质量技术分析

工就能减少加工误差。

(4)"就地加工"法。在加工和装配中有些精度问题,牵涉到零件或部件间的相互关系,相当复杂,如果一味提高零部件本身精度,有时不仅困难,甚至不可能,若采用"就地加工"的方法,就可能方便的解决看起来非常困难的精度问题。例如:车床尾架顶尖孔的轴线要求与主轴轴线重合,采用就地加工,把尾架装配到机床上后进行最终精加工。又如六角车床转塔上六个安装刀架的大孔及端面的加工。

2. 误差补偿技术

误差补偿法是人为地造出一种新的原始误差,去抵消原来工艺系统中存在的原始误差,尽量使两者大小相等、方向相反而达到使误差抵消得尽可能彻底的目的。如图7-21所示通过导轨凸起补偿横梁变形。如图7-22所示,螺纹加工校正机构。

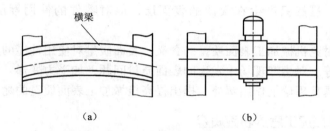

图7-21 通过导轨凸起补偿横梁变形

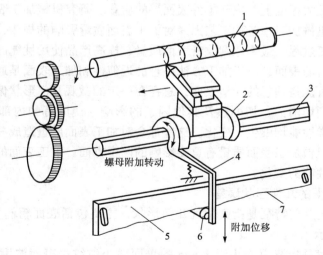

图7-22 螺纹加工校正机构

1—工件;2—丝杠螺母;3—车床丝杠;4—杠杆;5—校正尺;6—滚柱;7—工作尺面

（1）在线检测：加工中随时测量工件的实际尺寸，随时给刀具补偿的方法。

（2）偶件自动配磨：此法是将互配的一个零件作为基准，去控制另一个零件加工精度的方法。

7.2　机械加工表面质量

为了保证机器的使用性能和延长使用寿命，就要提高机器零件的耐磨性、疲劳强度、抗蚀性、密封性、接触刚度等性能，而机器的性能主要取决于零件的表面质量。

机械加工表面质量与机械加工精度一样，是机器零件加工质量的一个重要指针。机械加工表面质量是以机械零件的加工表面和表面层作为分析和研究对象的。经过机械加工的零件表面总是存在一定程度的微观不平、冷作硬化、残余应力及金相组织的变化，虽然只产生在很薄的表面层，但对零件的使用性能的影响是很大的。

本节主要讨论机械加工表面质量的含义、表面质量对使用性能的影响、表面质量产生的机理等。对生产现场中发生的表面质量问题，如受力变形、磨削烧伤、裂纹和振纹等问题从理论上作出解释，提出提高机械加工表面质量的途径。

7.2.1　机械加工后的表面质量

机械零件的破坏，一般总是从表面层开始的。产品的性能，尤其是它的可靠性和耐久性，在很大程度上取决于零件表面层的质量。研究机械加工表面质量的目的就是为了掌握机械加工中各种工艺因素对加工表面质量影响的规律，以便运用这些规律来控制加工过程，最终达到改善表面质量、提高产品使用性能的目的。

机械加工后的表面，由于加工方法原理的近似性和加工表面是通过弹塑性变形而形成的，不可能是理想的光滑表面，总存在一定的微观几何形状偏差。表面层材料在加工时受到切削力、切削热及其他因素的影响，使原有的内部组织结构和物理、化学及力学性能均发生了变化。这些都会对加工表面质量造成一定的影响。下面主要讨论对机械加工表面质量有重要影响的两个方面：加工表面的几何特征和表面层物理力学性能的变化。

1. 加工表面的几何形状误差

加工表面的几何特征是指其微观几何形状，主要包括表面粗糙度和表面波度。如图 7 – 23 所示。

表面粗糙度是指波距 L 小于 1 mm 的表面微小波纹；表面波度是指波距 L 在 1~20 mm 之间的表面波纹。一般情况下，当 L_3/H_3（波距/波高）<50 为表面粗糙度，$L_2/H_2 = 50 ~ 1\,000$ 时为表面波度，$L_1/H_1 > 1\,000$ 时为宏观的形状误差。

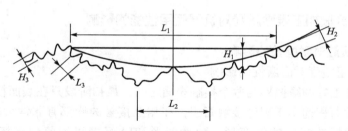

图 7-23 表面粗糙度和波度

我国现行的表面粗糙度标准是 GB/T 1031—2009。表面粗糙度指标有 Ra、Rz，并优先选用 Ra。

波度是介于形状误差与表面粗糙度之间的表面偏差。其量度指标为波高。一般用测量长度上五个最大的波幅的算术平均值 W 表示：

$$W = (W_1 + W_2 + W_3 + W_4 + W_5)/5$$

2. 表面层的物理及机械性能

表面层物理力学性能的变化主要受表面层加工硬化、残余应力和表面层的金相组织变化的影响。

加工表面在加工过程中受到切削力、切削热和其他因素的综合作用，在加工表面产生了加工硬化、残余应力和表面层金相组织的变化等现象，使表面金属层的物理力学性能相对于基体金属的物理力学性能发生了变化。表面层可分为吸附层和压缩层。最外层是吸附层，由氧化膜或其他化合物，并吸收、渗进了气体粒子而形成的一层组织。第二层是压缩层，是由于切削力和基体金属共同作用造成的塑性变形区域。在其上部存有纤维组织，是由于刀具摩擦挤压而形成的。有时在切削热的作用下，表面层的材料还会产生相变和晶粒大小的变化。

表面层的物理力学性能主要受压缩层的组织结构的影响。表面层的物理力学性能随表面层的加工硬化程度而变化，硬化程度越大，表面层的物理力学性能变化越大。

表面层残余应力是在加工过程中，由于弹塑性变形及温度和金相组织的变化造成的不均匀体积变化而在表面层中产生的残余应力。目前对残余应力的判断大多是定性分析。

表面层金相组织的变化是由于加工过程中产生的切削热使工件表层材料的温度发生变化而造成的金相组织的变化。这种变化包括相变、晶粒大小和形状的变化、析出物的产生和再结晶等。金相组织的变化主要通过显微组织观察来确定。

7.2.2 机械加工表面质量对机器使用性能的影响

1. 表面质量对耐磨性的影响

1）表面粗糙度对耐磨性的影响

一个刚加工好的摩擦副的两个接触表面之间，最初阶段只在表面粗糙的峰部接触，实际接触面积远小于理论接触面积，在相互接触的峰部有非常大的单位应力，使实际接触面积处产生塑性变形、弹性变形和峰部之间的剪切破坏，引起严重磨损。

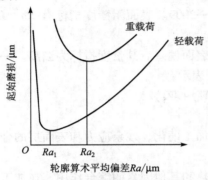

图7-24 表面粗糙度与初期磨损量的关系

零件磨损一般可分为三个阶段，初期磨损阶段、正常磨损阶段和剧烈磨损阶段。如图7-24表面粗糙度对零件表面磨损的影响很大。一般说表面粗糙度值愈小，其磨损性愈好。但表面粗糙度值太小，润滑油不易储存，接触面之间容易发生分子黏结，磨损反而增加。因此，接触面的粗糙度有一个最佳值，其值与零件的工作情况有关，工作载荷加大时，初期磨损量增大，表面粗糙度最佳值也加大。

2）表面冷作硬化对耐磨性的影响

加工表面的冷作硬化使摩擦副表面层金属的显微硬度提高，故一般可使耐磨性提高。但也不是冷作硬化程度愈高，耐磨性就愈高，这是因为过分的冷作硬化将引起金属组织过度疏松，甚至出现裂纹和表层金属的剥落，使耐磨性下降。

2. 表面质量对疲劳强度的影响

金属受交变载荷作用后产生的疲劳破坏往往发生在零件表面和表面冷硬层下面，因此零件的表面质量对疲劳强度影响很大。

1）表面粗糙度对疲劳强度的影响

在交变载荷作用下，表面粗糙度的凹谷部位容易引起应力集中，产生疲劳裂纹。表面粗糙度值愈大，表面的纹痕愈深，纹底半径愈小，抗疲劳破坏的能力就愈差。因此，对于一些承受脚边载荷的重要零件，如曲轴的曲拐与轴颈交界处，精加工后常进行光整加工，以减少零件的表面粗糙度，提高疲劳强度。

2）残余应力、冷作硬化对疲劳强度的影响

残余应力对零件疲劳强度的影响很大。表面层残余拉应力将使疲劳裂纹扩大，加速疲劳破坏；而表面层残余应力能够阻止疲劳裂纹的扩展，延缓疲劳破坏的产生，表面冷硬一般伴有残余应力的产生，可以防止裂纹产生并阻止已有裂纹的扩展，对提高疲劳强度有利。

3. 表面质量对耐蚀性的影响

零件的耐蚀性在很大程度上取决于表面粗糙度。表面粗糙度值愈大,则凹谷中聚积腐蚀性物质就愈多,抗蚀性就愈差。表面层的残余拉应力会产生应力腐蚀开裂,降低零件的耐磨性,而残余压应力则能防止应力腐蚀开裂。

4. 表面质量对配合质量的影响

表面粗糙度值的大小将影响配合表面的配合质量。对于间隙配合,粗糙度值大会使磨损加大,间隙增大,破坏了要求的配合性质。对于过盈配合,装配过程中一部分表面凸峰被挤平,实际过盈量减小,降低了配合件间的连接强度。

表面质量对零件使用性能还有其他方面的影响:如减小表面粗糙度可提高零件的接触刚度、密封性和测量精度;对滑动零件,可降低其摩擦系数,从而减少发热和功率损失。

7.2.3 机械加工后的表面粗糙度

1. 切削加工影响表面粗糙度的因素

切削加工时影响表面粗糙度的因素有三个方面:几何因素、物理因素和工艺系统振动。

1) 刀具几何形状的复映

刀具相对于工件作进给运动时,在加工表面留下了切削层残留面积,其形状是刀具几何形状的复映。减小进给量、主偏角、副偏角以及增大刀尖圆弧半径,均可减小残留面积的高度。如图7-25(a)表示刀尖圆弧半径为零时,主偏角 K_r、副偏角 K'_r 和进给量 f 对残留面积最大高度 H 的影响。由图几何关系可以推出

$$H = \frac{f}{(\cos \kappa_r + \cos \kappa'_r)}$$

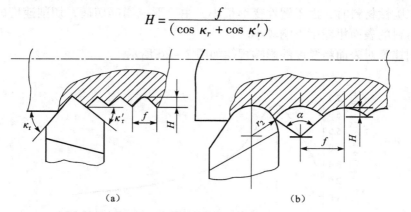

图 7-25 车削、刨削时残留面积高度

当采用圆弧刀刃切削时,刀尖圆弧半径 r_ε 和进给量 f 对残留高度的影响,如图7-25(b)所示,由图可以推出

$$H = f^2 8 r_\varepsilon$$

此外，适当增大刀具的前角以减小切削时的塑性变形程度，合理选择润滑液和提高刀具刃磨质量以减小切削时的塑性变形和抑制刀瘤、鳞刺的生成，也是减小表面粗糙度值的有效措施。

2）工件材料的性质

韧性材料：工件材料韧性愈好，金属塑性变形愈大，加工表面愈粗糙。故对中碳钢和低碳钢材料的工件，为改善切削性能，减小表面粗糙度，常在粗加工或精加工前安排正火或调质处理。

脆性材料：加工脆性材料时，其切削呈碎粒状，由于切屑的崩碎而在加工表面留下许多麻点，使表面粗糙。

此外，在切削过程中，当刀具前刀面上存在积屑瘤时，由于积屑瘤的顶部很不稳定，容易破裂，一部分连附于切屑底部而排出，一部分则残留在加工表面上，使表面粗糙度增大。积屑瘤突出刀刃部分尺寸的变化，会引起切削层厚度的变化，从而使加工表面的粗糙度值增大。因此，在精加工时必须避免或减小积屑瘤。

3）切削用量

切削用量中，切削速度对表面粗糙度的影响比较复杂。在切削塑性材料时，一般情况下低速或高速切削时不会产生积屑瘤，加工表面粗糙值较小。但在中等速度下，塑性材料由于容易产生积屑瘤与鳞刺，且塑性变形较大，因此表面粗糙度值会变大。切削加工过程中的切削变形愈大，加工表面就愈粗糙。在高速切削时，由于变形的传播速度低于切削速度，表面层金属的塑性变形较小，因而高速切削时表面粗糙度较低。

加工脆性材料时，由于塑性变形很小，主要形成崩碎切屑，切削速度的变化，对脆性材料的表面粗糙度影响较小。

切削速度对表面粗糙度的影响规律如图7-26所示。

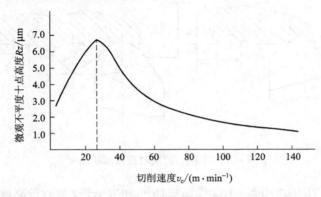

图7-26 加工塑性材料时切削速度对表面粗糙度的影响

切削深度,对表面粗糙度影响不明显,一般可忽略。但当 $a_p < 0.02 \sim 0.03$ 以下时,由于刀刃有一定的圆弧半径,使正常切削不能维持,刀刃仅与工件发生挤压与摩擦从而使表面恶化。因此加工时,不能选用过小的切削深度。

减小进给量 f 可以减小切削残留面积高度,使表面粗糙度值减小。但进给量 f 小刀刃不能切削而形成挤压,增大了工件的塑性变形,反而使表面粗糙度值增大。

2. 磨削加工影响表面粗糙度的因素

正像切削加工时表面粗糙度的形成过程一样,磨削加工表面粗糙度的形成也是由几何因素和表面金属的塑性变形来决定的。砂轮的粒度、硬度、磨料性质、黏结剂、组织等对粗糙度均有影响。工件材料和磨削条件也对表面粗糙度有重要影响。影响磨削表面粗糙度的主要因素有:

1) 砂轮的粒度

砂轮的粒度愈细,则砂轮工作表面单位面积上的磨粒数越多,因而在工件上的刀痕也越密而细,所以粗糙度值愈小。但是粗粒度的砂轮如果经过精细修整,在磨粒上车出微刃后,也能加工出粗糙度值小的表面。

2) 砂轮的硬度

砂轮的硬度太大,磨粒钝化后不容易脱落,工件表面受到强烈的摩擦和挤压,加剧了塑性变形,使表面粗糙度值增大甚至产生表面烧伤。砂轮太软则磨粒易脱落,会产生不均匀磨损现象,影响表面粗糙度。因此,砂轮的硬度应适中。

3) 砂轮的修整

砂轮的修整是用金刚石笔尖在砂轮的工作表面上车出一道螺纹,修整导程和修正深度愈小,修出的磨粒的微刃数量越多,修出的微刃等高性也愈好,因而磨出的工件表面粗糙度值也就愈小。修整用的金刚石笔尖是否锋利对砂轮的修正质量有很大影响。图 7 - 27 所示为经过精细修正后砂轮磨粒上的微刃。

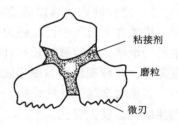

图 7 - 27 精细修正后磨粒上的微刃

4) 磨削速度

提高磨削速度,增加了工件单位面积上的磨削磨粒数量,使刻痕数量增大,同时塑性变形减小,因而表面粗糙度值减小。高速切削时塑性变形减小是因为高速下塑性变形的传播速度小于磨削速度,材料来不及变形所致。

5) 磨削径向进给量与光磨次数

磨削径向进给量增大使磨削时的切削深度增大,使塑性变形加剧,因而表面粗糙度值增大。适当增加光磨次数,可以有效减小表面粗糙度值。

6) 工件圆周进给速度与轴向进给量

工件圆周进给速度和轴向进给量增大,均会减小工件单位面积上的磨削磨粒数量,使刻痕数量减少,表面粗糙度增大。

7) 工件材料

一般来讲,太硬、太软、韧性大的材料都不易磨光。太硬的材料使磨粒易钝,磨削时的塑性变形和摩擦加剧,使表面粗糙度值增大,且表面易烧伤甚至产生裂纹而使零件报废。铝、铜合金等较软的材料,由于塑性大,在磨削时磨屑易堵塞砂轮,使表面粗糙度值增大。韧性大导热性差的耐热合金易使砂粒早期崩落,使砂轮表面不平,导致磨削表面粗糙度值增大。

8) 切削液

磨削时切削温度高,热的作用占主导地位,因此切削液的作用十分重要。采用切削液可以降低磨削区温度,减少烧伤,冲去脱落的磨粒和切屑,可以避免划伤工件,从而降低表面粗糙度值。但必须合理选择冷却方法和切削液。

7.2.4 机械加工后的表面层物理机械性能

在切削加工中,工件由于受到切削力和切削热的作用,使表面层金属的物理机械性能产生变化,最主要的变化是表面层金属显微硬度的变化、金相组织的变化和残余应力的产生。由于磨削加工时所产生的塑性变形和切削热比刀刃切削时更严重,因而磨削加工后加工表面层上述三项物理机械性能的变化会很大。

1. 表面层冷作硬化

1) 冷作硬化及其评定参数

机械加工过程中因切削力作用产生的塑性变形,使晶格扭曲、畸变,晶粒间产生剪切滑移,晶粒被拉长和纤维化,甚至破碎,这些都会使表面层金属的硬度和强度提高,这种现象称为冷作硬化(或称为强化)。

表面层金属强化的结果,会增大金属变形的阻力,减小金属的塑性,金属的物理性质也会发生变化。

被冷作硬化的金属处于高能位的不稳定状态,只有一种可能,金属的不稳定状态就要向比较稳定的状态转化,这种现象称为弱化。

弱化作用的大小取决于温度的高低、温度持续时间的长短和强化程度的大小。由于金属在机械加工过程中同时受到力和热的作用,因此,加工后表层金属的最后性质取决于强化和弱化综合作用的结果。

评定冷作硬化的指标有三项,即表层金属的显微硬度 HV、硬化层深度 h 和硬化程度 N。

$$N = (H - H_0)/H_0 \times 100\%$$

式中:H——加工后表面层的显微硬度;

H_0——原材料的显微硬度。

2) 影响冷作硬化的主要因素

(1) 刀具切削刃钝圆半径较大时，对表层金属的挤压作用增强，塑性变形加剧，导致加工硬化增强。刀具后刀面磨损增大，后刀面与被加工表面的摩擦加剧，塑性变形增大，导致加工硬化增强。前角 γ_0 在 $\pm 20°$ 范围内，对表层金属的冷硬没有显著影响。在此范围以外，则前角 γ_0 增大，塑性变形减少，冷作硬化下降。

(2) 切削用量切削速度增大，刀具与工件的作用时间缩短，使塑性变形扩展深度减小，加工硬化层深度减小。切削速度增大后，切削热在工件表面层上的作用时间也缩短了，将使加工硬化程度增加。进给量增大，切削力也增大，表层金属的塑性变形加剧，加工硬化程度增大。

(3) 工件材料的塑性愈大，切削加工中的塑性变形就越大，加工硬化现象就愈严重。

2. 表面层材料金相组织变化

金相组织的变化主要受温度的影响。磨削时由于磨削温度较高，极易引起表面层的金相组织的变化和表面的氧化，严重时会造成工件报废。

1) 磨削烧伤

当被磨削工件表面层温度达到相变温度以上时，表层金属发生金相组织的变化，使表层金属强度和硬度发生变化，并伴有残余应力产生，甚至出现微观裂纹，这种现象称为磨削烧伤。在磨削淬火钢时，可能产生以下三种烧伤：

(1) 回火烧伤

如果磨削区的温度未超过淬火钢的相变温度，但已超过马氏体的转变温度，工件表层金属的回火马氏体组织将转变成硬度较低的回火组织（索氏体或托氏体），这种烧伤称为回火烧伤。

(2) 淬火烧伤

如果磨削区温度超过了相变温度，再加上切削液的急冷作用，表层金属发生二次淬火，使表层金属出现二次淬火马氏体组织，其硬度比原来的回火马氏体的高，在它的下层，因冷却较慢，出现了硬度比原先的回火马氏体低的回火组织（索氏体或托氏体），这种烧伤称为淬火烧伤。

(3) 退火烧伤

如果磨削区温度超过了相变温度，而磨削区域又无切削液进入，表层金属将产生退火组织，表面硬度将急剧下降，这种烧伤称为退火烧伤。

2) 防止磨削烧伤的途径

磨削热是造成磨削烧伤的根源，故防止和抑制磨削烧伤有两个途径：一是尽可能地减少磨削热的产生；二是改善冷却条件，尽量使产生的热量少传入工件。具体工艺措施主要有以下几个方面：

(1) 正确选择砂轮。一般选择砂轮时，应考虑砂轮的自锐能力（即磨粒磨钝后自动破碎产生新的锋利磨粒或自动从砂轮上脱落的能力）。同时磨削时砂轮应不致产生黏屑堵塞现象。硬度太高的砂轮由于自锐性能不好，磨粒磨钝后使磨削力增大，摩擦加剧，产生的磨削热较大，容易产生烧伤，故当工件材料的硬度较高时选用软砂轮较好。立方氮化硼砂轮其磨粒的硬度和强度虽然低于金刚石，但其热稳定性好，且与铁元素的化学惰性高，磨削钢件时不产生黏屑，磨削力小，磨削热也较低，能磨出较高的表面质量。因此是一种很好的磨料，适用范围也很广。

砂轮的结合剂也会影响磨削表面质量。选用具有一定弹性的橡胶结合剂或树脂结合剂砂轮磨削工件时，当由于某种原因而导致磨削力增大时，结合剂的弹性能够使砂轮做一定的径向退让，从而使磨削深度自动减小，以缓和磨削力突增而引起的烧伤。

另外，为了减少砂轮与工件之间的摩擦热，将砂轮的气孔内浸入某种润滑物质，如石蜡、锡等，对降低磨削区的温度，防止工件烧伤也能收到良好的效果。

（2）合理选择磨削用量。磨削用量的选择应在保证表面质量的前提下尽量不影响生产率和表面粗糙度。

磨削深度增加时，温度随之升高，易产生烧伤，故磨削深度不能选得太大。一般在生产中常在精磨时逐渐减少磨深，以便逐渐减小热变质层，并能逐步去除前一次磨削形成的热变质层。最后再进行若干次无进给磨削。这样可有效地避免表面层的热烧伤。

工件的纵向进给量增大，砂轮与工件的表面接触时间相对减少，因而热的作用时间较短，散热条件得到改善，不易产生磨削烧伤。为了弥补纵向进给量增大而导致表面粗糙的缺陷，可采用宽砂轮磨削。

工件线速度增大时磨削区温度会上升，但热的作用时间却减少了。因此，为了减少烧伤而同时又能保持高的生产率，应选择较大的工件线速度和较小的磨削深度，同时为了弥补工件线速度增大而导致表面粗糙度值增大的缺陷，一般在提高工件速度的同时应提高砂轮的速度。

（3）改善冷却条件。现有的冷却方法由于切削液不易进入到磨削区域内往往冷却效果很差。由于高速旋转的砂轮表面上产生的强大气流层阻隔了切削液进入磨削区，大量的切削液常常是喷注在已经离开磨削区的已加工表面上，此时磨削热量已进入工件表面造成了热损伤，所以改进冷却方法提高冷却效果是非常必要的。具体改进措施有：

采用高压大流量切削液，不但能增强冷却作用，而且还能对砂轮表面进行冲洗，使其空隙不易被切屑堵塞。

为了减轻高速旋转的砂轮表面的高压附着气流的作用，可以加装空气挡板，使冷却液能顺利地喷注到磨削区，这对于高速磨削尤为必要。

采用内冷却法。如图7-28所示。其砂轮是多孔隙能渗水的。切削液被引入砂轮中心孔后靠离心力的作用甩出，从而使切削液可以直接冷却磨削区，起到有效的冷却作用。由于冷却时有大量喷雾，机床应加防护罩。使用内冷却的切削液必须经过仔细过滤，以防止堵塞砂轮空隙。这一方法的缺点是操作者看不到磨削区的火花，在精密磨削时不能判断试切时的吃刀量，很不方便。

影响磨削烧伤的因素除了上面所述以外，还受工件材料的影响。工件材料硬度越高，磨削热量越多。但材料过软，易堵塞砂轮，使砂轮失去切削作用，反而使加工表面温度急剧上升。工件强度越高，磨削时消耗的功率越多发热量也越多。工件材料韧性越大，磨削力越大，发热越多。导热性能较差的材料，如耐热钢、轴承钢、高速钢、不锈钢等，在磨削时都容易产生烧伤。

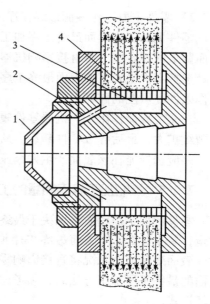

图 7-28 内冷却装置
1—锥形盖；2—通道孔；3—砂轮中心孔；
4—有径向小孔的薄壁套

3. 表面层残余应力

1）产生残余应力的原因

表面层残余应力主要是因为在切削加工过程中工件受到切削力和切削热的作用，在表面金属层和基体金属之间发生了不均匀的体积变化而引起的。主要表现为以下几点：

（1）冷态塑性变形：在切削加工过程中，由于切削力的作用，工件表面层产生塑性变形，使表面金属比容增大，体积膨胀，由于塑性变形只在表层金属中产生，表层金属的比容增大，体积膨胀，不可避免地要受到与它相连的里层金属的限制，在表面金属层产生了残余压应力，而在里层金属中产生残余拉应力。

（2）热态塑性变形引起的残余应力：切削加工中，切削区会有大量的切削热产生，使工件产生不均匀的温度变化，从而导致不均匀的热膨胀。切削加工进行时，当表面温度升高到使表层金属进入到塑性状态时，其体积膨胀受到温度较低的基体金属的限制而产生热塑性变形。切削加工结束后，表面温度下降，由于表面已产生热塑性变形要收缩，此时又会受到基体金属的限制，在表面产生残余拉应力。热塑性变形主要在磨削时产生，磨削温度越高，热塑性变形越大，残余拉应力越大，有时甚至会产生裂纹。

（3）金相组织变化：不同金相组织具有不同的密度，金相组织的转变会引起金属材料的体积变化。加工过程中，当切削温度的变化使表面层金属产生了金相组织的变化时，表层金属的体积变化（增大或减小）必然要受到与之相连的基体金属的阻碍，因而就有残余应力产生。

2）零件主要工作表面最终工序加工方法的选择

零件主要工作表面最终工序加工方法的选择至关重要，因为最终工序在该工作表面留下的残余应力将直接影响机器零件的使用性能。

选择零件主要工作表面最终工序加工方法，须考虑该零件主要工作表面的具体工作条件和可能的破坏形式。

在交变载荷作用下，机器零件表面上的局部微观裂纹，会因拉应力的作用使原生裂纹扩大，最后导致零件断裂。从提高零件抵抗疲劳破坏的角度考虑，该表面最终工序应选择能在该表面产生残余压应力的加工方法。

7.2.5 控制加工表面质量的工艺途径

零件的加工表面质量取决于最终加工工序的加工方法。因而，要控制加工表面质量，零件主要工作表面最终工序加工方法的选择是至关重要的。由于表面粗糙度、表面残余应力状况将直接影响零件的配合质量和使用性能，选择零件主要工作表面的最终工序加工方法时，须考虑该零件主要工作表面的具体工作条件和可能的破坏形式。

在交变载荷作用下，机器零件表面上的局部微观裂纹，会因拉应力的作用使原生裂纹扩大，最后导致零件断裂。从提高零件抵抗疲劳破坏的角度考虑，该表面最终工序应选择能在该表面产生残余压应力的加工方法。

1. 减小残余拉应力、防止磨削烧伤和磨削裂纹的工艺途径

对零件使用性能危害甚大的残余拉应力、磨削烧伤和磨削裂纹均起因于磨削热，所以如何降低磨削热并减少其影响是生产上的一项重要问题。解决的原则：一是减少磨削热的发生，二是加速磨削热的传出。

1）选择合理的磨削参数

为了直接减少磨削热的发生，降低磨削区的温度，应合理选择磨削参数，减少砂轮速度和背吃刀量；适当提高进给量和工件速度。但这会使粗糙度值增大而造成矛盾。

生产中比较可行的办法是通过试验来确定磨削参数；先按初步选定的磨削参数试磨，检查工件表面热损伤情况，据此调整磨削参数直至最后确定下来。

2）选择有效的冷却方法

选择适宜的磨削液和有效的冷却方法。

2. 采用冷压强化工艺

对于承受高应力、交变载荷的零件可以采用喷丸、液压、挤压等表面强化工艺使表面层产生残余压应力和冷硬层并降低表面粗糙度值，从而提高耐疲劳强度及抗应力腐蚀性能。

1）喷丸

喷丸是一种用压缩空气或离心力将大量直径细小（2～40.4 mm）的丸粒（钢丸、玻璃丸）以35～50 m/s的速度向零件表面喷射的方法。

2）滚压

用工具钢淬硬制成的钢滚轮或钢珠在零件上进行滚压，使表层材料产生塑性流动，形成新的光洁表面。表面粗糙度可自 1.6 μm 降至 0.1 μm，表面硬化深度达 0.2～1.5 mm，硬化程度10%～40%。

3. 采用精密和光整加工工艺

精密加工工艺方法有高速精镗、高速精车、宽刃精刨和细密磨削等。

光整加工是用粒度很细的磨料对工件表面进行微量切削和挤压、擦光的过程。光整加工工艺的共同特点是：没有与磨削深度相对应的磨削用量参数，一般只规定加工时的很低的单位切削压力，因此加工过程中的切削力和切削热都很小，从而能获得很低的表面粗糙度值，表面层不会产生热损伤，并具有残余压应力。所使用的工具都是浮动连接，由加工面自身导向、而相对于工件的定位基准没有确定的位置、所使用的机床也不需要具有非常精确的成形运动。这些加工方法的主要作用是降低表面粗糙度，一般不能纠正形状和位置误差，加工精度主要由前面工序保证。

实　训

一、单项选择

1. 某工序的加工尺寸为正态分布，但分布中心与公差中点不重合，则可以认为（　　）。

A. 无随机误差　　　　　　　　B. 无常值系统误差
C. 变值系统误差很大　　　　　D. 同时存在常值系统误差和随机误差

2. 一次性调整误差所引起的加工误差属于（　　）。

A. 随机误差　　B. 常值系统误差　　C. 变值系统误差　　D. 形位误差

3. 刀具磨损所引起的加工误差属于（　　）。

A. 常值系统误差　B. 变值系统误差　　C. 随机误差　　　D. 形位误差

4. 定位误差所引起的加工误差属于（　　）。

A. 常值系统误差　B. 随机误差　　　　C. 变值系统误差　　D. 形位误差

5. 通常用（　　）系数表示某种加工方法和加工设备胜任零件所要求加工精度的程度。

A. 工艺能力　　B. 误差复映　　　　C. 误差传递　　　　D. 误差敏感

6. 表面粗糙度的波长与波高比值一般（　　）。

A. 小于 50　　B. 等于 50～200　　C. 等于 200～1 000　　D. 大于 1 000

7. 在车床上就地车削（或磨削）三爪卡盘的卡爪是为了（　　）。

A. 提高主轴回转精度
B. 提高装夹稳定性
C. 降低三爪卡盘卡爪面的表面粗糙度
D. 保证三爪卡盘卡爪面与主轴回转轴线同轴

8. 为减小工件已加工表面的粗糙度在刀具方面常采取的措施是（　　）。
A. 减小前角　　B. 减小后角　　C. 增大主偏角　　D. 减小副偏角

二、多项选择

1. 机械加工中达到尺寸精度的方法有（　　）。
A. 试切法　　B. 定尺寸刀具法　　C. 调整法　　D. 选配法

2. 指出下列刀具的制造误差会直接影响加工精度（　　）。
A. 外圆车刀　　B. 齿轮滚刀　　C. 端面车刀　　D. 铰刀

3. 主轴的纯轴向窜动对加工有影响（　　）？
A. 车削螺纹　　B. 车削外圆　　C. 车削端面　　D. 车削内孔

4. 影响加工精度的主要误差因素可归纳为（　　）。
A. 工艺系统的几何误差　　　　B. 毛坯的制造误差
C. 工艺系统力效应产生的误差　　D. 工艺系统热变形产生的误差
E. 加工原理误差

5. 机械加工工艺系统的内部热源主要有（　　）。
A. 切削热　　B. 摩擦热　　C. 辐射热　　D. 对流热

6. 影响切削加工表面粗糙度的主要因素有（　　）等。
A. 切削速度　　B. 切削深度　　C. 进给量　　D. 工件材料性质

三、填空题

1. 主轴的回转误差可分解为_____、_____和_____三种基本形式。

2. 以车床两顶尖间加工光轴为例，分析下列三种条件下因切削过程受力点位置的变化引起工件何种形状误差，只考虑机床变形时是_____、只考虑车刀变形时是_____、只考虑工件变形时是_____。

3. 加工表面层的物理、力学性能的变化主要有以下三个方面的内容：_____、_____和_____。

4. 从几何因素分析减小加工表面粗糙度常用的措施有减小_____、减小_____和减小_____。

5. 以车床两顶尖间加工光轴为例，分析下列三种条件下因切削过程受力点位置的变化引起工件何种形状误差，只考虑机床变形时是_____、只考虑车刀变形时是_____、只考虑工件变形时是_____。

四、分析题

1. 在车床上车削一细长轴，当毛坯横截面有圆度误差（如椭圆度），且车床床头的刚度大于尾座的刚度时，试分析在只考虑工艺系统受力变形的影响下，一次走刀加工后工件的横向及纵向形状误差。

2. 在车床上镗孔时，若主轴回转运动和刀具的直线进给运动均很准确，只是它们在水平面内或垂直面上不平行，试分析加工后将产生什么样的形状误差？

3. 在车床上加工细长轴，若选用45°偏刀，装夹方法为鸡心夹加两顶尖。加工后测量工件尺寸发现工件出现"鼓形"即两头小中间大，但其值均在允许范围内，为合格件；当工件从机床上卸下再进行测量，发现工件两头直径小于允许的最小尺寸，为废品，试回答如下问题：

（1）产生"鼓形"的原因是什么？
（2）成为废品的原因是什么？
（3）提出改进的工艺措施。

第 8 章

先进制造技术

8.1 高速加工技术

8.1.1 高速加工及其特点

自 20 世纪 30 年代德国 Carl Salomon 博士首次提出高速切削概念以来，经过 50 年代的机理与可行性研究，70 年代的工艺技术研究，80 年代全面系统的高速切削技术研究；到 90 年代初，高速切削技术开始进入实用化；到 90 年代后期，商品化高速切削机床大量涌现。21 世纪初，高速切削技术在工业发达国家得到普遍应用，正成为切削加工的主流技术。

根据 1992 年国际生产工程研究会（CIRP）年会主题报告的定义，高速加工通常指切削速度超过传统切削速度 5~10 倍的切削加工。因此，根据加工材料的不同和加工方式的不同，高速加工的切削速度范围也不同。高速加工包括高速铣削、高速车削、高速钻孔与高速车铣等，但绝大部分应用是高速铣削。目前，加工铝合金的切削速度达到 2 000~7 500 m/min；铸铁为 900~5 000 m/min；钢为 600~3 000 m/min；耐热镍基合金达 500 m/min；钛合金达 150~1 000 m/min；纤维增强塑料为 2 000~9 000 m/min。

高速加工的主要特点：

（1）加工效率高。高速切削加工比传统切削加工的切削速度高 5~10 倍，进给速度随切削速度的提高也可相应提高 5~10 倍，这样，单位时间材料切除率可提高 3~6 倍，因而零件加工时间通常可缩减到原来的 1/3，从而提高了加工效率和设备利用率，缩短生产周期。

（2）切削力小。和传统切削加工相比，高速切削加工的切削力至少可降低 30%，这对于加工刚性较差的零件（如细长轴、薄壁件）来说，可减少加工变形，提高零件加工精度。同时，采用高速切削单位功率材料切除率可提高 40% 以上，有利于延长刀具使用寿命，刀具寿命可提高约 70%。

（3）热变形小。高速切削加工过程极为迅速，95% 以上的切削热来不及传给零件，而被切屑迅速带走，零件不会由于温升导致弯翘或膨胀变形。因此高速切削特别适合于加工容易发生热变形的零件。

（4）加工精度高、加工质量好。由于高速切削加工的切削力和切削热影响小，使刀具和零件的变形小，零件表面的残余应力小，从而保持了尺寸精度。同时，由于切屑被飞快地切离零件，可以使零件达到较好的表面质量。

（5）加工过程稳定。高速旋转刀具切削加工时的激振频率已远远高于切削工艺系统的固有频率，不会造成工艺系统振动，使加工过程平稳，有利于提高加工精度和表面质量。

（6）能加工各种难加工材料。例如，航空和动力部门大量采用的镍基合金和钛合金，这类材料强度大、硬度高、耐冲击，加工中容易硬化，切削温度高，刀具磨损严重，在普通加工中一般采用很低的切削速度。如采用高速切削，则其切削速度为常规切速的 10 倍左右，不仅大幅度提高生产率，而且可有效地减少刀具磨损。

（7）降低加工成本。高速切削时单位时间的金属切除率高、能耗低、零件加工时间短，从而有效地提高了能源和设备利用率，降低了生产成本。

8.1.2　高速加工机床

高速加工机床主要由高速回转主轴单元系统、高速进给系统、高速机床支承部件、高速刀具系统、高速数控系统以及高速加工监测系统等几部分组成。

1. 高速回转主轴单元系统

高速机床主轴单元与普通机床主轴单元的不同之处主要表现在：高速机床主轴转速一般为普通机床主轴转速的 5~10 倍，高速机床的转速一般都大于 10 000 r/min，有的高达 60 000~100 000 r/min；主轴的加、减速度比普通机床高得多，一般比普通数控机床高出一个数量级，达到 $1~8\ g$（$1\ g = 9.81\ m/s^2$）的加速度，通常只需 1~2 s 即可完成从启动到选定的最高转速（或从最高转速到停止）；主轴单元电动机功率一般高达 15~80 kW。

高速主轴单元是高速加工机床最重要的部件，也是实现高速加工的最关键技术之一。它要求动平衡性高，刚性好，回转精度高，有良好的热稳定性，能传递足够的力矩和功率，能承受高的离心力，带有准确的测温装置和高效的冷却装置。

（1）高速电主轴。高速电主轴在结构上大都采用交流伺服电动机直接驱动的集成化结构，取消了齿轮变速机构，采用电气无级调速，并配备有强力冷却和润滑装置。高速主轴把电动机转子与主轴做成一体，即将无壳电动机的空心转子用过盈配合的形式直接套装在机床主轴上，带有冷却套的定子则安装在主轴单元的壳体中，形成内装式电动机主轴,简称电主轴。这样,电动机的转子就是机床的主轴,机床主轴单元的壳体就是电机座,从而实现了变频电动机与机床主轴的一体化。这种电动机与机床主轴"合二为一"的传动结构形式把机床主传动链的长度缩短为零,实现了机床的"零传动",具有结构紧凑、易于平衡、传动效率高等特点。

(2)高速精密轴承。电主轴的轴承性能对电主轴的使用功能至关重要。轴承必须满足高速运转的要求,具有较高的回转精度和较低的温升,而且轴承要具有尽可能高的径向和轴向刚度,并具有较长的使用寿命。

高速主轴支承用的高速轴承有接触式和非接触式轴承两大类。接触式轴承存在摩擦且摩擦系数大,允许最高转速低。目前主要采用的有精密角接触球轴承。非接触式的流体轴承,其摩擦仅与流体本身的摩擦系数有关。由于流体摩擦系数很小,因而允许转速高。

目前主要采用的有空气轴承、液体动静压轴承和磁悬浮轴承。空气轴承高速性能好,但径向刚度低并有冲击,一般用于超高速、轻载、精密主轴;液体动静压轴承采用流体动、静力相结合的方法,使主轴在油膜支撑中旋转,具有径向和轴向跳动小、刚性好、阻尼特性好、寿命长的优点,主要用在低速重载场合,但维护保养较困难;磁悬浮轴承是一种利用电磁力将主轴无机械接触地悬浮起来的新型智能化轴承,其高速性能好、精度高、易实现实时诊断和在线监控,是超高速电主轴理想的支承元件,但其价格较高,控制系统复杂。

(3)高速电主轴的冷却。电主轴的主要热源有 3 个:置于主轴内部的电动机、轴承和切削刀具。

电动机在高速旋转时,电动机转子的工作温度高达 140℃ ~ 160℃,定子的温度也在 45℃ ~ 85℃。由于电动机的内置使得主轴和电动机成为一个整体,电动机产生的热量会直接传递给主轴,从而引起主轴热变形产生加工误差。另外,电主轴的轴承在高速旋转时会产生大量的热量,这也会引起主轴温度的升高,而且容易烧坏轴承。安装在电主轴端部的切削刀具,在高速切削时也会产生大量的热量。因此,如果不采取有效的冷却措施,高速电主轴将无法正常工作,在电主轴结构设计时必须考虑散热问题。使电主轴在高速旋转时能保持恒定的温度。

2. 高速进给系统

高速进给系统是高速加工机床的重要组成部分,是评价高速机床性能的重要指标之一,是维持高速加工中刀具正常工作的必要条件。高速加工在提高主轴转速的同时必须提高进给速度。否则,不但无法发挥高速切削的优势,还会使刀具处于恶劣的工作条件下。同时,进给系统还需具有较大的加速度才能在最短的时间和行程内达到一定的高速度。因此,高速机床对进给系统主要有以下要求:

(1)进给速度高。高速切削机床的电主轴的转速一般为常规切削的 10 倍左右,为保证加工质量和刀具使用寿命,必须保证刀具每齿进给量基本不变,因此高速机床的进给速度需要相应的提高。高速进给速度一般为常规进给速度的 10 倍左右，目前一般高速机床的进给速度为 60 m/min，特殊情况可以达到 120 m/min 以上。

(2) 进给加速度高。大多数高速机床加工零件的工作行程范围只有几十毫米到几百毫米，如果不能提供大加速度来保证在极短的行程内达到高速和在高速行程中瞬间停转，高速度就失去意义。高加速度还可以以最大的速度连续进给，保证在加工小半径结构的复杂轮廓时的误差很小。目前一般高速机床要求进给加速度为 1~2 g，某些高速机床要求加速度达到 2~10 g。

(3) 动态性能好，能实现快速的伺服控制和误差补偿，具有较高的定位精度和刚度。

在高速运动情况下，进给驱动系统的动态性能对机床加工精度的影响很大。此外，随着进给速度的不断提高，各坐标轴的跟随误差对合成轨迹精度的影响将变得越来越突出。普通数控机床进给系统采用的旋转伺服电动机带动滚珠丝杠的传动方式已无法满足上述要求。在滚珠丝杠传动中，由于电动机轴到工作台之间存在联轴器、丝杠、螺母及其支架、轴承及其支架等一系列中间环节，因而在运动中就不可避免地存在弹性变形、摩擦磨损和反向间隙等，造成进给运动的滞后和其他非线性误差。此外，整个系统的惯性质量较大，必将影响系统对运动指令的快速响应等一系列动态性能。当机床工作台行程较长时，滚珠丝杠的长度必须相应加长，细而长的丝杠不仅难于制造，而且会成为这类进给系统的刚性薄弱环节，在力和热的作用下容易产生变形，使机床很难达到高的加工精度。

针对这些问题，世界上许多国家的研究单位和生产厂家对高速机床的进给系统进行了系统的研究，开发出若干种适用于高速机床的新型进给系统。目前，主要采用的是直线电动机进给驱动系统。

直线电动机进给驱动系统采用直线电动机作为进给伺服系统的执行元件。直线电动机利用电磁感应的原理，输出定子和转子之间的相对直线位移，电动机直接驱动机床工作台，取消了电动机到工作台之间的一切中间传动环节，与电主轴一样把传动链的长度缩短为零。

其优点如下：

(1) 精度高。由于取消了丝杠等机械传动机构，便可减少插补时因传动系统滞后带来的跟踪误差。

(2) 速度快，加减速过程短。由于无机械传动，则无机械旋转运动，无惯性力和离心力的作用，因此可容易实现启动时瞬间达到高速，高速运行时又能瞬间准停。

(3) 传动刚度高。由于进给传动链的长度缩短为零，因此刚度大大提高。

(4) 高速响应性。在进给系统中取消了一些响应时间常数大的机械传动件（如丝杠等），整个闭环控制系统动态响应性能大大提高。

此外，直线电动机进给驱动系统的运行效率高，噪声低，行程长度不受限制。

3. 高速数控系统

由于高速加工机床主轴转速、进给速度和其加（减）速度都非常高，且进给方向采用直线电动机直接驱动，因此对数控系统提出更高的要求。为了实现高速，要求单个程序段处理时间短；为了在高速下保证加工精度，要有前馈和大量的超前程序段处理功能；要求快速形成刀具路径，此路径应尽可能圆滑，走样条曲线而不是逐点跟踪，少转折点、无尖转点；程序算法应保证高精度。

高速加工机床的 CNC 控制系统具有以下特点：

（1）采用 32 位 CPU、多 CPU 微处理器以及 64 位 RISC 芯片结构，以保证高速度处理程序段。因为在高速下要生成光滑、精确的复杂轮廓线时，会使一个程序段的运动距离只等于 1 mm 的几分之一，其结果使 NC 程序将包括几千个程序段。这样的处理负荷不但超过了大多数 16 位控制系统，甚至超过了某些 32 位控制系统的处理能力。其原因之一是控制系统必须高速阅读程序段，以达到高的切削速度和进给速度要求；其二是控制系统必须预先作出加速或减速的决定，以防止滞后现象发生。对于 16 位 CPU 一个程序段处理的速度在 60 ms 以上，而大多数 32 位 CPU 控制系统的程序段处理速度在 10 ms 以下。GE—FANUC 的 64 位 RISC 系统可达到提前处理 6 个程序段且跟踪误差为零的效果，这样在切削加工直角时几乎不会产生伺服滞后。

（2）能够迅速、准确地处理和控制信息流，把加工误差控制在最小，同时保证控制执行机构运动平滑、机械冲击小。

（3）CNC 要有足够的容量和较大的缓冲内存，以保证大容量的加工程序高速运行。同时，一般还要求系统具有网络传输功能，便于实现复杂曲面的 CAD／CAM／CAE 一体化。综上所述，高速切削加工机床必须具有一个高性能数控系统，以保证高速度条件下的快速反应能力和零件加工的高精度。

8.1.3 高速加工工具系统

由于高速加工时主轴转速很高，主轴和刀柄将在径向受到巨大的离心力作用，因此在设计高速加工工具系统的结构时，必须考虑离心力对工具系统工作性能的影响。广泛运用于常规切削的传统的 BT 工具系统已无法应用于高速切削加工。

图 8-1 是高速加工时 BT 工具系统的工作图。在高速切削加工时主轴工作转速达每分钟数万转，在巨大的离心力作用下主轴孔的膨胀

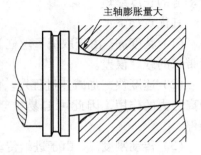

图 8-1 高速加工时 BT 工具系统工作图

量比实心刀柄的大，由此产生了以下主要问题：

(1) 由于主轴孔和刀柄的膨胀差异，刀柄与主轴的接触面积减少，工具系统的径向刚度、定位精度下降。

(2) 在夹紧机构拉力的作用下，刀柄将内陷主轴孔内，轴向精度下降，加工尺寸无法控制。

(3) 机床停车后，内陷主轴孔内的刀柄将很难拆卸。由于 BT 工具系统仅使用锥面定位和夹紧，这种结构在高速切削时还存在以下缺点：

① 换刀重复精度低。

② 连接刚度低，扭矩传递能力低。

③ 尺寸大、质量重，换刀时间长。

为了解决上述问题，高速加工工具系统在结构上应采取如下措施：

(1) 刀柄的横截面采用空心薄壁结构，以便减少由于离心力而产生的主轴孔和刀柄的膨胀差异，保证刀柄在主轴孔的可靠定位。采用空心薄壁结构的另一个好处是在刀柄安装时主轴孔与刀柄之间产生较大的过盈量，该过盈量可以补偿高速加工时由于离心力而产生的主轴孔和刀柄的膨胀差异。

(2) 采用具有端面定位的工具系统结构。由于刀柄端面的支承作用，可以防止在高速加工时由于主轴孔和刀柄的膨胀差异而产生的刀柄轴向窜动，提高刀柄的轴向定位精度和刚度。高速加工工具系统在采用端面定位的结构后，由于端面具有很好的支承作用，锥体与主轴的接触长度对工具系统的刚度影响较小，为了克服加工误差对这种锥面和端面同时定位的过定位结构的影响，可以缩短刀柄与主轴锥面接触的长度，这种刀柄就是所谓的"空心短锥"刀柄。

此外，刀柄的锥面采用较小的锥角，一般选取 1∶20～1∶10。

图 8-2 所示为一种被称为 HSK 的接口标准。HSK 由德国阿亨大学机床研究所专门为高速加工机床开发的新型刀——机接口，并形成了用于自动换刀和手动换刀、中心冷却和端面冷却、普通型和紧凑型等六种形式。HSK 是一种小锥度（1∶10）的空心短锥柄，使用时端面和锥面同时接触，从而形成高的接触刚性。研究表明，尽管 HSK 连接在高速旋转时主轴同样会扩张，但仍然能够保持良好的接触，转速对接口的连接刚性影响不大。

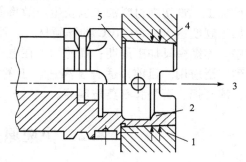

图 8-2 HSK 接口

1—主轴；2—斜面承受拉紧力；3—装夹拉力；
4—锥面接触；5—端面接触

具有端面定位的空心短锥结构的工具系统，一般使用内涨式的夹紧机构。图

8-3 是 HSK 工具系统的夹紧示意图。HSK 刀柄在机床主轴上安装时，空心短锥柄在主轴锥孔内起定心作用，当空心短锥柄与主轴锥孔完全接触时，HSK 刀柄端面与主轴端面之间约有 0.1 mm 的间隙。在夹紧机构作用下，拉杆向左移动，拉杆前端的锥面将夹爪径向胀开，夹爪的外锥面顶在空心短锥柄内孔的锥面上，拉动刀柄向左移动，空心短锥柄产生弹性变形，使刀柄端面与主轴端面靠紧，从而实现了刀柄与主轴锥孔和主轴端面同时定位和夹紧。在松开刀柄时，拉杆向右移动，弹性夹头离开刀柄内孔锥面，拉杆前端将刀柄推出，便可卸下刀柄。HSK 的轴向定位精度可达 0.4 μm，其径向位置精度可以控制在 0.25 μm。

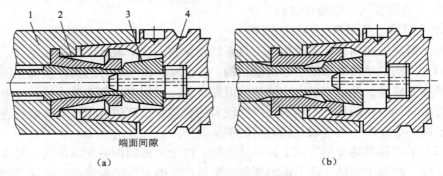

图 8-3 HSK 工具系统
(a) 夹紧前；(b) 夹紧后
1—主轴；2—夹爪；3—拉杆；4—HSK 刀柄

高速加工在航空航天、汽车、模具制造、电子工业等领域得到越来越广泛的应用。在航空航天制造业中主要是解决零件大余量材料去除、薄壁零件加工、高精度零件加工、难切削材料加工以及生产效率等问题；在模具制造业中采用高速铣削，可加工硬度达 50~60 HRC 的淬硬材料，可取代部分电火花加工，并减少钳工修磨工序，缩短模具加工周期；高速加工在电子印刷线路板打孔和汽车大规模生产中也得到广泛应用。目前，适合于高速加工的材料有铝合金、钛合金、铜合金、不锈钢、淬硬钢、石墨和石英玻璃等。

8.2 快速原型制造技术

8.2.1 快速原型制造技术的原理及特点

1. 快速原型制造技术（Rapid Prototyping Manufacturing，RPM）的原理

RPM 技术是集 CAD 技术、数控技术、材料科学、机械工程、电子技术和激光技术等技术于一体的综合技术，是实现从零件设计到三维实体原型制造的一体化系统技术,它采用软件离散——材料堆积的原理实现零件的成形过程,其原理如图 8-4 所示。

(1) 零件 CAD 数据模型的建立。设计人员可以应用各种三维 CAD 造型系统,包括 Pro/E、MDSolidworks、Solidedge、UGⅡ、Ideas 等进行三维实体造型,将设计人员所构思的零件概念模型转换为三维 CAD 数据模型。也可通过三坐标测量仪、激光扫描仪、核磁共振图像、实体影像等方法对三维实体进行反求,获取三维数据,以此建立实体的 CAD 模型。

(2) 数据转换文件的生成。由三维造型系统将零件 CAD 数据模型转换成一种可被快速成型系统所能接受的数据文件,

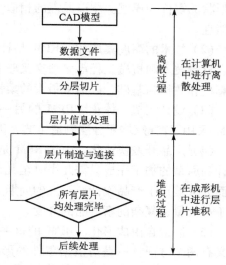

图 8-4 RPM 的工艺流程

如 STL、IGES 等格式文件。目前,绝大多数快速成型系统采用 STL 格式文件,因 STL 文件易进行分层切片处理。所谓 STL 格式文件,即为对三维实体内外表面进行离散化所形成的三角形文件,所有 CAD 造型系统均具有对三维实体输出 STL 文件的功能。

(3) 分层切片。分层切片处理是根据成型工艺要求,按照一定的离散规则将实体模型离散为一系列有序的单元,按一定的厚度进行离散(分层),将三维实体沿给定的方向(通常在高度方向)切成一个个二维薄片,薄片的厚度可根据快速成形系统制造精度在 0.05~0.5 mm 之间选择。

(4) 层片信息处理。根据每个层片的轮廓信息,进行工艺规划,选择合适成形参数,自动生成数控代码。

(5) 快速堆积成形。快速成形系统根据切片的轮廓和厚度要求,用片材、丝材、液体或粉末材料制成所要求的薄片,通过一片片的堆积,最终完成三维形体原型的制备。随着 RPM 技术的发展,其原理也呈现多样化,有自由添加、去除、添加和去除相结合等多种形式。目前,快速成型概念已延伸为包括一切由 CAD 直接驱动的原形成形技术,其主要技术特征为成型的快捷性。

2. RPM 的特点

(1) 制造过程柔性化。RPM 的最突出特点就是柔性好,它取消了专用工具,在计算机管理和控制下可以制造出任意复杂形状的零件,把可重编程、重组、连续改变的生产装备用信息方式集成到一个制造系统中。对整个制造过程,仅需改变 CAD 模型或反求数据结构模型,对成形设备进行适当的参数调整,即可制造出不

同形状的零件和模型。制造原理的相似性，使得快速成型制造系统的软硬件也具有相似性。

（2）技术的高度集成化。RPM 是计算机技术、数控技术、控制技术、激光技术、材料技术和机械工程等多项交叉学科的综合集成。它以离散/堆积为方法，以计算机和数控为基础，以追求最大的柔性为目标。

（3）设计制造一体化。RPM 的另一个显著特点就是 CAD/CAM 一体化。由于 RPM 采用了离散/堆积分层制造工艺，因此能够将 CAD、CAM 很好地结合起来。

（4）产品开发快速化。由于 RPM 是建立在高度技术集成的基础之上，从 CAD 设计到原型的加工完成只需几小时至几十小时，比传统的成型方法速度要快得多，从而大大缩短了产品设计、开发的周期，降低了新产品的开发成本和风险，尤其适合于小批量、复杂的新产品的开发。

（5）制造自由成形化。RPM 的这一特点是基于自由成型制造的思想。自由的含义有两个方面：一是指根据零件的形状，不受任何专用工具（或模腔）的限制而自由成型；二是指不受零件任何复杂程度的限制，能够制造任意复杂形状与结构、不同材料复合的零件。RPM 技术大大简化了工艺规程、工装设备、装配等过程，很容易实现由产品模型驱动的直接制造或自由制造。

（6）材料使用广泛性。在 RPM 领域中，由于各种 RPM 工艺的成型方式不同，因而材料的使用也各不相同，如金属、纸、塑料、光敏树脂、蜡、陶瓷，甚至纤维等材料在快速原型领域已有很好的应用。

8.2.2 两种常用的 RPM 工艺

1. 立体光刻（Stereo Lithography Apparatus, SLA）

SLA 也称为立体印刷，或称为光造型，又称为光敏液相固化。SLA 是基于液态光敏脂的光聚合原理工作的。这种液态材料在一定波长和强度的紫外激光（如 325 nm）的照射下能迅速发生光聚合反应，分子量急剧增大，材料也就从液态转变成固态。如图 8-5 所示为 SLA 的工艺原理。

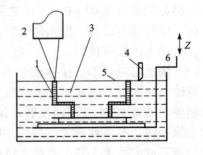

图 8-5 SLA 工艺原理
1—成形零件；2—紫外激光器；3—光敏树脂；
4—刮平器；5—液面；6—升降台

液槽中盛满液态光敏树脂，激光束在偏转镜作用下，能在液态表面上扫描，扫描的轨迹及光线的有无均由计算机控制，激光照射到的地方，液体就固化。成形开始时，工作平台在液面下一个确定的深度，聚焦后的激光光斑在液面上按计算机的指令逐点扫描，即逐点固化。当一层扫描完成后,未被激光照射的地方仍是液态树脂。然后升降台带动平台下降一层高度,已成形的层面上又布满一层树脂,刮平器将黏度较大的树脂液面刮平,然后再进行第二层的扫描,形成一个新的加工层并与已固化部分牢牢连接在一起。如此重复直到整个零件制造完毕,得到一个三维实体模型。

SLA 的特点是可成形任意复杂形状的零件、成形精度高、材料利用率高、性能可靠。SLA 工艺适用于产品外形评估、功能试验、快速制造电极和各种快速经济模具;不足之处是所需设备及材料价格昂贵,光敏树脂有一定毒性。

2. 分层实体制造(Laminated Object Manufacturing,LOM)

LOM 又称为叠层实体制造,或称为层合实体制造。LOM 的工艺原理如图 8-6 所示。

LOM 工艺采用薄片材料,如纸、塑料薄膜等。片材表面事先涂覆上一层热熔胶。加工时,工作台上升至与片材接触,热压辊沿片材表面自右向左滚压,加热片材背面的热熔胶,使之与基板上的前一层片材黏结。CO_2 激光器发射的激光束在刚黏结的新层上切割出零件截面轮廓和零件外框,并在截面轮廓与外框之间多余的区域内切割出上下对齐的网格。激光切割完成后,工作台带动被切出的轮廓层下降,与带状片材(料带)分离。供料机构转动收料辊和供料辊,带动料带移动,使新层移到加工区域。工作台上升到加工平面,热压辊再次热压片材,零件的层数增加一层,高度增加一个料厚,再在新层上切割截面轮廓。如此反复直至零件的所有截面黏结、切割完,得到分层制造的实体零件。再经过打磨、抛光等处理就可获得完整的零件。

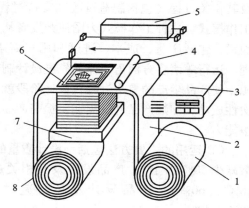

图 8-6 LOM 工艺原理
1—供料辊;2—料带;3—控制计算机;
4—热压辊;5—CO_2 激光器;6—加工平面;
7—升降工作台;8—收料辊

LOM 只需在片材上切割出零件截面的轮廓,而不用扫描整个截面,因此成形厚壁零件的速度较快,易于制造大型零件。工艺过程中不存在材料相变,成形后的零件无内应力,因此不易引起翘曲变形,零件的精度较高。零件外框与截面轮廓之间的多余材料在加工中起到了支撑作用,所以 LOM 工艺无须加支撑。LOM 工艺的关键技术是控制激光的光强和切割速度,使之达到最佳配合,以保证良好的切口质量和切割深度。LOM 工艺适合于生产航空、汽车等行业中体积较大的制件。

8.3 先进制造模式

8.3.1 并行工程

1. 并行工程（Concurrent Engineering，CE）的定义

依据美国防御分析研究所（IDA）1988年的报告，CE可定义为CE是对产品及其相关过程（包括制造过程和支持过程）进行并行、一体化设计的一种系统化工作模式。这种工作模式力图使开发者从一开始就考虑到产品全生命周期中的所有因素，包括质量、成本、进度和用户需求。CE可以理解为一种集企业组织、管理、运行等诸多方面于一体的先进设计制造模式。它通过集成企业内的所有相关资源，使产品生产的整个过程在设计阶段就全面展开，旨在设法保证设计与制造的一次性成功，缩短产品开发周期，提高产品质量，降低产品成本，从而增强企业的竞争能力。

CE运用的主要方法包括：设计质量的改进（即设法使早期生产中工程变更次数减少50%以上）；产品设计及其相关过程并行（即设法使产品开发周期缩短40%~60%）；产品设计及其制造过程一体化（即设法使制造成本降低30%~40%）。

2. CE的特点

CE主要有以下4个特点：

（1）设计人员的团队化。CE十分强调设计人员的团队工作（Team Work），因为借助于计算机网络的团队工作是CE系统正常运转的前提和关键。

（2）设计过程的并行性。并行性有两方面含义：① 开发者从设计开始便考虑产品全生命周期；② 在产品设计的同时便考虑加工工艺、装配、检测、质量保证、销售、维护等相关过程。

（3）设计过程的系统性。在CE中，设计、制造、管理等过程已不再是分立单元体，而是一个统一体或系统。设计过程不仅仅要出图样和有关设计资料，而且还需进行质量控制、成本核算、产生进度计划表等。

（4）设计过程的快速反馈。为了最大限度地缩短设计时间，及时地将错误消除在"萌芽"阶段，CE强调对设计结果及时进行审查并且要求及时地反馈给设计人员。

3. CE的关键技术

CE的关键技术包括4个方面：① 产品开发的过程建模、分析与集成技术；② 多功能集成产品开发团队；③ 协同工作环境；④ 数字化产品建模。CE中的产品开发工作是由多学科小组协同完成。因此，需要一个专门的协调系统来解决各类设计人员的修改、冲突、信息传递和群体决策等问题。

8.3.2 敏捷制造

1. 敏捷制造（Agile Manufacturing，AM）的概念

敏捷制造是指制造企业采用现代通信手段，通过快速配置各种资源，包括技术、管理和人，以有效和协调的方式响应用户需求，实现制造的敏捷性。敏捷制造的核心是保持企业具备高度的敏捷性。敏捷性意指企业在不断变化、不可预测的经营环境中善于应变的能力，它是企业在市场中生存和领先能力的综合表现。

2. AM 的特征

（1）敏捷虚拟企业组织形式。这是 AM 模式区别于其他制造模式的显著特征之一。敏捷虚拟企业简称虚拟企业（Virtual Enterprise）或称企业动态联盟（Dynamic Alliance Enterprise）。由于市场竞争环境快速变化，要求企业必须对市场变化作出快速反应；市场产品越来越复杂，对某些产品一个企业已不可能快速、经济地独立开发和制造其全部。依据市场需求和具体任务大小，为了迅速完成既定目标，就需要按照资源、技术和人员的最优配置原则，通过信息技术和网络技术，将一个公司内部的一些相关部门或者同一地域的一些相关公司或者不同地域且拥有不同资源与优势的若干相关企业联系在一起，快速组成一个统一指挥的生产与经营动态组织或临时性联合企业（即虚拟企业）。这种虚拟企业组织方式可以降低企业风险，使生产能力前所未有地提高，从而缩短产品的上市时间，减少相关的开发工作量，降低生产成本。一般地，企业动态联盟或虚拟企业的产生条件是：参与联盟的各个单元企业无法单独地完全靠自身的能力实现超常目标，或者说某目标已经超越某企业运用自身资源可以达到的限度。这样，企业欲突破自身的组织界限，就必须与其他对此目标有共识的企业建立全方位的战略联盟。虚拟企业具有适应市场能力的高度柔性和灵活性，其主要包括 5 个方面：组织结构的动态性和灵活性；地理位置的分布性；结构的可重构性；资源的互补性；依赖于信息和网络技术。

（2）虚拟制造技术。这是 AM 模式区别于其他制造模式的另一个显著特征。虚拟制造技术（又称拟实制造技术或可视化制造技术）意指综合运用仿真、建模、虚拟现实等技术，提供三维可视交互环境，对从产品概念产生、设计到制造全过程进行模拟实现，以便在真实制造之前，预估产品的功能及可制造性，获取产品的实现方法，从而缩短产品上市时间，降低产品成本。

3. 实施 AM 模式的技术

（1）总体技术。具体涉及 AM 方法论、AM 综合基础（包括信息服务技术、管理技术、设计技术、可重组和可重构制造技术等 4 项使能技术；也包括信息基础结构、组织基础结构、智能基础结构等 3 项支持基础结构）。

（2）关键技术。具体涉及 4 个方面，即跨企业、跨行业、跨地域的信息技术框架；集成化产品工艺设计的模型和工作流控制系统；企业资源管理系统和供应链管理系统；设备、工艺过程和车间调度的敏捷化。

（3）相关技术。如标准化技术、并行工程技术、虚拟制造技术等。

8.3.3 精益生产

1. 精益生产（Lean Production，LP）的概念

美国麻省理工学院的 Daniel Roos 教授于 1995 年出版了《改造世界的机器》（*The Machinethat Changed the World*）一书，提出了精益生产（LP）的概念，并对其管理思想的特点与内涵进行了详细的描述。该书对精益生产定义如下："精益生产的原则是：团队作业，较有效利用资源并消除一切浪费，不断改进及改善。精益生产与大量生产相比只需要：1/2 劳动力，1/2 占地面积，1/2 投资，1/2 工程时间，1/2 新产品开发时间。"精益生产（LP），其中的"精"表示精良、精确、精美，"益"包含利益、效益等，它突出了这种生产方式的特点。精益生产就是及时制造，消灭故障，消除一切浪费，向零缺陷、零库存进军。精益生产的目标是：在适当的时间（或第一时间，The first time）使适当的东西到达适当的地点，同时使浪费最小化和适应变化。精益生产是在流水生产方式的基础上发展起来的，通过系统结构、人员组织、运行方式和市场供求等方面的变革，使生产系统能很快适应用户需求，实施以用户为导向、以人为中心、以精简为手段、采用小组工作方式和并行设计、实行准时制生产、提倡否定传统的逆向思维方式、充分利用信息技术等为内容的生产方式，最终达到包括产品开发、生产、日常管理、协作配套、供销等各方面最好的结果。如果把精益生产体系看作一幢大厦，它的基础就是在计算机网络支持下的、以小组方式工作的并行工作方式。在此基础上的 3 根支柱是：① 全面质量管理。它是保证产品质量，达到零缺陷目标的主要措施。② 准时生产和零库存。它是缩短生产周期和降低生产成本的主要方法。③ 成组技术。这是实现多品种、按顾客订单组织生产、扩大批量、降低成本的技术基础。这幢大厦的屋顶就是精益生产体系。

2. 精益生产的特征

精益生产的主要特征可以概括为如下几个方面：

（1）以用户为"上帝"。产品面向用户，与用户保持密切联系，将用户纳入产品开发过程，以多变的产品，尽可能短的交货期来满足用户的需求，真正体现用户是"上帝"的精神。不仅要向用户提供周到的服务，而且要洞悉用户的思想和要求，才能生产出适销对路的产品。产品的适销性、适宜的价格、优良的质量、快的交货速度、优质的服务是面向用户的基本内容。

（2）以"人"为中心。人是企业一切活动的主体，应以人为中心，大力推行独立自主的小组化工作方式。充分发挥一线职工的积极性和创造性，使他们积极为改进产品的质量献计献策,使一线工人真正成为"零缺陷"生产的主力军。为此,企业对职工进行爱厂如家的教育,并从制度上保证职工的利益与企业的利益挂钩。应下放部分权力,使人人有权、有责任、有义务,随时解决碰到的问题。还要满足人们学习新知识和实现自我价值的愿望,形成独特的,具有竞争意识的企业文化。

(3) 以"精简"为手段。在组织机构方面实行精简化,去掉一切多余的环节和人员。实现纵向减少层次,横向打破部门壁垒,将层次细分工,管理模式转化为分布式平行网络的管理结构。在生产过程中,采用先进的柔性加工设备,减少非直接生产工人的数量,使每个工人都真正对产品实现增值。另外,采用准时生产(Just In Time, JIT)和看板方式管理物流,大幅度减少甚至实现零库存,也减少了库存管理人员、设备和场所。此外,精益不仅仅是指减少生产过程的复杂性,还包括在减少产品复杂性的同时,提供多样化的产品。

(4) 成组技术。成组技术应用于机械制造系统,则是将多种零件按其相似性归类编组,并以组为基础组织生产,用扩大了的成组批量代替各种零件的单一产品批量,从而实现产品设计、制造工艺和生产管理的合理化,使原中小批生产能获得接近大批量生产的经济效益。

(5) JIT 供货方式。JIT 工作方式可以保证最小的库存和最少的在制品数。为了实现这种供货方式,应与供货商建立起良好的合作关系,相互信任,相互支持,利益共享。

(6) 小组工作和并行设计。精益生产强调以小组工作方式进行产品的并行设计。综合工作组是指由企业各部门专业人员组成的多功能设计组,对产品的开发和生产具有很强的指导和集成能力。综合工作组全面负责一个产品型号的开发和生产,包括产品设计、工艺设计、编制预算、材料购置、生产准备及投产等工作。并根据实际情况调整原有的设计和计划。

(7) "零缺陷"工作目标。精益生产所追求的目标不是"尽可能好一些",而是"零缺陷"。即最低的成本、最好的质量、无废品、零库存与产品的多样性。当然,这样的境界只是一种理想境界,但应无止境地去追求这一目标,才会使企业永远保持进步,永远走在他人的前头。

8.3.4 虚拟制造

1. 虚拟制造(Virtual Manufacturing, VM)的定义

虚拟制造是以制造技术和计算机技术支持的系统建模技术和仿真技术为基础,集成现代制造工艺、计算机图形学、并行工程、人工智能、人工现实技术和多媒体技术等多种高新技术为一体,由多学科知识形成的一种综合系统技术。它将现实制造环境及其制造过程通过建立系统模型映射到计算机及相关技术所支撑的虚拟环境中,在虚拟环境下模拟现实制造环境及其制造过程的一切活动和产品的制造全过程,并对产品制造及制造系统的行为进行预测和评价。虚拟制造是对真实产品制造的动态模拟,是一种在计算机上进行而不消耗物理资源的模拟制造软件技术。

2. 虚拟制造的关键技术

(1) 建模技术。虚拟制造系统应当建立一个包容 3P 模型的、稳健的信息体系结构。3P 模型是指:

① 生产模型。包括静态描述和动态描述两个方面。静态描述是指系统生产能力和生产特性的描述。动态描述是指在已知系统状态和需求特性的基础上预测产品生产的全过程。② 产品模型。不仅包括产品结构明细表、产品形状特征等静态信息,而且能通过映射、抽象等方法提取产品实施中各活动所需的模型。③ 工艺模型。工艺模型是将工艺参数与影响制造功能的产品设计属性联系起来,以反应生产模型与产品模型间的交互作用。它包括以下功能:物理和数学模型、统计模型、计算机工艺仿真、制造数据表和制造规划。

(2) 仿真技术。仿真就是应用计算机对复杂的现实系统经过抽象和简化形成系统模型,然后在分析的基础上运行此模型,从而得到系统一系列的统计性能。由于仿真是以系统模型为对象的研究方法,因而不干扰实际生产系统。同时仿真可以利用计算机的快速运算能力,用很短时间模拟实际生产中需要很长时间的生产周期,因此可以缩短决策时间,避免资金、人力和时间的浪费。计算机还可以重复仿真,优化实施方案。产品制造过程仿真,可归纳为制造系统仿真和加工过程仿真。虚拟制造系统中的产品开发涉及产品建模仿真、设计思维过程和设计交互行为仿真等,以便对设计结果进行评价,实现设计过程早期反馈,减少或避免产品设计错误。加工过程仿真,包括切削过程仿真、装配过程仿真,检验过程仿真以及焊接、压力加工、铸造仿真等。目前上述两类仿真过程是独立发展起来的,尚不能集成,而虚拟制造中应建立面向制造全过程的统一仿真。

(3) 虚拟现实技术(Virtual Reality Technology,VRT)。虚拟现实技术是在为改善人与计算机的交互方式,提高计算机可操作性中产生的,它是综合利用计算机图形系统、各种显示和控制等接口设备,在计算机上生成可交互的三维环境(称为虚拟环境)中提供沉浸感觉的技术。虚拟现实的系统环境除采用计算机作为中央部件外,还包括头盔式显示装置、数据手套、数据衣、传感装置以及各种现场反馈设备。

由图形系统及各种接口设备组成,用来产生虚拟环境并提供沉浸感觉,以及交互性操作的计算机系统称为虚拟现实系统(Virtual Reality System,VRS)。虚拟现实系统包括操作者、机器和人机接口 3 个基本要素。它不仅提高了人与计算机之间的和谐程度,也成为一种有力的仿真工具。利用 VRS 可以对真实世界进行动态模拟,通过用户的交互输入,并及时按输出修改虚拟环境,使人产生身临其境的沉浸感觉。虚拟现实技术是 VM 的关键技术之一。

8.3.5 网络化制造

1. 网络化制造（Networked Manufacturing，NM）的概念

网络化制造是指面对市场需求与机遇，针对某一个特定产品，利用以因特网为标志的信息高速公路，灵活而快速地组织社会制造资源（人力、设备、技术、市场等），按资源优势互补原则，迅速地组成一种跨地域的、靠电子网络联系的、统一指挥的运营实体——网络联盟。

具体地说，网络化制造意指企业利用计算机网络实现制造过程以及制造过程与企业中工程设计、管理信息等子系统的集成，包括通过计算机网络远程操纵异地的机器设备进行制造；企业利用计算机网络搜寻产品的市场供应信息、搜寻加工任务、发现合适的产品生产合作伙伴、进行产品的合作开发设计和制造、产品的销售等，即通过计算机网络进行生产经营业务活动各个环节的合作，实现企业间的资源共享和优化组合利用，实现异地制造。它是制造业利用网络技术开展产品设计、制造、销售、采购、管理等一系列活动的总称，涉及企业生产经营活动的各个环节。

网络化制造作为一种网络联盟，它的组建是由市场牵引力触发的。针对市场机遇，以最短的时间、最低的成本、最少的投资向市场推出高附加值产品。当市场机遇不存在时，这种联盟自动解散。当新的市场机遇来到时，再重新组建新的网络联盟。显然，网络联盟是动态的。

2. 网络化制造的特点

网络化制造的基本特征包括敏捷化、分散化、动态化、协作化、集成化、数字化和网络化等 7 个方面。网络化制造的敏捷化表现为其对市场环境快速变化带来的不确定性作出的快速响应能力；其分散化表现为资源的分散性和生产经营管理决策的分散性；其动态化表现为依据市场机遇存在性而决定网络联盟的存在性；其协作化表现为动态网络联盟中合作伙伴之间的紧密配合，共同快速响应市场和完成共同的目标；其集成化表现为制造系统中各种分散资源能够实时地高效集成；其数字化表现为借助信息技术来实现真正完全的无图样化虚拟设计和虚拟制造；其网络化表现为依靠电子网络作为支撑环境。

3. 网络化制造的关键技术

网络化制造的关键技术主要包括综合技术、使能技术、基础技术和支撑技术。其中，综合技术主要包括产品全生命周期管理、协同产品商务、大量定制和并行工程等。使能技术主要包括：计算机辅助设计（CAD）、计算机辅助制造（CAM）、计算机辅助工程（CAE）、计算机辅助工艺过程设计（CAPP）、客户关系管理（CRM）、供应商关系管理（SRM）、企业资源计划（ERP）、制造执行系统（MES）、供应链管理（SCM）、产品数据管理（PDM）等。基础技术主要包括标准化技术、产品建模技术和知识管理技术等。支撑技术主要包括计算机技术和网络技术等。

8.3.6 智能制造

1. 智能制造（Intelligent Manufacturing，IM）的概念

智能制造应当包含智能制造技术（Intelligent Manufacturing Technology，IMT）和智能制造系统（Intelligent Manufacturing System，IMS）两方面的内容。智能制造技术是当今最新的制造技术，但至今对智能制造技术尚无统一的定义。比较公认的说法是：智能制造技术是指在制造系统生产与管理的各个环节中，以计算机为工具，并借助人工智能技术来模拟专家智能的各种制造和管理技术的总称。简单地说，智能制造技术即是人工智能与制造技术的有机结合。智能制造技术利用计算机模拟制造业人类专家的分析、判断、推理、构思和决策等智能活动，并将这些智能活动与智能机器有机地融合起来，将其贯穿应用于整个制造企业的各个子系统——经营决策、采购、产品设计、生产计划、制造装配、质量保证和市场销售等，以实现整个制造企业经营运作的高度柔性化和高度集成化，从而取代或延伸制造环境中人类专家的部分脑力劳动，并对制造业人类专家的智能信息进行搜集、存储、完善、共享、继承与发展。

智能制造技术是制造技术、自动化技术、系统工程与人工智能等学科的互相渗透、互相交织而形成的一门综合技术。

智能制造系统是智能制造技术集成应用的环境，是智能制造模式展现的载体。它是一种智能化的制造系统，是由智能机器和人类专家结合而成的人机一体化的系统，它将智能技术融合进制造系统的各个环节，通过模拟人类的智能活动，取代人类专家的部分智能活动，使系统具有智能特征。简单地说，智能制造系统是基于智能制造技术实现的制造系统。智能制造系统在制造过程中，能自动监视其运行状态，在受到外界或内部激励时，能够自动调整参数，自组织达到最优状态。智能制造系统具有较强的自学能力，并能融合过去总是被孤立对待的生产系统的各种特征，在市场适应性、经济性、功能性、开放性和兼容能力等方面自动为生产系统寻找到最优的解决方案。

2. 智能制造的特征

和传统的制造技术相比，智能制造技术具有如下特征：

（1）广泛性。智能制造技术涵盖了从产品设计、生产准备、加工与装配、销售与使用、维修服务直至回收再生的整个过程。

（2）集成性。智能制造技术是集机械、电子、信息、自动化、智能控制为一体的新型综合技术，各学科的不断渗透交叉和融合，使得各学科间界限逐渐淡化甚至消失，各类技术趋于集成化。

（3）系统性。智能制造技术追求的目标是实现整个制造系统的智能化。制造系统的智能化不是子系统的堆积，而是能驾驭生产过程中的物质流、能量流和信息流的系统工程。同时，人是制造智能的重要来源，只有人与机器有机高度结合才能实现系统的真正智能化。

（4）动态性。智能制造技术的内涵不是绝对的和一成不变的，反映在不同的时期不同的国家和地区，其发展的目标和内容会有所不同。

（5）实用性。智能制造技术是一项应用于制造业，且对制造业及国民经济的发展起重大作用的实用技术，其不是以追求技术的高新为目的，而是注重产生最好的实践效果。

智能制造系统是智能制造技术的综合运用，这就使得智能制造系统具备了一些传统制造系统所不具备的崭新的能力：

（1）自组织。自组织能力是智能制造系统的一个重要标志。智能制造系统中的各种智能机器能够按照工作任务的要求，自行集结成一种最合适的结构，并按照最优的方式运行。

（2）自律。自律能力即搜集与理解环境信息和自身信息，并进行分析判断和规划自身行为的能力。智能制造系统能根据周围环境和自身作业状况的信息进行监测和处理，并根据处理结果自行调整控制策略，以采用最佳行动方案。强有力的知识库和基于知识的模型是自律能力的基础。自律能力使整个制造系统具备抗干扰、自适应和容错等能力。

（3）自学习和自维护。智能制造系统能以原有的专家知识为基础，在实践中不断进行学习，完善系统知识库，并删除库中有误的知识，使知识库趋向最优。同时，还能对系统故障进行自我诊断、排除和修复。这种能力使智能制造系统能够自我优化并适应各种复杂的环境。

（4）整个制造系统的智能集成。智能制造系统在强调各子系统智能化的同时，更注重整个制造系统的智能集成。智能制造系统包括了经营决策、采购、产品设计、生产计划、制造装配、质量保证和市场销售等各个子系统，并把它们集成为一个整体，实现整体的智能化。

（5）人机一体化。智能制造系统不单纯是"人工智能"系统，而是人机一体化智能系统，是一种混合智能。基于人工智能的智能机器只能进行机械式的推理、预测、判断，它只能具有逻辑思维，最多做到形象思维，完全做不到灵感思维，只有人类专家才真正同时具备以上3种思维能力。因此，想以人工智能全面取代制造过程中人类专家的智能是不现实的。

3. 智能制造的关键技术

（1）智能设计技术。工程设计中概念设计和工艺设计是大量专家的创造性思维活动，需要分析、判断和决策。这些大量的经验总结和分析工作，如果靠人们手工来进行，将需要很长的时间。把专家系统引入设计领域，将使人们从这一繁重的劳动中解脱出来。

（2）智能机器人技术。智能机器人应具备以下功能特性：视觉功能——机器人能借助其自身所带工业摄像机，像"人眼"一样观察；听觉功能——机器人的听觉功能实际上是话筒，能将人们发出的指令，变成计算机接收的电信号，从而控制机器人的动作；触觉功能——机器人携带的各种传感器；语音功能——机器人可以和人们直接对话；分析判断功能——机器人在接收指令后，可以通过对知识库中的资料进行分析、判断、推理，自动找出最佳的工作方案，做出正确的决策。

（3）智能诊断技术。除了计算机的自诊断功能（包括开机诊断和在线诊断）外，还可以进行故障分析、原因查找和故障的自动排除，保证系统在无人的状态下正常工作。

（4）自适应技术。制造系统在工作过程中，由于影响因素很多，如材料的材质、加工余量的不均匀、环境的变化等，都会对加工带来影响。在线的自动检测和自动调整是实现自适应功能的关键技术。

（5）智能管理技术。加工过程仅仅是企业运行的一部分，产品的发展规划、市场调研分析、生产过程的平衡、材料的采购、产品的销售、售后服务，甚至整个产品的生命周期都属于管理的范畴。因此，智能管理技术应解决对生产过程的自动调度，信息的收集、整理与反馈以及企业的各种资料库的有效管理等问题。

（6）并行工程。并行工程是集成地、并行地设计产品及相关过程的系统化方法，通过组织多学科产品开发小组、改进产品开发流程和利用各种计算机辅助工具等手段，使多学科产品开发小组在产品开发初始阶段就能及早考虑下游的可制造性、可装配性、质量保证等因素，从而达到缩短产品开发周期、提高产品质量、降低产品成本，增强企业竞争力的目标。

（7）虚拟制造技术。虚拟制造是建立在利用计算机完成产品整个开发过程这一构想基础之上的产品开发技术，它综合应用建模、仿真和虚拟现实等技术，提供三维可视交互环境，对从产品概念到制造全过程进行统一建模，并实时、并行地模拟出产品未来制造的全过程，以期在真实执行制造之前，预测产品的性能、可制造性等。

（8）计算机网络与数据库技术。计算机网络与数据库的主要任务是采集智能制造系统中的各种数据，以合理的结构存储它们，并以最佳的方式、最少的冗余、最快的存取响应为多种应用服务，与此同时为这些应用共享数据创造良好的条件，从而使整个制造系统中的各个子系统实现智能集成。

实　　训

1. 简述高速电主轴的结构。

2. 简述高速机床与普通机床进给系统的区别。
3. HSK 工具系统是如何实现定位夹紧的？
4. 简述 RPM 的成形原理。RPM 的特点是什么？
5. 简述 SLA 和 LOM 的成形原理。
6. 什么是并行工程。它的特点是什么？
7. 敏捷制造的含义。何谓敏捷虚拟企业？
8. 什么是精益生产？它的特征是什么？
9. 虚拟制造有哪些关键技术？
10. 网络化制造的基本特征是什么？
11. 什么是智能制造？它的特征是什么？
12. 智能制造的关键技术有哪些？

参考文献

[1] 安承业. 机械制造工艺基础 [M]. 天津：天津工业大学出版社，1999.

[2] 恽达明. 金属切削机床 [M]. 北京：机械工业出版社，2007.

[3] 孙美霞. 机械制造基础 [M]. 长沙：国防科技大学出版社，2010.

[4] 陈根琴，宋志良. 机械制造技术 [M]. 北京：北京理工大学出版社，2007.

[5] 王贵成. 机械制造学 [M]. 北京：机械工业出版社，2001.

[6] 张世昌. 先进制造技术 [M]. 天津：天津大学出版社，2004.

[7] 徐兵. 机械装备技术 [M]. 北京：中国轻工业出版社，2007.

[8] 陈立德. 机械制造技术 [M]. 上海：上海交通大学出版社，2000.

[9] 王茂元. 机械制造技术 [M]. 北京：机械工业出版社，2001.

[10] 王彩霞. 机械制造基础 [M]. 西安：西北工业大学出版社，2000.

[11] 乔世民. 机械制造基础 [M]. 北京：机械工业出版社，2004.